"十三五"职业教育国家规划教材(修订版)

可编程序控制器及其应用

第3版

主　编　王成福

副主编　柴瑞磊

参　编　叶红芳　王诗怡

机械工业出版社

本书根据教育部职业教育教学改革最新要求，结合编写组二十多年PLC工程实践经验以及高等职业教育教学经验，以突出实用性及岗位适应能力培养为目标，结合西门子S7-200 SMART PLC以及常用触摸屏、变频器、气动执行电器等组合使用的特点选择教学项目。在教材内容设计时充分考虑高职学生的思维特点，采用项目引领、任务驱动模式编写，每个任务均设计任务目标、任务描述、任务准备、任务实施、任务评价、拓展提高等栏目，以建立完整的学习过程。同时适当增加计算机仿真案例和工程应用项目，将计算机仿真和实验实训操作有机结合，配套建设在线学习资源，是一本既方便教师教又能促进学生学的新形态教材。

本书可作为高职高专院校电气自动化技术、光伏工程技术、应用电子技术等相关专业的教材，也可作为职业教育本科、应用型本科、成人教育的教材，以及作为相关专业师生和工程技术人员的参考用书。

本书配有微课视频二维码、电子课件、习题解答、源程序和参考资料等。凡选用本书作为授课教材的教师，均可免费索取。咨询电话：010-88379375。

图书在版编目（CIP）数据

可编程序控制器及其应用 / 王成福主编 . —3 版 . —北京：机械工业出版社，2022.12

"十三五"职业教育国家规划教材：修订版

ISBN 978-7-111-72191-8

Ⅰ.①可… Ⅱ.①王… Ⅲ.①可编程序控制器 – 高等职业教育 – 教材 Ⅳ.① TM571.6

中国版本图书馆 CIP 数据核字（2022）第 231953 号

机械工业出版社（北京市百万庄大街 22 号 邮政编码 100037）
策划编辑：高亚云　　　　　责任编辑：高亚云　王　荣
责任校对：贾海霞　张　薇　封面设计：王　旭
责任印制：常天培
天津嘉恒印务有限公司印刷
2023 年 3 月第 3 版第 1 次印刷
184mm×260mm・16 印张・416 千字
标准书号：ISBN 978-7-111-72191-8
定价：49.50 元

电话服务　　　　　　　　　网络服务
客服电话：010-88361066　机　工　官　网：www.cmpbook.com
　　　　　010-88379833　机　工　官　博：weibo.com/cmp1952
　　　　　010-68326294　金　书　网：www.golden-book.com
封底无防伪标均为盗版　　机工教育服务网：www.cmpedu.com

前言

　　PLC 常与传感器、变频器、气动装置、人机界面等设备配合使用，构成功能齐全、操作简便的自动化控制系统，成为现代工业生产自动化三大支柱之一。S7-200 SMART PLC 是西门子公司于 2012 年推出的经济型、小型 PLC，专为中国市场制造，是 S7-200 PLC 的升级换代产品。S7-200 SMART PLC 标准型 CPU 除了保留 S7-200 PLC 的 RS-485 接口外，增加了一个以太网接口、一块可选择安装的信号板（带一个 RS-485/RS-232 接口）和一个集成的 Micro SD 卡插槽（可用于 PLC 固件升级），有力提升了网络集成控制功能，因而在国内得到了广泛应用。

　　本书以西门子 S7-200 SMART PLC 为基础，以实际应用项目为主线，以典型案例为载体，将相关知识和能力培养融入项目中，由浅入深、循序渐进地将理论与实践相结合，将世界观、价值观、人生观的塑造以及自觉形成 7S 理念的要求有机融入教学，培养学生不畏艰苦、认真仔细、高效工作的态度以及为国家为人民多做贡献的价值观，帮助学生逐步树立严谨细致、追求极致、精益求精的工匠精神。

　　本书共分 5 个项目，较为全面地介绍了西门子 S7-200 SMART PLC 技术及其典型应用，具有以下特色：

　　1）在教材结构组织上，以突出实用性及岗位技能培养为目标，充分考虑学生职业能力发展和遵循 PLC 应用技术、社会规范的要求，相关知识与典型案例应用实践相结合，每个学习任务以"任务目标"→"任务描述"→"任务准备"→"任务实施"→"任务评价"→"拓展提高"逻辑组织，通过完成生产现场的工作任务，习得 PLC 的相关知识点，掌握设计与接线、程序编制与调试等技能，培养职业素养。

　　2）在内容选取上，充分考虑高职学生的思维特点，采取图文结合并且以图为主的方法组织相关知识，突出工程应用性，内容由浅入深，案例典型、全面。

　　3）各项目均能从生产实际出发，将控制方案、器件选型、电路设计、外部接线、软件设计、联机调试等内容以项目的形式进行优化组合，适合在实训室开展"教、学、做"一体化教学，以便使学生掌握 PLC 应用的关键技术，达到举一反三的目的。

　　4）动态更新、完善信息化资源，赋能教材建设。书中以二维码的形式植入若干微课视频，通过直观生动的讲解，大大丰富了教学手段和呈现形式。

　　本书由王成福任主编，柴瑞磊任副主编，项目 1 由王诗怡编写，项目 2 由王成福编写，项目 3 由王成福和柴瑞磊共同编写，项目 4 由王成福编写，项目 5 由叶红芳和柴瑞磊共同编写。全书由王成福统稿。本书编写过程中得到了金华职业技术学院领导和许多教师的大力支持，在此一并表示感谢！

　　由于编者水平所限，书中难免存在疏漏之处，恳请读者批评指正。

编　者

二维码索引

名称	二维码	页码	名称	二维码	页码
PLC 工作原理		2	PLC 的分类		3
PLC 的基本功能及其特点		2	PLC 的应用领域		5
PLC 的概念和产生历史		3			

目录

前言

二维码索引

项目1 交流电动机 PLC 控制系统
设计 …………………………… 1

任务1.1 初识 S7-200 SMART PLC 硬件及
编程软件 ………………………… 1

1.1.1 任务目标 …………………… 1

1.1.2 任务描述 …………………… 1

1.1.3 任务准备——PLC 简介 ……… 2

1.1.4 任务实施 …………………… 6

1.1.5 任务评价 ………………… 17

1.1.6 拓展提高——S7-200 SMART PLC
仿真软件 ………………… 17

任务1.2 电动机起动 PLC 控制系统设计 … 18

1.2.1 任务目标 ………………… 18

1.2.2 任务描述 ………………… 19

1.2.3 任务准备——电动机控制及
位逻辑指令 ………………… 19

1.2.4 任务实施 ………………… 26

1.2.5 任务评价 ………………… 29

1.2.6 拓展提高——多台电动机按时序
起停 PLC 控制 …………… 30

任务1.3 电动机正反转 PLC 控制系统
设计 ………………………… 31

1.3.1 任务目标 ………………… 31

1.3.2 任务描述 ………………… 31

1.3.3 任务准备——电动机正反转电气
控制及定时器/计数器指令 … 31

1.3.4 任务实施 ………………… 37

1.3.5 任务评价 ………………… 40

1.3.6 拓展提高——机械装置在两个位置
之间自动往返运动的控制 ……… 40

任务1.4 三相交流异步电动机丫-△减压起
动 PLC 控制系统设计 ……… 40

1.4.1 任务目标 ………………… 40

1.4.2 任务描述 ………………… 41

1.4.3 任务准备——三相交流异步
电动机的起动 ……………… 41

1.4.4 任务实施 ………………… 43

1.4.5 任务评价 ………………… 46

1.4.6 拓展提高——用变频器或软起动器
起动电动机 ………………… 47

任务1.5 电动机循环起停 PLC 控制系统
设计 ………………………… 47

1.5.1 任务目标 ………………… 47

1.5.2 任务描述 ………………… 47

1.5.3 任务准备——特殊存储器 SMB0 及
周期性循环控制方法 ……… 47

1.5.4 任务实施 ………………… 50

1.5.5 任务评价 ………………… 52

1.5.6 拓展提高——拓展计数范围的
方法 ……………………… 53

复习思考题 1 ……………………… 53

项目2 气动传动 PLC 控制系统设计 … 55

任务2.1 气缸自动往复 PLC 控制系统
设计 ………………………… 55

2.1.1 任务目标 ………………… 55

2.1.2 任务描述 ………………… 55

2.1.3 任务准备——气缸运动控制
原理 ……………………… 56

2.1.4 任务实施 ………………… 58

2.1.5 任务评价 ………………… 61

2.1.6 拓展提高——双气缸顺序 PLC
控制 ……………………… 62

任务 2.2 气动机械手 PLC 控制系统设计 … 62
　2.2.1 任务目标 ································ 62
　2.2.2 任务描述 ································ 62
　2.2.3 任务准备——气动机械手及
　　　　控制指令 ·························· 63
　2.2.4 任务实施 ································ 68
　2.2.5 任务评价 ································ 70
　2.2.6 拓展提高——机械手多种工作方式
　　　　控制 ······························ 72
任务 2.3 气动滑台 PLC 控制系统设计 … 73
　2.3.1 任务目标 ································ 73
　2.3.2 任务描述 ································ 73
　2.3.3 任务准备——气动滑台及磁性
　　　　开关 ······························ 73
　2.3.4 任务实施 ································ 76
　2.3.5 任务评价 ································ 80
　2.3.6 拓展提高——带计数功能的气动
　　　　滑台 PLC 控制 ··················· 81
　复习思考题 2 ································· 81

项目 3 变频器与 PLC 控制系统
　　　 设计 ······························· 82
任务 3.1 PLC 控制系统人机界面设计 …… 82
　3.1.1 任务目标 ································ 82
　3.1.2 任务描述 ································ 82
　3.1.3 任务准备——HMI 画面组态设计
　　　　方法 ······························ 83
　3.1.4 任务实施 ································ 86
　3.1.5 任务评价 ································ 93
　3.1.6 拓展提高——HMI 在烤箱上的应用
　　　　画面设计 ·························· 94
任务 3.2 变频器操作与 PLC 控制系统
　　　 设计 ······························· 94
　3.2.1 任务目标 ································ 94
　3.2.2 任务描述 ································ 94
　3.2.3 任务准备——V20 变频器 ········· 95
　3.2.4 任务实施 ······················· 101

　3.2.5 任务评价 ······················· 110
　3.2.6 拓展提高——变频器与 PLC 构成
　　　　多种速度控制系统设计 ········· 111
任务 3.3 风力发电 PLC 控制仿真平台
　　　 设计 ····························· 111
　3.3.1 任务目标 ······················· 111
　3.3.2 任务描述 ······················· 111
　3.3.3 任务准备——模拟量模块及
　　　　数据处理指令 ················· 112
　3.3.4 任务实施 ······················· 119
　3.3.5 任务评价 ······················· 123
　3.3.6 拓展提高——多速段风力发电系统
　　　　设计 ··························· 124
任务 3.4 三层电梯变频 PLC 控制系统
　　　 设计 ····························· 124
　3.4.1 任务目标 ······················· 124
　3.4.2 任务描述 ······················· 124
　3.4.3 任务准备——电梯原理及高速
　　　　计数器应用 ··················· 125
　3.4.4 任务实施 ······················· 137
　3.4.5 任务评价 ······················· 150
　3.4.6 拓展提高——四层电梯变频 PLC
　　　　控制程序设计 ················· 151
　复习思考题 3 ····························· 151

项目 4 PLC 通信网络系统设计 ········· 152
任务 4.1 PLC 通信基础知识学习 ········· 152
　4.1.1 任务目标 ······················· 152
　4.1.2 任务描述 ······················· 152
　4.1.3 任务准备——通信基础知识 ······ 153
　4.1.4 任务实施 ······················· 157
　4.1.5 任务评价 ······················· 165
　4.1.6 拓展提高——选择合适的 S7-200
　　　　SMART PLC 通信方案 ········· 166
任务 4.2 自由口通信系统设计 ············ 166
　4.2.1 任务目标 ······················· 166
　4.2.2 任务描述 ······················· 166

4.2.3 任务准备——自由口通信及
相关指令 …………… 166
4.2.4 任务实施 ………… 172
4.2.5 任务评价 ………… 175
4.2.6 拓展提高——两台 S7-200 SMART
PLC 之间的自由口通信 ……… 175
任务 4.3 以太网通信系统设计 ……… 175
4.3.1 任务目标 ………… 175
4.3.2 任务描述 ………… 176
4.3.3 任务准备——工业以太网通信及
相关指令 …………… 176
4.3.4 任务实施 ………… 179
4.3.5 任务评价 ………… 183
4.3.6 拓展提高——3 台 S7-200 SMART
PLC 之间的以太网通信 ……… 184
任务 4.4 光伏发电自动追光仿真平台
设计 ………………… 184
4.4.1 任务目标 ………… 184
4.4.2 任务描述 ………… 184
4.4.3 任务准备——自动追光原理 …… 185
4.4.4 任务实施 ………… 186
4.4.5 任务评价 ………… 191
4.4.6 拓展提高——光伏发电分步追光
系统设计 …………… 192
复习思考题 4 ………… 192

项目 5 顺序控制系统应用设计 ……… 193
任务 5.1 学习顺序功能图编程方法 …… 193
5.1.1 任务目标 ………… 193
5.1.2 任务描述 ………… 193
5.1.3 任务准备——顺序控制设计法 … 194
5.1.4 任务实施 ………… 196
5.1.5 任务评价 ………… 204
5.1.6 拓展提高——具有多种工作方式的
顺序控制系统设计 ……… 204
任务 5.2 组合机床动力头 PLC 控制系统
设计 ………………… 205

5.2.1 任务目标 ………… 205
5.2.2 任务描述 ………… 205
5.2.3 任务准备——组合机床动力头控制
原理 ……………… 205
5.2.4 任务实施 ………… 207
5.2.5 任务评价 ………… 211
5.2.6 拓展提高——多种工作方式
动力头控制系统设计 ……… 211
任务 5.3 智能抢答器 PLC 控制系统
设计 ………………… 212
5.3.1 任务目标 ………… 212
5.3.2 任务描述 ………… 212
5.3.3 任务准备——智能抢答器控制
原理 ……………… 212
5.3.4 任务实施 ………… 213
5.3.5 任务评价 ………… 217
5.3.6 拓展提高——多路智能抢答器 PLC
控制系统设计 ……… 218
任务 5.4 十字路口交通灯 PLC 控制系统
设计 ………………… 218
5.4.1 任务目标 ………… 218
5.4.2 任务描述 ………… 218
5.4.3 任务准备——十字路口交通灯
控制原理 …………… 219
5.4.4 任务实施 ………… 219
5.4.5 任务评价 ………… 226
5.4.6 拓展提高——前后协同交通灯
控制系统设计 ……… 227
任务 5.5 分拣机械手 PLC 控制系统
设计 ………………… 227
5.5.1 任务目标 ………… 227
5.5.2 任务描述 ………… 227
5.5.3 任务准备——分拣机械手
控制原理 …………… 227
5.5.4 任务实施 ………… 229
5.5.5 任务评价 ………… 235

5.5.6　拓展提高——机械手与传送带

　　　　协调控制系统设计 ················ 236

复习思考题 5 ···························· 236

附录

附录 A　常用特殊寄存器 SM0 和 SM1 的

　　　　位信息表 ······················ 239

附录 B　S7–220 SMART CPU 存储器

　　　　范围表 ························ 239

附录 C　指令中的有效常数范围表 ········ 240

附录 D　S7–220 SMART CPU 指令系统分类

　　　　速查表 ························ 241

参考文献 ································ 248

项目 1
交流电动机 PLC 控制系统设计

按结构及工作原理分类，交流电动机可分同步电动机和异步电动机。交流异步电动机由于结构简单、运行可靠、维护方便、价格便宜，应用更为广泛。根据使用电源的相数不同，交流异步电动机可分为三相交流异步电动机和单相交流异步电动机。一般的机床、起重机、传送带、鼓风机、水泵以及农副产品的加工等都普遍使用三相异步电动机，各种家用电器、医疗器械和许多小型机械则常使用单相异步电动机。交流电动机的控制电路包括电动机的起动、运行、调速、制动、保护等电路。交流电动机 PLC 控制系统就是用 PLC 代替原电动机的继电器、指令电器、传感器等组成的控制电路，而保持原来的主电路基本功能不变的电气控制系统，具有功能强大、使用方便、可靠性高、体积小、能耗低等特点。

通过完成交流电动机 PLC 控制系统的设计、安装、编程、调试等工作任务，应了解 PLC 的构成与工作原理，学习用 PLC 实现交流电动机控制的方法，掌握 PLC 控制系统的外部接线、程序编制与调试、系统联机调试等技能。

▶任务 1.1 初识 S7-200 SMART PLC 硬件及编程软件

1.1.1 任务目标

1）认识 S7-200 SMART PLC 硬件组成。
2）完成 S7-200 SMART PLC 外部接线工作。
3）掌握编程软件的安装与使用。

1.1.2 任务描述

应用 PLC 完成控制系统设计任务，首先要选择合适的 PLC 硬件组成；其次，要根据控制对象和控制要求，完成 PLC 的外部接线工作；第三，要完成 PLC 控制程序的设计与编辑工作；最后，把编辑好的程序下载到 PLC 中进行调试直至满足控制要求为止。

学生要完成 S7-200 SMART PLC 构成的控制系统硬件电路设计，需要认真查阅 S7-200 SMART PLC 系统手册，熟悉 S7-200 SMART PLC 的硬件模块类型以及各种模块的技术参数，在综合分析任务要求和控制对象特点的基础上，还应考虑控制系统的经济性和可靠性等要求，提出控制系统的设计方案，上报技术主管部门领导审核与批准后实施。根据批准的设计方案，进行 S7-200 SMART PLC 相关硬件模块的购买，再根据硬件电路图进行模块的安装与接线工作。

要完成 PLC 控制程序设计，一般要经历程序设计前的准备工作、设计程序框图、编写程序、程序调试和编写程序说明书 5 个步骤。第一步，程序设计前的准备工作就是要了解控制系统的全部功能、规模、控制方式、输入 / 输出（I/O）信号的种类和数量、是否有特殊功能的接口、与其他设备的关系、通信的内容与方式等，从而对整个控制系统建立一个整体的概念。接着进一步熟悉被控对象，可把控制对象和控制功能按照响应要求、信号用途或控制区域分类，确定检测设备和控制设备的物理位置，了解每一个检测信号和控制信号的形式、功能、规模及之间的关系。第二步，要根据软件设计规格书的总体要求和控制系统的具体情况，确定应用程序的基本结构、按程序设计标准绘制出程序结构框图，然后再根据工艺要求，绘出各功能单元的功能流程图。第三步，根据设计出的框图逐条地编写控制程序，并通过专用的编程软件在计算机上编写各条指令，在编写指令的过程中要及时给程序加注释。第四步，将编写的程序写入 PLC 内存中进行调试，从各功能单元入手，设定输入信号，观察输出信号的变化情况。各功能单元调试完成后，再调试全部程序，调试各部分的接口情况，直到满意为止。程序调试可以在实验室进行，也可以在现场进行。如果在现场进行测试，需将 PLC 系统与现场信号隔离，可以切断输入 / 输出模块的外部电源，以免引起机械设备动作。程序调试过程中先发现错误，后进行纠错。基本原则是"集中发现错误，集中纠正错误"。第五步，在完成全部程序调试工作后，要编写程序说明书。在说明书中通常对程序的控制要求、程序的结构、流程图等给予必要的说明，并且给出程序安装与操作使用方法。在以上 5 个步骤中，后 3 个步骤均需要专用编程软件支持，所以需要学习编程软件的安装与使用。

1.1.3　任务准备——PLC 简介

1. PLC 的定义

PLC 工作原理

可编程序控制器（Programmable Controller，早期称可编程序逻辑控制器，Programmable Logic Controller，简称 PLC）是一种集计算机技术、自动控制技术和通信技术于一体的工业自动化控制装置，由于它具有体积小、控制功能强、可靠性高、使用灵活方便、易于扩展、兼容性强等一系列优点，现已跃居为现代工业自动化三大支柱 [PLC、机器人、计算机辅助设计 / 计算机辅助制造（CAD/CAM）] 的首位。国际电工委员会（IEC）于 1987 年对 PLC 所做的定义为："PLC 是一种数字运算操作的电子系统，专为工业环境下应用而设计。它采用可编程序的存储器，用来在其内部存储执行逻辑运算、顺序控制、定时、计数和算术运算等操作的指令，并通过数字式、模拟式的输入和输出，控制各种机械或生产过程。可编程序控制器及其有关外部设备，都按易于与工业控制系统联成一个整体、易于扩充其功能的原则设计。"从这个定义可以看出，PLC 是一种软硬件紧密结合、并用程序来改变控制功能的工业控制计算机，除了能完成各种控制功能外，还具有与其他计算机通信联网的功能。

2. PLC 的工作特点

随着微处理器、计算机和数字通信技术的飞速发展，计算机控制已经扩展到了几乎所有工业领域。同时，现代社会要求制造业对市场需求做出迅速的反应，生产出小批量、多品种、多规格、低成本和高质量的产品，对生产设备和生产线控制系统均提出了极高可靠性和灵活性的要求，而 PLC 正是为了顺应这一要求而研发的通用工业控制装置。PLC 的主要特点有以下几个方面。

PLC 的基本功能及
其特点

1）适合工业现场的恶劣环境。具体表现为 PLC 抗干扰能力强、可靠性高、对环境适应能力强。PLC 的硬件、电源设计均有抗干扰措施，平均故障间隔时间（MTBF）超过 2 万 h，整个控制系统的故障常见于外部接触器等；环境方面允许电压波动 ±15%、温度 0 ～ 60℃、湿度 15% ～ 95%。

2）控制功能强。PLC 具有逻辑判断、计数、定时、步进、跳转、移位、四则运算、数据传送、数据处理等功能，可实现顺序控制、逻辑控制、位置控制和过程控制等。它集三电（电控、电仪、电传）于一体。

3）编程方法易学。可以采用工程技术人员熟悉的梯形图编程，与常规的继电器 - 接触器控制电路类似，容易掌握。同时，还可以用流程图、布尔逻辑语言、高级语言（如 C 语言）等编程。

4）与外设连接简单。采用模块化结构，接口种类多，便于现场连接、扩充，输入接口可直接与按钮、传感器相连，输出接口可直接驱动继电器、接触器、电磁阀等。

5）设计、安装、调试和维修工作量少，维护方便。控制程序变化方便，具有很好的柔性。

3. PLC 的应用领域

随着微电子技术的快速发展，PLC 的制造成本不断下降，而功能却大大增强，应用领域已覆盖了所有工业企业。其应用范围大致可归纳为以下几种。

1）开关量的逻辑控制。这是 PLC 最基本、最广泛的应用领域，它取代传统的继电器 - 接触器控制系统，实现逻辑控制、顺序控制，可用于单机控制、多机群控、自动化生产线的控制等，例如注塑机、印刷机械、订书机械、切纸机械、组合机床、石料加工生产线的控制等。

2）位置控制。大多数 PLC 制造商目前都能提供驱动步进电动机或伺服电动机的单轴或多轴位置控制模块。这一功能可广泛用于各种机械，如金属切削机床、金属成型机床、装配机械、机器人、电梯的控制等。

3）过程控制。PLC 可以对温度、压力、流量等连续变化的模拟量进行闭环控制。PLC 通过模拟量 I/O 模块，实现模拟量与数字量之间的 A/D、D/A 转换，并对模拟量进行 PID 闭环控制。PID 闭环控制功能可用 PID 子程序来实现，也可用智能 PID 模块来实现。

PLC 的概念和产生历史

4）数据处理。现代的 PLC 具有数学运算（包括矩阵运算、函数运算、逻辑运算等）、数据传送、转换、排序和查表、位操作等功能，可以完成数据采集、分析和处理。

5）通信联网。PLC 的通信包括 PLC 之间、PLC 与上位机、PLC 与其他智能设备之间的通信。PLC 可以与其他智能控制设备相连组成网络，构建"集中管理、分散控制"的分布式控制系统，以满足工厂自动化系统的发展需要。

4. PLC 的分类

PLC 发展很快，类型很多，可以从不同角度进行分类。本书主要按控制规模将 PLC 分为微型、小型、中型和大型 4 种类型。微型 PLC 的 I/O 点数一般在 64 点以下，其特点是体积小、结构紧凑、重量轻和以开

PLC 的分类

关量控制为主，有些产品具有少量模拟量处理能力。小型 PLC 的 I/O 点数一般在 256 点以下，除有开关量控制外，一般都有模拟量控制功能和高速控制功能，有些产品还有特殊功能模块或智能模块，能通过总线和 CPU 交换数据并在 CPU 协调管理下独立工作。中型 PLC 的 I/O 点数一般在 1024 点以下，指令系统更丰富，内存容量更大，一般都有可供选择的系列化特殊功能模块，有较强的通信功能。大型 PLC 的 I/O 点数一般在 1024 点以上，软硬件功能极强，运算和控制功能丰富，具有多种自诊断功能，能和多种网络相连，具有多 CPU 和冗余控制功能。

西门子 S7 系列 PLC 具有体积小、速度快、标准化、网络通信、控制功能强、可靠性高等特点。S7 系列 PLC 产品可分为微型、小型、中型、大型，微型 PLC 有 S7-200（已经停产）、S7-200 SMART，小型 PLC 有 S7-1200，中型 PLC 有 S7-300，大型 PLC 有 S7-1500、S7-400 等。

5. PLC 的编程语言

各公司生产的 PLC 的编程语言、指令系统和表达方式不同，互不兼容。国际电工委员会在 IEC 61131-3 标准中规定了 PLC 的 5 种编程语言，分别是梯形图（Ladder Diagram，LD）、指令表（Instruction List，IL）、函数块图（Function Block Diagram，FBD）、顺序功能图（Sequential Function Chart，SFC）和结构文本（Structured Text，ST）。

（1）梯形图（西门子 PLC 中称为 LAD）

梯形图是使用最多的 PLC 图形编程语言。梯形图与继电器控制电路图很相似，具有直观、易懂、易学的优点。在编制梯形图时，可以将 PLC 的元件看成和继电器一样，具有常开 / 常闭触点和线圈，且线圈的得电、失电将导致触点的相应动作；再用母线代替电源线，用能量流来代替继电器电路中的电流概念。不过，需要说明的是，PLC 中的继电器不是实际物理元件，而只是计算机存储器中的一个位，它的所谓接通不过是相应存储单元置 1 而已。PLC 中的继电器与物理继电器的区别如下。

1）物理继电器在控制电路中使用时，必须通过硬接线来连接。PLC 中的继电器是"软继电器"，具有物理继电器的特点（通电线圈、常开触点、常闭触点），但实际上是内部存储器的一个位，互相之间的连接通过编程来实现。

2）PLC 的继电器有无数个常开 / 常闭触点供用户使用，而物理继电器的触点数是有限的。

3）PLC 的输入继电器是由外部信号驱动的，而物理继电器状态是由通过它的线圈电流确定的。

（2）指令表（西门子 PLC 中称为 STL）

指令表是一种类似于计算机的汇编语言，用助记符来表示各种指令的功能，比较适合熟悉 PLC 和程序设计经验丰富的技术人员使用。

（3）函数块图（西门子 PLC 中称为 FBD）

函数块图使用类似于数字电路的逻辑功能符号来表示控制逻辑的图形语言，适用于有数字电路基础的人员学习掌握。

（4）顺序功能图（西门子 PLC 中称为 S7-Graph）

顺序功能图是一种位于其他编程语言之上的图形语言，用来编制顺序控制程序，适用于控制规模较大、程序关系较复杂的场合。

（5）结构文本（西门子 PLC 中称为 SCL）

结构文本是一种基于 PASCAL 的高级编程语言。SCL 除了包含 PLC 的典型元素外，还具有高级语言的特性，例如表达式、赋值、运算符、程序分支、循环和跳转等，尤其适合复杂数学运算、过程优化、统计任务等场合。

6. PLC 的组成框图

PLC 一般由 CPU、存储器、输入模块、输出模块、通信接口等组成，如图 1-1 所示。

（1）CPU（中央处理器）

CPU 的作用是完成 PLC 内所有的控制和监视功能，它不断地采集输入信号，执行用户程序，刷新系统的输出，并通过控制总线、地址总线和数据总线与存储器、输入模块、输出模块、通信接口相连接。

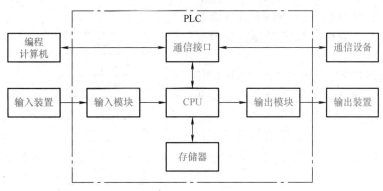

图 1-1　PLC 的组成框图

（2）存储器

PLC 的存储器分为以下三种。

1）系统程序存储器，用于存放 PLC 生产厂家编写好的系统程序，并固化在 ROM（只读存储器）内，用户不能直接更改。

2）用户程序存储器，用于存放用户根据控制要求而编制的应用程序，一般选用 FLASH 存储器（闪速存储器，简称闪存）或 EEPROM（电擦除可编程只读存储器）。

3）系统数据存储器，用于存放中间计算结果和数据，一般选用 RAM（随机存储器），通常由锂电池或大电容后备。

（3）输入模块

输入模块是 CPU 和输入装置的接口，通过输入模块把工业设备或生产过程的状态或信息读入 CPU，供用户程序运算与操作之用。

（4）输出模块

输出模块是 CPU 和输出装置的接口，通过输出模块把 PLC 的控制命令传输给输出装置。

（5）通信接口

PLC 配有各种通信接口，CPU 通过这些通信接口可以与监视器、计算机、其他 PLC 等设备实现通信。

7. PLC 的工作原理

（1）PLC 的工作模式

PLC 有运行（RUN）和停止（STOP）两种工作模式，可通过 CPU 上 3 个状态指示灯来分辨。其中，RUN 指示灯绿色常亮，表示运行；STOP 指示灯黄色常亮，表示停止；ERROR 指示灯红色常亮，表示错误。S7-200 PLC 上有一个工作模式开关，通过拨动开关位置，可以设定 PLC 工作在 RUN 模式还是 STOP 模式。而 S7-200 SMART PLC 没有工作模式开关，改为由编程软件设定 PLC 的工作模式。S7-200 SMART PLC 工作模式设置方法是：在系统块→启动→CPU 模式（选择 CPU 启动后的模式），有 RUN、STOP 和 LAST（保持 PLC 断电前的运行模式）3 种上电后的工作模式可供选择，工作模式设置后还需要将系统块下载到 CPU 中才能生效。

PLC 的应用领域

（2）PLC 的工作原理

当 PLC 处于 STOP 模式时，PLC 只进行内部处理和通信服务操作，一般用于程序的编制与修改。当 PLC 处于 RUN 模式时，PLC 将进行内部处理、通信服务、输入处理、程序执行、输出处理 5 个阶段的循环扫描工作，如图 1-2 所示。

1）内部处理阶段，PLC 检查 CPU 模块的硬件是否正常，复位监视定时器，以及完成一些其他内部工作。

2）通信服务阶段，PLC 与一些智能模块通信，响应编程器键入的命令，更新编程器的显示内容等。

3）输入处理阶段，读取所有输入端子的通断状态，并将读入的信息存入对应的输入映像寄存器。

4）程序执行阶段，PLC 按先左后右、先上而下的步序，逐句扫描，执行程序。但遇到程序跳转指令，则根据跳转条件是否满足来决定程序的跳转地址。若用户程序涉及输入 / 输出状态时，PLC 从输入映像寄存器中读出上一阶段采入的对应输入端子状态（指令执行时刻的输入端子状态变化不被采入），从元件映像寄存器读出对应映像寄存器的当前状态，根据用户程序进行逻辑运算，最后将运算结果存入有关器件的寄存器中。

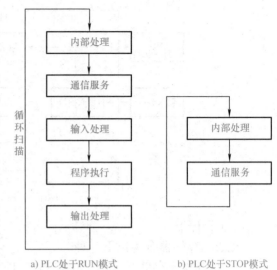

a) PLC 处于 RUN 模式　　　　b) PLC 处于 STOP 模式

图 1-2　PLC 扫描工作过程

5）输出处理阶段，PLC 将所有输出映像寄存器的状态信息传送到相应的输出锁存器中，再经输出电路隔离和功率放大后传送到 PLC 的输出端向外界输出控制信号。

（3）PLC 的输入 / 输出滞后时间

输入 / 输出滞后时间又称系统响应时间，是指 PLC 输入信号发生变化的时刻至它控制有关外部输出信息发生变化的时刻之间的时间间隔，它由输入电路滤波时间、输出电路的滞后时间和因扫描工作方式产生的滞后时间 3 部分组成。

1）输入模块的 RC 滤波电路用来消除由输入端引入的干扰噪声，消除因外接输入触点动作时产生的抖动引起的不良影响，滤波电路的时间常数决定了滤波时间的长短，其典型值为 10ms。

2）输出模块的滞后时间与模块类型有关，继电器型输出模块的滞后时间一般在 10ms 左右；双向晶闸管型输出模块在负载通电时的滞后时间约为 1ms，负载由通电到断电的最大滞后时间约为 10ms；晶体管型输出模块的滞后时间一般在 1ms 以下。

3）由扫描工作方式引起的滞后时间最长可达 2～3 个扫描周期。而扫描周期主要由用户程序决定，一般为 1～100ms。

PLC 总的响应时间一般只有几十毫秒，最多上百毫秒，因此在慢速系统中使用普通控制指令是没有问题的，但在要求快速响应的控制系统中就需要采用中断指令和高速处理指令。

1.1.4　任务实施

S7-200 SMART PLC 是国内广泛使用的 S7-200 PLC 的更新换代产品，它继承了 S7-200 PLC 的诸多优点，指令与 S7-200 PLC 基本相同。S7-200 SMART PLC 增加了以太网端口与信号板，保留了 RS-485 端口，增加了 CPU 的 I/O 点数（由 S7-200 PLC 的 40 点增大到 60 点）。

1. CPU 模块

S7-200 SMART PLC 共有 14 种 CPU 模块，分为经济型（2 种）、紧凑型（4 种）和

标准型（8种），以适应不同现场。CPU 模块外形如图 1-3 所示。CPU 模块通过夹片安装在标准导轨（DIN）上，右上方为数字量输入接线端子（通过端子连接器和内部电路相连）。左上方为以太网通信端口、以太网通信指示灯 LINK 和 Rx/Tx（位于保护盖下方）。当不接以太网线时，LINK 和 Rx/Tx 两个灯都是灭的；当以太网线一头接 CPU，一头接计算机时，则 LINK 灯常绿，Rx/Tx 灯慢闪，这说明没有数据交换；当在线或是监视状态表时，则 LINK 灯常绿，Rx/Tx 灯常亮，说明有持续的数据交换。左中方为 RUN、STOP、ERROR 3 个状态指示灯。RUN 灯绿色常亮，表示 CPU 处于运行模式；STOP 灯黄色常亮，表示 CPU 处于 STOP 模式；RUN、STOP 绿色和黄色交替闪烁，表示 CPU 处于 STARTUP（开始起动）模式；ERROR 灯红色常亮，指示硬件出现故障，红色闪烁，指示有错误，例如 CPU 内部错误、存储卡错误或组态错误（模块不匹配）。正中方为可选信号板，对于标准型 CPU，卸掉盖板后可选安装 DT04（2 路数字量输入、2 路数字量输出）、AQ01（1 路模拟量输出）、CM01（RS-232/485 通信端口）、BA01（实时时钟保持）。右中方为 I/O 状态指示灯。左下方 RS-485 通信端口。右下方为存储卡插口。

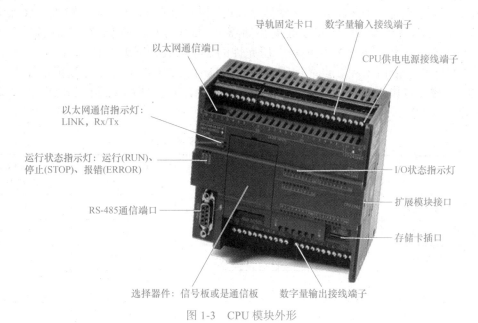

图 1-3　CPU 模块外形

2. 紧凑型 CPU 模块

2017 年 7 月发布的 S7-200 SMART V2.3 新增了 4 种紧凑型 CPU，即 AC 电源供电 / DC 24V 输入 / 继电器输出的 CPU CR20s、CPU CR30s、CPU CR40s 和 CPU CR60s，使用 RS-485 端口和 USB-PPI 电缆进行编程。其中，CPU CR20s 为 AC 电源供电，拥有 12 个 DC 24V 输入点和 8 个继电器输出点，外形尺寸为 90mm×100mm×81mm；CPU CR30s 为 AC 电源供电，拥有 18 个 DC 24V 输入点和 12 个继电器输出点，外形尺寸为 110mm×100mm×81mm；CPU CR40s 为 AC 电源供电，拥有 24 个 DC 24V 输入点和 16 个继电器输出点，外形尺寸为 125mm×100mm×81mm；CPU CR60s 为 AC 电源供电，拥有 36 个 DC 24V 输入点和 24 个继电器输出点，外形尺寸为 175mm×100mm×81mm。以上是精简版，仅有 RS-485 串行口，没有基于以太网端口的 S7 通信和开放式用户通信功能；不能扩展信号板和信号模块，不支持数据记录；没有高速脉冲输出、实时时钟、Micro SD 读卡器、24V 直流传感器电源、输入点的脉冲捕捉功能和运动控制功能；仅有

4 个高速计数器（标准型 CPU 有 6 个），最高计数频率只有标准型的一半。紧凑型 CPU 模块拥有 12KB 程序存储器、8KB 用户数据存储器和 2KB 保持型存储器。

S7-200 SMART 的老产品还有两种经济型的 CPU CR40（AC 电源供电 /24 个 DC 24V 输入点 /16 个继电器输出点，外形尺寸为 125mm×100mm×81mm）和 CPU CR60（AC 电源供电 /36 个 DC 24V 输入点 /24 个继电器输出点，外形尺寸为 175mm×100mm×81mm），与紧凑型 CPU 相比，它们具有基于以太网端口的 S7 通信和开放式用户通信功能、24V 直流传感器电源、Micro SD 读卡器、输入点的脉冲捕捉功能和数据记录功能，12KB 用户程序存储器、8KB 用户数据存储器和 2KB 保持型存储器。

3. 标准型 CPU 模块

S7-200 SMART 标准型 CPU 模块有 4 种继电器输出型 CPU SR20/SR30/SR40/SR60 和 4 种场效应晶体管输出型 CPU ST20/ST30/ST40/ST60，见表 1-1。标准型 CPU 有定时器 / 计数器各 256 点，4 个输入中断，2 个定时中断，最大模拟量 I/O 36 点，4 点 200kHz 的高速计数器，场效应晶体管输出型 CPU 有 2 点或 3 点 100kHz 高速输出。 SR20 有 12KB 程序存储器、8KB 数据存储器、10KB 保持性存储器，12 点输入、8 点输出；SR40 有 24KB 程序存储器、16KB 数据存储器、10KB 保持性存储器，24 点输入、16 点输出；SR60 有 30KB 程序存储器、20KB 数据存储器、10KB 保持性存储器，36 点输入、24 点输出。另外它们可扩展 6 个扩展模块，所允许的 I/O 总数分别为 148、168、188（不包含 2 点 DC 24V 数字量输入和 2 点晶体管直流输出信号板 SB DT04，1 点模拟量输入信号板 SB AE01，或 1 点模拟量输出信号板 SB AQ01 扩展 I/O）；使用免维修超级电容的实时时钟，精度为 ±120s/ 月，保持时间通常为 7 天。

表 1-1　标准型 CPU 简要技术规范

特性		CPU SR20, CPU ST20	CPU SR30, CPU ST30	CPU SR40, CPU ST40	CPU SR60, CPU ST60
本机数字量（I/O 点数）		12DI/8DQ	18DI/12DQ	24DI/16DQ	36DI/24DQ
用户程序存储器		12KB	18KB	24KB	30KB
用户数据存储器		8KB	12KB	16KB	20KB
尺寸 $\left(\dfrac{\text{长}}{\text{mm}}\times\dfrac{\text{宽}}{\text{mm}}\times\dfrac{\text{高}}{\text{mm}}\right)$		90×100×81	110×100×81	125×100×81	175×100×81
扩展模块数		6（最大）			
通信端口		1 个以太网口，1 个 RS-485 串口，1 个用可选的 RS-232/485 信号板带的串口			
信号板数		1			
高速计数器 共 6 个	单相	4 个 200kHz，2 个 30kHz	5 个 200kHz，1 个 30kHz	4 个 200kHz，2 个 30kHz	4 个 200kHz，2 个 30kHz
	A/B 相	2 个 100kHz，2 个 20kHz	3 个 100kHz，1 个 20kHz	2 个 100kHz，2 个 20kHz	2 个 100kHz，2 个 20kHz
100kHz 脉冲输出		2 个（仅 CPU ST20）	3 个（仅 CPU ST30）	3 个（仅 CPU ST40）	3 个（仅 CPU ST60）
脉冲捕捉输入点数		12 个	12 个	14 个	14 个

4. CPU 的数据存储区

（1）数据存储区的功能分类

1）过程映像输入寄存器（I）。过程映像输入寄存器用于接收外部输入的数字量信号，当外部输入电路接通时，对应的过程映像输入寄存器为 ON(1 状态)，反之为 OFF(0 状态)。

2）过程映像输出寄存器（Q）。过程映像输出寄存器用于输出程序控制的外部输出信号。例如，当梯形图中 Q0.0 的线圈"通电"时，输出模块中对应的物理继电器的常开触点闭合。

3）变量存储器（V）。变量存储器用来存放程序执行的中间结果，或者用来保存与控制任务有关的其他数据。

4）位存储器（M）。位存储器用于存储中间状态或其他控制信息，又称为标志位存储器。

5）定时器存储器（T）。定时器用于系统定时，相当于继电器系统中的时间继电器。

6）计数器存储器（C）。计数器用来累计其计数脉冲上升沿的次数。

7）高速计数器（HC）：用来累计比 CPU 的扫描速率更快的事件，计数过程与扫描周期无关。

8）累加器（AC0 ～ AC3）。累加器用于向子程序传递参数和从子程序返回参数，或者用来临时保存中间运算结果。CPU 提供 4 个 32 位累加器（AC0 ～ AC3），可以按字节、字、双字来访问累加器中的数据。

9）特殊存储器（SM）。特殊存储器用于 CPU 与用户程序之间交换信息。常用特殊存储器如下：SM0.0 一直为 ON；SM0.1 在 PLC 运行模式从 STOP 转为 RUN（执行用户程序）的第一个扫描周期为 ON，无论是重新上电或一直通电的情况；在保持性数据丢失时，SM0.2 在一个扫描周期为 ON；仅在首次上电进入 RUN 模式时，SM0.3 在一个扫描周期为 ON；SM0.4 和 SM0.5 分别提供占空比为 50%、周期分别为 1min 和 1s 的时钟脉冲；SM0.6 为扫描周期脉冲，一次扫描为 ON，下一次扫描为 OFF，可用于扫描次数的计数脉冲；如果系统时间在上电时丢失，SM0.7 在一个扫描周期为 ON；SM1.0、SM1.1 和 SM1.2 分别为零标志、溢出标志和负数标志；SM1.3 为除零标志。

10）局部存储器（L）。局部存储器只是在创建它的某个程序单元（主程序、子程序、中断程序）内部有效的暂时存储器。每个程序单元（主程序、子程序、中断程序）都有自己的 64B（LB0 ～ LB63）局部存储器作为暂时存储器，或给子程序传递参数。使用梯形图和功能块编程时只能使用前面 60B（L0.0 ～ L59.7），最后 4B 保留给系统使用。与 L 存储器不同，V 存储器是全局存储器。

11）模拟量输入（AI）模块。A1 模块将外部输入的模拟量按比例转换为一个字的数字量，并且存储在从偶数字节开始的 AI 地址（例如 AIW2）中。模拟量输入值为只读数据。

12）模拟量输出（AQ）模块。AQ 模块将从偶数字节开始的 AQ 地址（例如 AQW2）内一个字的数字值按比例转换为模拟量进行输出。模拟量输出值是只写数据，用户不能读取模拟量输出值。

13）顺序控制继电器（S）。顺序控制继电器与顺序控制继电器指令配合用于顺序控制编程。

（2）数据存储器的取值范围及寻址方式

S7-200 SMART PLC 有 4 种紧凑型 CPU、2 种经济型 CPU、8 种标准型 CPU，其数据存储器的取值范围及寻址方式见表 1-2。

表 1-2　S7–200 SMART PLC 数据存储器的取值范围及寻址方式

寻址方式	紧凑（经济）型 CPU	CPU SR20, CPU ST20	CPU SR30, CPU ST30	CPU SR40, CPU ST40	CPU SR60, CPU ST60
位访问	I0.0 ～ 31.7　Q0.0 ～ 31.7　M0.0 ～ 31.7　SM0.0 ～ 1535.7　S0.0 ～ 31.7　T0 ～ 255　C0 ～ 255　L0.0 ～ 63.7				
	V0.0 ～ 8191.7	V0.0 ～ 12287.7	V0.0 ～ 16383.7	V0.0 ～ 20479.7	
字节访问	IB0 ～ 31　QB0 ～ 31　MB0 ～ 31　SMB0 ～ 1535　SB0 ～ 31　LB0 ～ 63　AC0 ～ 3				
	VB0 ～ 8191	VB0 ～ 12287	VB0 ～ 16383	VB0 ～ 20479	
字访问	IW0 ～ 30　QW0 ～ 30　MW0 ～ 30　SMW0 ～ 1534　SW0 ～ 30　T0 ～ 255　C0 ～ 255　LW0 ～ 62　AC0 ～ 3				
	VW0 ～ 8190	VW0 ～ 12286	VW0 ～ 16382	VW0 ～ 20478	
	—	AIW0 ～ 110　AQW0 ～ 110			
双字访问	ID0 ～ 28　QD0 ～ 28　MD0 ～ 28　SMD0 ～ 1532　SD0 ～ 28　LD0 ～ 60　AC0 ～ 3　HC0 ～ 3				
	VD0 ～ 8188	VD0 ～ 12284	VD0 ～ 16380	VD0 ～ 20476	

（3）数据存储器的断电保持功能

S7–200 SMART PLC 不使用锂电池来保持 RAM 中的数据，而使用 EEPROM 来保持用户程序和需要长期保持的重要数据（通过编程软件设为保持的数据存储区）。对于所有类型的 CPU，可以在系统块里设置电源断电时需要保持数据的存储区范围，可以设置保存全部 V、M、C 区，只能保持 TONR 和计数器的当前值，但不能保持定时器位和计数器位，上电时它们被置为 OFF，并且可以设置为永久保存的存储区范围最大为 10KB。对于未设置为数据保持的数据，一旦掉电其数据就会丢失。默认的设置是 CPU 未定义断电保持区域。设置数据保持的方法是：在 STEP 7–Micro/WIN SMART 软件的项目树上，单击"系统块"，在弹出的"系统块"对话框中的"保持范围"项目中选择存储区域，设置要保持的存储区域。例如选择 VB 区域，输入偏移量，可以理解为保持范围的首地址，如设置为 0 则为 VB0，设置为 10 则为 VB10；输入元素数目，即保持范围的数据长度，单位为字节（B），如设置为 10 则为 10B 的保持数据。最后还需要将设置后的系统块下载到 PLC 中才能生效。

5. CPU 的接线图

不同公司生产的 PLC，甚至是同一公司生产的不同系列 PLC，由于控制功能不同，它们的外部接线图也不一样。在选用 PLC 之前，应该仔细查阅相应的 PLC 系统使用手册。S7–200 SMART PLC 共有 14 种 CPU，由于各种 CPU 的工作电源、I/O 点数及类型、DC 24V 传感器电源、通信端口、输入点的脉冲捕捉功能等不同，它们的外部接线图也不一样。在选用 CPU 模块之前，应仔细研读 S7–200 SMART PLC 系统手册。下面以标准型 CPU SR20 为例来介绍 CPU 的外部接线图，如图 1-4 所示。外部交流 220V 电源（允许电压范围为 85 ～ 264V、频率范围为 47 ～ 63Hz）的相线和 L1 端相连、中性线和 N 端相连。CPU 的接地端（PE）采用截面积不小于 2mm²（14 AWG）并尽可能短的铜导线与系统的接地线相连。12 个数字量输入点所用的直流电源为 DC 24V（允许电压范围为 20.4 ～ 28.8V），其中 1M 为所有输入点的公共端。CPU 提供的 DC 24V 传感器电源（L+ 为电源正极、M 为电源负极），最大输出电流为 300mA，可作为输入点的工作电源。8 个继电器输出点分为两组，这两个组可以根据控制对象的不同，可以选择直流电源（DC 5 ～ 30V）或者交流电源（AC 5 ～ 250V）。第一组的公共端为 1L，4 个点为 Q0.0、Q0.1、

Q0.2、Q0.3；第二组的公共端为 2L，4 个点为 Q0.4、Q0.5、Q0.6、Q0.7。

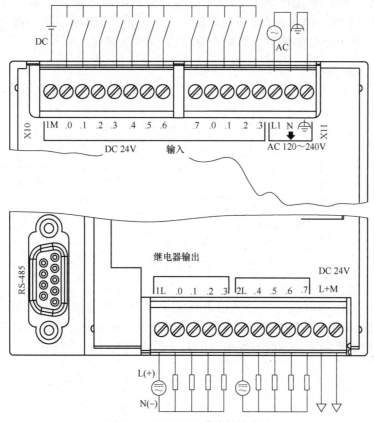

图 1-4　CPU SR20 模块的接线图

6.数字量扩展模块

当所选用的标准型 CPU 模块的数字量输入或输出点不能满足用户要求时，可通过数字量扩展模块来增加其输入或输出点数，每种 CPU 最多可扩展 6 个扩展模块。S7-200 SMART PLC 的数字量扩展模块见表 1-3。

表 1-3　S7-200 SMART PLC 的数字量扩展模块

型号	输入点数	输出点数
EM DE08	8 点（直流输入）	—
EM DE16	16 点（直流输入）	—
EM DT08	—	8 点（晶体管输出）
EM DR08	—	8 点（继电器输出）
EM QR16	—	16 点（继电器输出）
EM QT16	—	16 点（晶体管输出）
EM DT16	8 点（直流输入）	8 点（晶体管输出）
EM DR6	8 点（直流输入）	8 点（继电器输出）
EM DT32	16 点（直流输入）	16 点（晶体管输出）
EM DR32	16 点（直流输入）	16 点（继电器输出）

（1）数字量输入电路

图 1-5 是 S7-200 SMART PLC 的数字量输入点的内部电路和外部接线图。当 S 闭合（即外接触点接通）时，输入端 0.0 所对应的发光二极管（LED）点亮，指示有输入信号加入，同时，通过光电耦合器使对应的输入寄存器（I0.0）置 1。

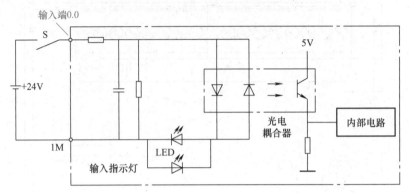

图 1-5　数字量输入点内部电路和外部接线图

（2）数字量输出电路

图 1-6 是 S7-200 SMART PLC 的继电器输出点的内部电路和外部接线图。当程序将输出寄存器（Q0.0）置 1 并加到输出模块时，输出端 0.0 所对应的发光二极管（LED）点亮，指示有控制信号输出，同时，继电器的常开触点闭合。

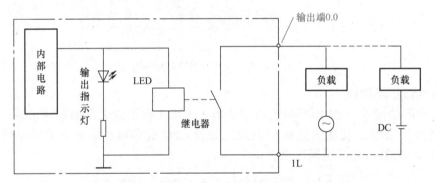

图 1-6　继电器输出点内部电路和外部接线图

图 1-7 是 S7-200 SMART PLC 的场效应晶体管输出点的内部电路和外部接线图。当程序将输出寄存器（Q0.0）置 1 并加到输出模块时，输出端 0.0 所对应的发光二极管（LED）点亮，指示有控制信号输出，同时，场效应晶体管导通使负载得电工作。

7. 模拟量扩展模块

当 PLC 要处理模拟量（如温度、压力、流量等）信号输入以及输出模拟量控制电压或电流时，必须使用模拟量扩展模块，这是因为 PLC 的 CPU 模块只能处理数字量。S7-200 SMART PLC 有 9 种模拟量扩展模块，见表 1-4。

（1）模拟量输入模块

模拟量输入模块 EM AE04 有 4 种量程，分别为 0 ～ 20mA、± 10V、± 5V 和 ± 2.5V。电压模式的分辨率为 11 位 + 符号位，电流模式的分辨率为 11 位。单极性满量程输入范围对应的数字量为 0 ～ 27648，双极性满量程输入范围对应的数字量为 –27648 ～ 27648。

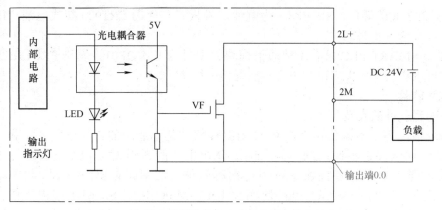

图 1-7　场效应晶体管输出点内部电路和外部接线图

表 1-4　S7–200 SMART PLC 的模拟量扩展模块

型号	描　述
EM AE04	4 点模拟量输入
EM AE08	8 点模拟量输入
EM AQ02	2 点模拟量输出
EM AQ04	4 点模拟量输出
EM AM03	2 点模拟量输入、1 点模拟量输出
EM AM06	4 点模拟量输入、2 点模拟量输出
EM AR02	2 点热电阻输入
EM AR04	4 点热电阻输入
EM AT04	4 点热电偶输入

（2）模拟量输出模块

模拟量输出模块 EM AQ02 有两种量程，分别为 ±10V 和 0～20mA，对应的数字量为 –27648～27648 和 0～27648。电压输出的分辨率为 10 位 + 符号位，负载阻抗≥1kΩ。电流输出的分辨率为 10 位，负载阻抗≤600Ω。

（3）热电阻和热电偶扩展模块

热电阻输入模块 EM AR02 有两点输入，可以接 Pt10、Pt50、Pt100 等多种热电阻，它们的温度测量分辨率为 0.1℃ /0.1 ℉，电阻测量分辨率为 15 位 + 符号位。热电偶输入模块 EM AT04 有 4 点输入，可以接 J、K、T 等多种热电偶，它们的温度测量分辨率为 0.1℃ /0.1 ℉，电压测量分辨率为 15 位 + 符号位。

8. 信号板与通信模块

S7–200 SMART PLC 有 5 种信号板。SB DT04 为 2 点数字量直流输入和 2 点数字量场效应晶体管直流输出信号板。SB AE01 为 1 点模拟量输入信号板，它的输入量程有 0～20mA、±10V、±5V 和 ±2.5V，电压模式的分辨率为 11 位 + 符号位，电流模式的分辨率为 11 位，双极性满量程输入范围对应的数字量为 –27648～27648。SB AQ01 为 1 点模拟量输出信号板，它的输出量程有 ±10V 和 0～20mA，分辨率和满量程范围对应的数字量与模拟量输入信号板相同。SB CM01 为 RS–485/RS–232 信号板，可以组态为 RS–

485 或 RS-232 通信端口。SB BA01 为电池信号板，它使用 CR1025 扣式电池，能保持实时时钟运行大约一年时间。

S7-200 SMART PLC 只有 1 种通信模块，型号为 EM DP01，属于 PROFIBUS DP 通信模块，可以作为 DP 从站和 MPI（多点通信）从站。

9. 编程软件

（1）编程软件的安装

大部分情况下，不同公司生产 PLC 的编程软件是不通用的，如三菱公司和西门子公司的 PLC 编程软件是不通用的。甚至同一公司生产的不同类型 PLC，如西门子公司生产的不同系列 PLC 都有各自独立的 PLC 编程软件，使用前必须仔细阅读相关系统使用手册。西门子 S7-200 SMART PLC 使用 STEP 7-Micro/WIN SMART 编程软件，版本由 2016 年 V2.1 发展到 V2.6，它为用户编辑、监控和调试应用程序提供了良好的环境，可以在 32 位、64 位的 Windows 7 和 Windows 10 下运行。

在安装编程软件时，要关闭所有应用程序，特别要关闭可能影响安装的 360 卫士等杀毒软件，否则安装可能出错。安装时，双击配套的文件夹（如果是压缩包，则先解压到文件夹）"STEP 7-Micro/WIN SMART V2.6"中的文件 setup.exe，开始安装软件，使用默认的安装语言简体中文，接着按系统提示操作，单击"下一步"按钮。在许可证协议对话框中选中"我接受许可证协定和有关安全的信息的所有条件"，单击"下一步"按钮开始安装，直到出现"安装完成"对话框，单击"完成"按钮，结束安装过程。

需要说明的是，当编程软件使用过程中出现异常现象，需要从计算机上卸载掉重装软件时，一般的卸载工具很难将编辑软件清除干净，应该使用 S7-200 SMART SWEEPER TOOL 专用工具将计算机上安装的编辑软件清除干净，然后再按上述步骤重装编程软件。

（2）编程软件的操作使用

编程软件的使用涉及内容较多，在没有学习后续指令系统知识之前，在此只对软件的操作界面、窗口操作及帮助功能的使用做简单介绍。

1）菜单栏。在桌面上双击编程软件 STEP 7-Micro/WIN SMART 的快捷方式图标，打开编程软件，显示编程软件的界面，如图 1-8 所示。左上角是菜单栏，有文件、编辑、视图、PLC、调试、工具、帮助等菜单项，单击其中某个菜单项，快速访问工具栏即显示该菜单项的相关命令。

2）快速访问工具栏。快速访问工具栏位于菜单栏的下方，显示当前菜单项的相关命令，如选中"文件"时，显示新建、打开、保存、导入、导出、上传、下载、打印等几个默认的按钮。单击软件菜单栏的上方最右的下拉箭头，打开"自定义快速访问工具栏"下拉菜单，单击"更多命令"，可以自定义快速访问工具栏上的命令按钮。

3）导航栏与项目树。导航栏位于屏幕左侧，有符号表、状态图表、数据块、系统块、交叉引用和通信 6 个图标按钮，单击它们，可以直接打开项目树中对应的对象。项目树位于导航栏的下方，主要用于组织项目。右击项目树的空白区域，可以用快捷菜单中的"单击打开项目"命令，设置单击或双击打开项目中的对象（不选中"单击打开项目"时，则表示用双击打开对象）。

4）程序编辑区。程序编辑区位于屏幕的正中央，主要用于主程序、子程序、中断程序的编辑，还可以对程序段添加注释。编辑区左侧竖条给出了阶梯编号，编辑程序时只能按一个接一个的阶梯来编写。

图 1-8 STEP 7-Micro/WIN SMART 的界面

5）状态栏。状态栏位于屏幕的中下方，提供软件执行操作中的相关信息（包括符号表、变量表、工作状态等）。在编辑模式下，状态栏显示编辑器的信息，例如当前是插入模式还是覆盖模式。此外还显示 CPU 的状态、通信连接状态、CPU 的 IP 地址和可能的错误等。

6）帮助功能的使用。可以使用在线帮助或者使用"帮助"菜单获得帮助。在线帮助的操作：单击项目树中的某个对象或者程序编辑区中的某条指令，按 <F1> 键可以得到选中对象的在线帮助。使用"帮助"菜单的操作："帮助"菜单项有"Web""信息""版本"选项卡。单击"Web"选项卡的"Siemens"按钮，将打开西门子的全球技术支持网站，可以在该网站按产品分类阅读常见问题，并能下载大量的手册和软件。单击"信息"选项卡的"帮助"按钮，打开在线帮助对话框。单击在线帮助对话框第一行左边的"显示"按钮，进入"目录 - 索引"选项卡，双击某一关键字，右边窗口将出现帮助信息。单击"版本"选项卡的"关于"按钮，打开软件版本信息。

（3）编程软件所用的数制

所有数据在 PLC 中都是以二进制形式存储的，但在编程软件中可以使用二进制、十六进制和十进制数制。

1）编程软件所用的二进制常数。编程软件 STEP 7-Micro/WIN SMART 所用的数据类型主要有二进制数、ASCII 码、BCD 码、十进制数和十六进制数。其中，二进制常数用"2# 二进制编码"表示，二进制编码的最高位为符号位，最高位为 0 时表示正数，最高位为 1 时表示负数。例如，2#00010101，对应的十进制数为 21；又如 2#10011101，最高为 1 表示负数，其二进制编码为补码，其数值大小是对补码按位求反后再加 1，对应的十进制数为 -99。

2）编程软件所用的十进制常数。编程软件 STEP 7-Micro/WIN SMART 所用的十进制常数和普通十进制数使用相同的表达方式，如 68、213、-5 等。

3）编程软件所用的十六进制数。编程软件 STEP 7-Micro/WIN SMART 所用的十六进制常数采用"16# 十六进制编码"表示，如 16#00，所对应的十进制为 0；如 16#FF，所对应的十进制无符号整数为 255。如果用十六进制数来表示有符号的整数，则 16#FF 所对应的十进制符号整数为 –1。

（4）编程软件所用的数据类型

数据类型定义了数据的长度（即位数）。编程软件可以使用位、字节、字、双字、16 位整数、32 位整数、32 位浮点数（实数）、ASCII 码字符和字符串等数据类型。其中，16 位整数、32 位整数、32 位浮点数均为带符号数。

1）位数据的数据类型为 BOOL（布尔）型，BOOL 变量取值为 1（ON）和 0（OFF）。BOOL 变量的地址由区域标识符、字节地址和位地址组成，如 I0.2、Q1.2、M10.3 等。

2）字节（Byte）数据由 8 位二进制数据组成，字节变量取值范围为 0 ～ 255。字节变量的地址由区域标识符、字母 B 和字节地址组成，如 IB0、QB1、MB20 等。

3）字（Word）数据由相邻两个字节组成，字变量取值范围为 0 ～ 65536。字变量的地址由区域标识符、字母 W 和低位字节地址组成，如 VW10 由 VB10（高 8 位数据）和 VB11（低 8 位数据）组成、VW12 由 VB12 和 VB13 组成等。

4）双字（Double Word）数据由相邻 4 个字节组成。双字变量的地址由区域标识符、字母 D 和最低位字节地址组成，如 VD10 由 VB10 ～ VB13 组成，其中，VB10 是最高有效字节，VB13 是最低有效字节。

5）16 位整数（INT）和 32 位整数（DINT）都是有符号数。整数的取值范围为 –32768 ～ 32767，变量地址由区域标识符、字母 W 和低位字节地址组成，如 IW0、QW1、VW100 等。双整数的取值范围为 –2147483648 ～ 2147483647，变量地址由区域标识符、字母 D 和最低位字节地址组成，如 ID0、QD4、VD200 等。

6）32 位浮点数（实数）是有符号数。实数的取值范围为 ±（1.175495×10^{-38} ～ 3.402823×10^{38}），变量地址由区域标识符、字母 D 和最低位字节地址组成，如 ID0、QD0、VD100 等。

7）ASCII 码字符是用 7 位二进制数（ASCII 码）表示的所有英语大写、小写字母，数字 0 ～ 9，标点符号以及在美式英语中使用的特殊控制字符。数字 0 ～ 9 的 ASCII 码为 16#30 ～ 16#39，英语大写字母 A ～ Z 的 ASCII 码为 16#41 ～ 16#5A，英语小写字母 a ～ z 的 ASCII 码为 16#61 ～ 16#7A。常数字符用单引号将字节、字或双字存储器中的 ASCII 字符常量括起来，如 "A"、"BC"、"DE23" 等。

8）字符串由若干个字符组成，其中的每个字符都以字节的形式存储。字符串的第一个字节定义（存储）字符串的长度（0 ～ 254），后面的每个字节存储一个字符。变量字符串最多 255B（长度字节加上 254 个字符），变量字符串的寻址方式有 VB、LB、*VD、*LD、*AC 等。常数字符串用双引号括起来，如 "3"、"AB"、"4CDEF" 等，常数字符串被限制为 126B（字符串中也能包括多个汉字，每个汉字占用 2B）。字符 "DE23" 和字符串 "DE23" 的区别在于，前者占用 4B 的存储空间，后者占用 5B 的存储空间。

（5）直接寻址

直接寻址就是直接指定存储器的区域、长度和位置，主要有位寻址、字节寻址、字寻址和双字寻址。其中，位寻址采用"字节 . 位"表示，例如 I3.0、I3.7、Q0.0 等。字节寻址采用"变量 B+ 数字"表示，例如 IB3、QB0、MB1 等，其中 IB3 由 8 位二进制位 I3.7 ～ I3.0 构成，I3.7 为字节的最高位，I3.0 为字节的最低位。字寻址采用"变量 W+ 偶数"表示，例如 VW100、VW102、QW0、MW2 等，其中 VW100 由高 8 位字节 VB100 和低 8 位字节 VB101 两个字节组成。双字寻址采用"变量 D+ 能被 4 整除的偶数"表示，例如 VD100、VD104、QD0、MD4，其中 VD100 是由高 8 位字 VW100 和低 8 位字

VW102 两个字组成。

（6）使用指针进行间接寻址

间接寻址使用指针访问存储器中的数据。指针是包含另一个存储单元地址的双字存储单元。只能将 V 存储单元、L 存储单元或累加器（AC1 ~ AC3）用作指针。要创建指针，必须使用"移动双字 MOVD"指令，并通过输入一个"&"符号和要寻址的存储单元的第一个字节，将该存储单元的地址送到指针中。例如"MOVD &VB200, AC1"，就是将VB200 的存储地址（实际上是 VW200 的存储地址，因为 PLC 内存是以 16 位字来存储数据的）送到指针 AC1 中。

S7-200 SMART CPU 允许指针对存储区域 I、Q、V、M、S、AI、AQ、SM、T（仅限当前值）和 C（仅限当前值）进行间接寻址。间接寻址不能访问单个位、HC、L 和累加器（AC0 ~ AC3）。要间接访问存储器地址中的数据，要通过创建的指针并且在该指针前输入一个星号（*）。例如，用"MOVD &VB200, AC1"指令创建 AC1 指针，现在用"MOVW *AC1, AC0"指令，将指针 AC1 指向存储地址的 VB200 和 VB201 组成的VW200 中的数据传送到累加器 AC0 的低 16 位。

1.1.5　任务评价

在完成初识 S7-200 SMART PLC 硬件及编程软件任务后，对学生的评价主要从主动学习、高效工作、认真实践的态度，团队协作、互帮互学的作风，良好的硬件设计与编程调试技能，以及树立为国家为人民多做贡献的价值观等方面进行，并采用学生自评、小组互评、教师评价来综合评定每一位学生的学习成绩，评定指标详见表 1-5。

表 1-5　初识 S7-200 SMART PLC 硬件及编程软件任务评价表

评价指标	评价要素	分值	学生自评（10%）	小组互评（20%）	教师评价（70%）	得分
硬件模块选型	能阅读 PLC 系统使用手册，并根据控制任务要求，选择合适的 CPU 模块和扩展模块	40				
外部接线图设计	能根据控制对象和选用的 CPU 模块、扩展模块等，正确设计 PLC 的外部接线图	20				
编程软件安装操作	能在计算机上正确安装 STEP 7-Micro/WIN SMART 编程软件并进行相关操作	15				
文档撰写	能根据任务要求撰写硬件选型报告，包括摘要、报告正文，图表等符合规范性要求	15				
职业素养	符合 7S（整理、整顿、清扫、清洁、素养、安全、节约）管理要求，树立认真、仔细、高效的工作态度以及为国家为人民多做贡献的价值观	10				

1.1.6　拓展提高——S7-200 SMART PLC 仿真软件

学习 PLC 最有效的方法是完成一个实际工程应用项目，包括硬件选型、外部接线、程序设计与编辑、联机调试等工作任务，这需要相应的硬件条件支持。许多读者由于缺乏相应的 PLC 实验条件，无法验证设计程序是否正确，或者在实施工程应用项目之前想知道所设计的程序是否可行，PLC 的仿真软件是解决这一问题的理想工具，但是到目前为止还没有西门子官方仿真软件。

近几年网上已有针对 S7-200 SMART PLC 的仿真软件，可以供读者教学使用，本书配套资料中，即可找到该软件安装包 CIS_S7200 V5.5.1.3.ZIP。该软件可用来代替西门子 S7-200、S7-200 SMART PLC 硬件调试用户程序的仿真软件。它与 STEP 7 或 STEP 7 SMART 编程软件一起，用于在计算机上模拟 S7-200 或 S7-200 SMART 的功能，可以在开发阶段发现和排除程序错误，从而提高用户程序的质量和降低试车的费用。该软件支持中断、函数、PID 运算、指令叠加、顺序指令，并支持 PPI、Modbus、USS 以及自由口通信。

仿真软件安装时，先解压 CIS_S7200 V5.5.1.3.ZIP 软件包，运行工业自动化仿真文件 CIS_S7200.msi，单击"下一步"按钮，选择"修改"（默认项）并单击"下一步"按钮，单击"下一步"按钮，单击"安装"按钮，单击"完成"按钮，完成安装。然后再双击 setup.exe 文件，单击"下一步"按钮，选择"修改"（默认项）并单击"下一步"按钮，选择"自定义"（默认项）并单击"下一步"按钮，单击"安装"按钮，单击"完成"按钮，完成安装。

启动仿真软件，单击 Windows 操作系统的"开始"图标，找到 CIS_S7200 PLC 仿真软件并单击，即可进入仿真软件，如图 1-9 所示。

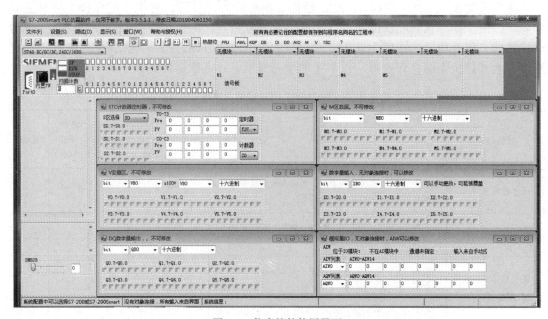

图 1-9 仿真软件使用界面

▶任务 1.2 电动机起动 PLC 控制系统设计

1.2.1 任务目标

1）能分析三相交流异步电动机的控制电路。

2）能设计电动机起动 PLC 控制电路。

3）掌握电动机起动 PLC 控制程序设计与调试方法。

1.2.2　任务描述

应用 PLC 完成控制电动机起动工作任务，首先要设计电动机的主电路和 PLC 的控制电路；其次，要根据控制要求，选择合适的 PLC 硬件并完成电动机主电路和 PLC 控制电路的接线工作；第三，要完成 PLC 控制程序的设计与编辑工作；最后，把编辑好的程序下载到 PLC 中进行调试直至满足控制要求为止。

学生要完成由 S7-200 SMART PLC 控制电动机起动任务，需要学习三相交流异步电动机的工作原理、电动机起动与停止的控制方法，同时还要熟悉 S7-200 SMART PLC 的相关硬件及技术参数，在综合分析任务要求和控制对象特点的基础上，还应考虑控制系统的经济性和可靠性等要求，提出控制系统的设计方案，上报技术主管部门领导审核与批准后实施。根据批准的设计方案，进行 S7-200 SMART PLC 相关硬件的购买，再根据硬件电路图进行安装与接线工作。

要完成电动机起动 PLC 控制程序设计，一般要经历程序设计前的准备工作、编写程序、程序调试和编写操作使用说明书 4 个步骤。第一步，程序设计前的准备工作就是要了解三相交流异步电动机控制系统的功能、规模、控制方式等，从而对整个控制系统建立一个整体的概念。第二步，要根据软件设计规格书的总体要求和控制系统的具体情况，根据控制要求编写控制程序，并通过专用的编程软件在计算机上编辑各条指令，在编写指令的过程中要及时给程序加注释。第三步，将编写的程序写入 PLC 内存中进行调试，从各功能单元入手，设定输入信号，观察输出信号的变化情况。如果在现场进行测试，需将 PLC 系统与现场信号隔离，可以切断输入 / 输出模块的外部电源，以免引起机械设备动作。程序调试过程中应采取的基本原则是"集中发现错误，集中纠正错误"。第四步，在完成全部程序调试工作后，编写操作使用说明书。

1.2.3　任务准备——电动机控制及位逻辑指令

1. 三相交流异步电动机的接法

三相交流异步电动机的典型产品主要有 Y 系列（Y3、Y3、Ye2、Ye3、Yx3），具有高效、节能、性能好、振动小、噪声低、寿命长、可靠性高、维护方便、起动转矩大等优点，应用于无特殊要求的机械设备、农业机械、食品机械、风机、水泵、机床、搅拌机、空气压缩机等机械设备。其中，Yx3 是高效率（效率高于 75%）三相异步电动机，Ye3 是超高效率（最高可达 96%）三相异步电动机，建议推广使用。一般功率在 4kW 以上的三相异步电动机，其额定电压为 380V，定子绕组均采用三角形（△）联结，相电压也为 380V，相电流是线电流的 $1/\sqrt{3}$；4kW 及以下电动机的额定电压有 220V 和 380V 两种，写成 220/380V，分别对应星形联结和三角形联结，标成 $\curlyvee/\triangle$，如图 1-10 所示，采用星形（$\curlyvee$）联结时，相电压为线电压的 $1/\sqrt{3}$，即 220V，相电流和线电流相同。

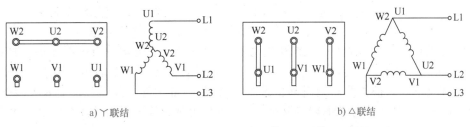

a) $\curlyvee$ 联结　　　　　　　　　　　　b) △联结

图 1-10　三相交流异步电动机定子绕组 $\curlyvee$ 联结 / △联结

2. 三相交流异步电动机的起停电路

三相交流异步电动机的起停电路分为单地点操作和两地点操作两种情况,如图1-11所示。主电路由电源开关QS、熔断器FU1、接触器KM主触点、热继电器FR的发热元件和电动机M构成;控制电路由熔断器FU2、热继电器FR的常闭触点、停止按钮SB1(SB3)、起动按钮SB2(SB4)、接触器KM的常开辅助触点和线圈构成。

(1)单地点操作的电动机起停电路

电动机起动时,合上电源开关QS,引入三相电源,按下起动按钮SB2,接触器KM的线圈通电吸合,主触点KM闭合,电动机M接通电源起动运转。同时与SB2并联的辅助常开触点KM闭合,从而保持电动机的连续运行。要求电动机停机时,只要按下停止按钮SB1,这时接触器KM的线圈断电释放,KM的常开主触点将三相电源切断,电动机M停止旋转,如图1-11a所示。

(2)两地点操作的电动机起停电路

两地点(多地点)操作是指在两地(或两个以上地点)进行的控制操作,多用于规模较大的设备。多地点控制触点的连接原则为:常开触点均相互并联,组成"或"逻辑关系;常闭触点均相互串联,组成"与"逻辑关系。电动机起动时,合上电源开关QS,引入三相电源,按下位于不同地点的起动按钮SB2或SB4,接触器KM的线圈通电吸合,主触点KM闭合并且自锁,电动机M接通电源起动运转。要求电动机停机时,只要按下位于不同地点的停止按钮SB1或SB3,这时接触器KM的线圈断电释放,KM的常开主触点将三相电源切断,电动机M停止旋转,如图1-11b所示。

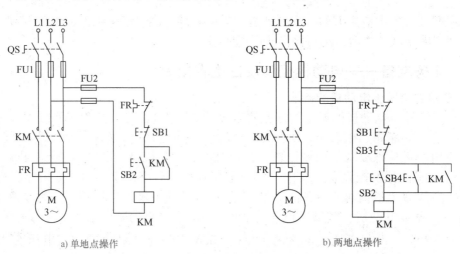

a) 单地点操作　　　　　　　　　　　　　b) 两地点操作

图1-11　三相交流异步电动机的起停电路

(3)保护环节

图1-11电路具有短路保护、过载保护、失电压和欠电压保护功能。

1)短路保护。短路保护是由熔断器FU1、FU2实现的,它们分别作为主电路和控制电路的短路保护,当电路发生短路故障时能迅速切断相应电路的电源。

2)过载保护。通常在生产机械中需要持续运行的电动机均设有过载保护,其特点是过载电流越大,保护动作越快,但不会受电动机起动电流影响而动作。图1-11中的热继电器FR就起过载保护作用。当电动机过载时,FR的常闭触点会断开,使KM线圈失电,电动机M停止运行;当过载故障消除后,FR的常闭触点会重新处于闭合状态,使KM线圈得电,电动机M重新运行。

3）失电压和欠电压保护。在电动机正常运行时，如果因为电源电压的消失而使电动机停转，那么在电源电压恢复时电动机若自行起动，将可能会造成人身事故或设备事故。防止电源电压恢复时电动机自行起动的保护叫作失电压保护，也叫零电压保护。在电动机正常运行时，电源电压过分降低也会引起电动机转速下降和转矩降低，若负载转矩不变，会使电流过大，会造成电动机停转和损坏。因此需要在电源电压下降到最小允许的电压值时将电动机电源切除，这样的保护叫作欠电压保护。图 1-11 所示电路中是依靠接触器自身电磁机构实现失电压和欠电压保护的。当电源电压由于某种原因而严重失电压或欠电压时，接触器的衔铁自行释放并带动主触点断开，电动机停止运转。而当电源电压恢复正常时，接触器线圈也不会自动通电，只有在操作人员再次按下起动按钮后，电动机才会起动。

3. 触点指令

位逻辑指令是对二进制位信号进行处理的指令。位逻辑指令扫描信号状态"1"和"0"位，并根据布尔逻辑对它们进行组合，所产生的结果（"1"或"0"）称为逻辑运算结果，并保存在寄存器或存储器中。位逻辑指令是 PLC 编程中最基本、使用最频繁的指令，按不同用途划分，可以分为触点指令、输出指令、逻辑堆栈指令、取反指令、置位 / 复位指令、跳变指令、立即指令等。

触点指令是以触点为对象进行处理的指令，包括初始装载（LD）、初始装载非（LDN）、与（A）、与非（AN）、或（O）、或非（ON）6 条指令，位地址 bit 是 BOOL 型变量（ON/OFF），可以是 M、SM、T、C、V、S、L、I 和 Q。触点指令的梯形图和语句表见表 1-6。

表 1-6　触点指令

梯形图（LAD）	语句表（STL）	指令描述
bit ─┤ ├─	LD bit	初始装载，电路开始的常开触点。当位地址 bit 为 ON 时，常开触点闭合，能流通过；当位地址 bit 为 OFF 时，该触点断开，能流不能通过
bit ─┤/├─	LDN bit	初始装载非，电路开始的常闭触点。当位地址 bit 为 OFF 时，常闭触点闭合，能流通过；当位地址 bit 为 ON 时，该触点断开，能流不能通过
bit ─┤ ├─	A bit	与操作，串联的常开触点
bit ─┤/├─	AN bit	与非操作，串联的常闭触点
bit ─┤ ├─	O bit	或操作，并联的常开触点
bit ─┤/├─	ON bit	或非操作，并联的常闭触点

4. 输出指令

输出指令将前面各逻辑运算的结果通过能流控制线圈。当有能流流过线圈时，输出指令指定的位地址 bit 的值为 1，反之则为 0。输出指令的梯形图和语句表见表 1-7。

表 1-7　输出指令

梯形图（LAD）	语句表（STL）	指令描述
bit ──（ ）	= bit	将前面运算结果控制位地址 bit 的状态。如果前面有能流到达，则位地址 bit 为 ON，否则为 OFF

【例 1-1】点动控制程序如图 1-12 所示。当 I0.0 为 ON 时，Q0.0 为 ON；当 I0.0 为 OFF 时，Q0.0 也为 OFF。

如果在 I0.0 的输入端外接常开按钮 SB1，在 Q0.0 的输出端外接指示灯 HL1，并给 PLC 加上合适的电源，可以实现点动控制功能。按下控制按钮 SB1 时，指示灯 HL1 点亮；松开按钮 SB1 时，指示灯 HL1 熄灭。

Network1

LD I0.0

= Q0.0

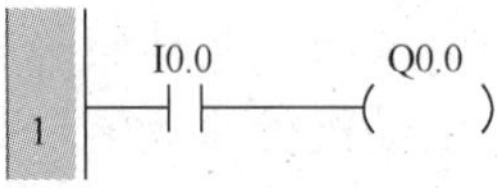

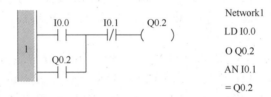

图 1-12 点动控制程序

【例 1-2】起保停控制程序如图 1-13 所示。当 I0.0 为 ON，I0.1 为 OFF 时，则 Q0.2 为 ON 且保持；在 Q0.2 为 ON 状态下，I0.1 为 ON 时，则 Q0.2 变为 OFF。

Network1

LD I0.0

O Q0.2

AN I0.1

= Q0.2

图 1-13 起保停控制程序

5. 逻辑堆栈指令

堆栈是若干个存储单元的有序集合，数据的存取只能在栈顶单元内进行，并且按照“先进后出”原则进行存取数据。S7–200 SMART PLC 有一个 32 位的逻辑堆栈，用于存放逻辑运算的结果。逻辑堆栈指令是对数据进栈、读栈或出栈进行操作的指令，在梯形图中没有对应的堆栈指令格式，但在将 LAD 指令程序转化为 STL 指令程序的过程中，编程软件会自动为 LAD 程序加上相应的堆栈指令。也就是说，如果用梯形图（LAD）编写程序时，就不需要考虑堆栈指令；但是，如果使用语句表（STL）编写程序时，在需要的地方必须编写逻辑堆栈指令。S7–200 SMART PLC 的逻辑堆栈指令见表 1-8。

表 1-8 STL 的逻辑堆栈指令

语句表（STL）	指令描述
ALD	与装载指令：对堆栈第一层和第二层中的值进行逻辑与运算。结果装载到栈顶。执行 ALD 后，栈深度减一
OLD	或装载指令：对堆栈第一层和第二层中的值进行逻辑或运算。结果装载到栈顶。执行 OLD 后，栈深度减一
LPS	逻辑进栈指令：复制栈顶值并将该值推入堆栈。栈底值被推出并丢失
LRD	逻辑读栈指令：将堆栈第二层中的值复制到栈顶。此时不执行进栈或出栈，但原来的栈顶值被复制值替代
LPP	逻辑出栈指令：将栈顶值弹出。堆栈第二层中的值成为新的栈顶值
LDS N	装载堆栈指令：复制堆栈内第 n 层的值到栈顶，栈中原来的数据依次向下一层推移，栈底值被推出丢失
AENO	指令盒输出端 ENO 相与指令：将 LAD 指令的功能框 ENO 位在 STL 程序表示中使用

【例 1-3】将梯形图转化为语句表的逻辑堆栈指令应用例子如图 1-14 所示。其中，I0.2 和 I0.3 串联后和上面程序块并联，用到了并联块（OLD）指令；常开触点 M0.0 右侧有 3 条分支，要用进栈（LPS）、读栈（LRD）和出栈（LPP）指令。

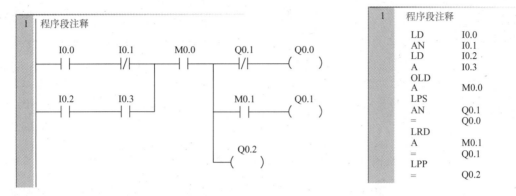

图 1-14　将梯形图转化为语句表的逻辑堆栈指令应用例子

6. 取反指令

取反（NOT）指令为取反能流输入的状态。也就是说，左侧有能流到达 NOT 触点时将被停止，没有能流到达 NOT 触点时，该触点会提供能流。取反指令的梯形图和语句表见表 1-9。

表 1-9　取反指令

梯形图（LAD）	语句表（STL）	指令描述
——|NOT|——	NOT	NOT 触点会改变能流输入状态。有能流到达 NOT 触点时将被停止；没有能流到达 NOT 触点时，该触点会提供能流

7. 置位、复位和触发器指令

置位（S）和复位（R）指令用于置位（接通）或复位（断开）从指定位地址开始的一组位（共 N 个位）。位地址 bit 是 BOOL 型（ON/OFF）变量，可以是 M、SM、T、C、V、S、L、I 和 Q。N 为 BYTE 型变量，取值范围为 1 ~ 255，可以是 IB、QB、VB、MB、SMB、SB、LB、AC、常数、*VD、*AC、*LD。如果复位指令指定定时器位（T 地址）或计数器位（C 地址），则该指令将对定时器或计数器位进行复位并清零定时器或计数器的当前值。置位与复位指令的梯形图和语句表见表 1-10。

表 1-10　置位与复位指令

梯形图（LAD）	语句表（STL）	指令描述
bit ——(S) N	S bit, N	置位（S）指令用于置位（接通）从指定位地址（bit）开始的一组位（共 N 个）。N 取值为 1 ~ 255
bit ——(R) N	R bit, N	复位（R）指令用于复位（断开）从指定位地址（bit）开始的一组位（共 N 个）。N 取值为 1 ~ 255 　如果复位指令指定定时器位（T 地址）或计数器位（C 地址），则该指令将对定时器或计数器位进行复位并清零定时器或计数器的当前值

【例 1-4】置位（S）和复位（R）指令的应用例子如图 1-15 所示。当 I0.0 为 ON 时，

使 Q0.0 置位且保持为 ON；当 I0.1 为 ON 时，使 Q0.0 复位。当 I0.0 和 I0.1 同时为 ON 时，先执行置位指令后执行复位指令，由于 PLC 是在输出刷新阶段才输出控制信号的，所以，真正起作用是后面执行的复位指令。

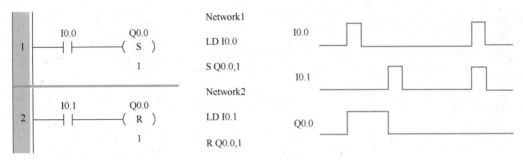

图 1-15　置位（S）和复位（R）指令的应用例子

　　置位/复位触发器（SR）指令是置位信号优先锁存器指令。如果置位（S1）和复位（R）端信号同时为 ON 时，则输出为 ON。复位/置位触发器（RS）指令是复位信号优先锁存器指令。如果置位（S）和复位（R1）端信号同时为 ON 时，则输出为 OFF。位地址 bit 是 BOOL 型（ON/OFF）变量，可以是 M、SM、T、C、V、S、L、I 和 Q。SR 与 RS 指令的梯形图和语句表见表 1-11。

表 1-11　SR 与 RS 指令

梯形图（LAD）	语句表（STL）	指令描述
bit S1　OUT SR R	不能使用	SR（置位优先双稳态触发器）是一种置位优先锁存器。如果置位（S1）和复位（R）信号均为真，则输出（OUT）为真
bit S　OUT RS R1	不能使用	RS（复位优先双稳态触发器）是一种复位优先锁存器。如果置位（S）和复位（R1）信号均为真，则输出（OUT）为假

　　【例 1-5】SR 与 RS 指令的应用例子如图 1-16 所示。当 I0.0 为 OFF，I0.1 为 ON 时，Q0.0 和 Q0.1 均复位为 OFF；当 I0.0 为 ON，I0.1 为 OFF 时，Q0.0 和 Q0.1 均置位为 ON；当 I0.0 为 ON，I0.1 也为 ON 时，Q0.0 置位为 ON，Q0.1 复位为 OFF。

　　8. 跳变指令

　　正跳变（EU）指令又称上升沿检测指令，允许能量在每次断开到接通转换后流动一个扫描周期。负跳变（ED）指令又称下降沿检测指令，允许能量在每次接通到断开转换后流动一个扫描周期。正跳变与负跳变指令的梯形图和语句表见表 1-12。

　　【例 1-6】正跳变与负跳变指令的应用例子如图 1-17 所示。每当 I0.0 从低电平到高电平跳变（上升沿）时，Q0.0 输出一个扫描周期的高电平。每当 I0.1 从高电平到低电平（下降沿）时，Q0.1 输出一个扫描周期的高电平。

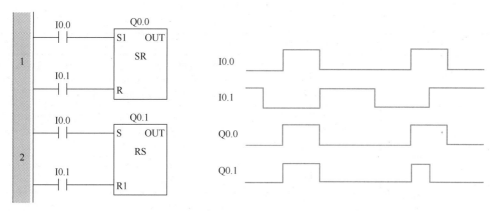

图 1-16　SR 与 RS 指令应用例子

表 1-12　正跳变与负跳变指令

梯形图（LAD）	语句表（STL）	指令描述
—|P|—	EU	正跳变指令（上升沿）允许能量在每次断开到接通转换后流动一个扫描周期
—|N|—	ED	负跳变指令（下降沿）允许能量在每次接通到断开转换后流动一个扫描周期

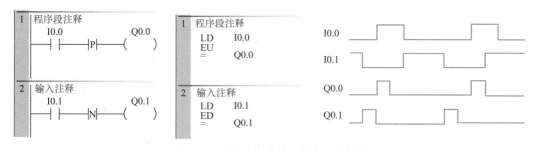

图 1-17　正跳变与负跳变指令应用例子

9. 立即指令

PLC 的工作方式分为输入采样、程序执行和输出刷新 3 个阶段。普通输入指令仅在输入采样阶段采集物理输入点的状态，更新输入映像寄存器；普通输出指令仅在输出刷新阶段将输出映像寄存器的值输出到输出锁存器（控制物理输出点状态）。这样，普通输入／输出指令的触点状态与对应物理触点的状态之间存在一定的延时。而立即输入指令在指令执行时就立即读取对应物理输入点的状态；立即输出指令在指令执行时就立即更新输出映像寄存器的值并输出到锁存器中；立即置位和立即复位指令将立即置位或复位物理输出点。立即输入指令的位地址只能是输入继电器（I），立即输出、立即置位、立即复位的位地址只能是输出继电器（Q）。立即指令的梯形图和语句表见表 1-13。

10. NOP（空操作）指令

空操作（NOP）指令起到一定的延时（N× 机器周期），占用周期扫描时间，不影响用户程序的执行。操作数 N 表示要进行的空操作的次数，取值范围为 0 ～ 255。空操作指令主要用于调试或修改程序，也可用于短暂的延时。空操作（NOP）指令见表 1-14。

表 1-13　立即指令

梯形图（LAD）	语句表（STL）	指令描述
┤├ bit	LDI bit AI bit OI bit	立即常开触点的 3 条指令，立即装载常开触点、立即常开触点串联和立即常开触点并联。当物理输入点（位）状态为 1 时，常开触点立即闭合（接通）
┤/├ bit	LDNI bit ANI bit ONI bit	立即常闭触点的 3 条指令，立即装载常闭触点、立即常闭触点串联和立即常闭触点并联。当物理输入点（位）状态为 0 时，常闭触点立即闭合（接通）
bit ─(I)─	=I bit	当执行立即输出指令时，指令会将新值立即写入物理输出点和相应的过程（输出）映像寄存器单元
bit ─(SI)─ N	SI bit, N	立即置位指令将立即置位（接通）从指定地址（位）开始的一组位（共 N 个）。N 取值范围为 1～255
bit ─(RI)─ N	RI bit, N	立即复位指令将立即复位（断开）从指定地址（位）开始的一组位（共 N 个）。N 取值范围为 1～255

表 1-14　空操作（NOP）指令

梯形图（LAD）	语句表（STL）	指令描述
N NOP	NOP N	空操作（NOP）指令，有取指和执行指令的延时，但不影响用户程序的执行。操作数 N 表示要进行的空操作的次数，取值范围为 0～255

1.2.4　任务实施

1. 硬件组成框图设计及 I/O 地址分配

要实现三相交流异步电动机的起动控制，首先要设计三相交流异步电动机的主电路，如图 1-11 中的主电路部分所示。其次，要设计 PLC 的控制电路，并代替图 1-11 中的控制电路部分。

下面以两地起停控制同一台电动机为例，设计 PLC 对三相交流异步电动机的控制电路。该电路共需要 2 个起动按钮、2 个停止按钮、电源开关、接触器 KM、热继电器 FR 和三相交流异步电动机 M，其硬件组成框图如图 1-18 所示。

电动机起动 PLC 控制系统共有 5 个开关量输入、1 个开关量输出，所以选用标准型 S7-200 SMART CPU SR20

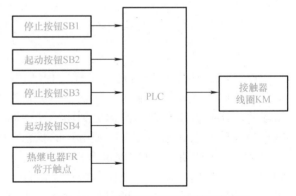

图 1-18　电动机起动 PLC 控制系统框图

（AC/DC/Relay）即可满足控制要求。根据电动机起动控制要求，设计 I/O 地址分配表见表 1-15。

2. 电动机起动 PLC 控制电路设计

根据三相交流异步电动机的控制要求，结合表 1-15 所示的 I/O 地址分配，设计三相交流异步电动机起动 PLC 控制电路，如图 1-19 所示。其中，SB1 和 SB3 为停止按钮，SB2 和 SB4 为起动按钮；热继电器 FR 起过载保护作用；断路器 QF 为电源开关；接触器 KM 选用线圈工作电压为 AC 220V 的交流接触器。控制电路改为 PLC 控制后，起动按钮、停止按钮由原来 AC 380V 供电变为 DC 24V 供电，可提高按钮触点的使用寿命。将热继电器 FR 的常闭辅助触点与 KM 线圈串联，起到硬件过载保护作用。一旦发生电动机过载，FR 的常闭辅助触点就会断开，会使 KM 线圈失电，电动机停止运行。过载故障消除后，FR 的常闭辅助触点就会重新闭合，会使 KM 线圈得电，电动机重新运行。

表 1-15　电动机起动控制 I/O 地址分配表

输入		输出	
地址	元件	地址	元件
I0.0	停止按钮 SB1	Q0.1	接触器线圈 KM
I0.1	起动按钮 SB2		
I0.2	停止按钮 SB3		
I0.3	起动按钮 SB4		
I0.4	热继电器 FR 常开触点		

3. 电动机起动 PLC 控制程序设计

根据电动机起动控制要求，结合图 1-19 所示的 PLC 控制电路以及 I／O 地址分配，设计两地控制电动机起动的梯形图程序，如图 1-20 所示。在停机状态下，当按下起动按钮 SB2 或 SB4 时，对应常开触点 I0.1 或 I0.3 接通（为 ON），会使线圈 M0.0 得电自锁（保持 ON 状态）。在电动机不发生过载故障时，FR 常闭触点接通，会使输出 Q0.1 为 ON，通过控制电路会使接触器线圈 KM 得电。再通过主电路会使接触器 KM 的主触点闭合，接通电动机的三相电源而起动运行。在电动机运行状态下，当按下停止按钮 SB1 或 SB3 时，对应常闭触点 I0.0 或 I0.2 会断开，会使 M0.0 断开（为 OFF 状态），进而使 Q0.1 断

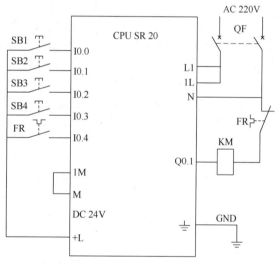

图 1-19　电动机起动 PLC 控制电路

开（为 OFF 状态），主电路中的接触器 KM 失电，电动机停止运行。在电动机运行状态下发生过载故障时，热继电器 FR 动作，其常开触点会闭合，I0.4 的常闭触点断开，使 Q0.1 变为 OFF 状态，进而会使主电路中的接触器 KM 失电，电动机停止运行。过载故障消除后，FR 的常闭触点会重新闭合，会使 Q0.1 变为 ON 状态，会使主电路中的接触器 KM 得电，电动机继续运行。

4. 程序仿真

（1）程序编辑

双击 STEP 7–Micro/WIN SMART 编程软件图标，启动编程软件。首先保存新建项目，选择"保存"→"另存为"菜单命令，在弹出对话框中的"文件名"栏对该文件进行命名，在此命名为"电动机起动控制"，然后单击"保存"按钮即可。在程序编辑区，按阶梯分块逐条输入指令后，单击快速访问工具栏的"保存"按钮，即得到

图 1-20 所示程序。

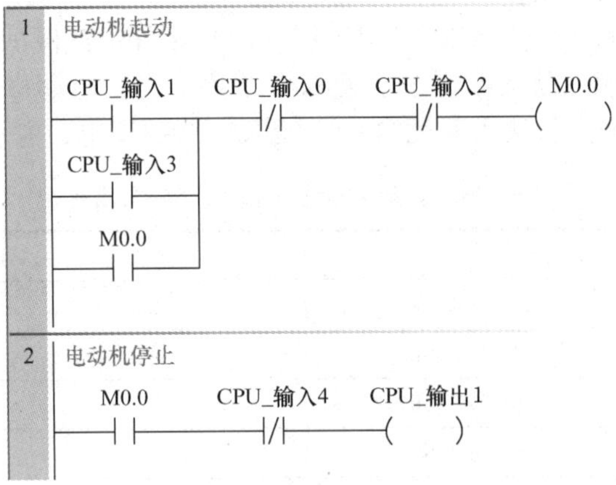

图 1-20　两地控制电动机起动梯形图程序

（2）程序编译

在进行 PLC 程序仿真操作之前或者将计算机中的程序下载到 PLC 中时，均需要对 PLC 程序进行编译操作。选择"PLC"→"编译"菜单命令或者单击程序编辑区上方的"编译"图标，即可对 PLC 程序进行编译操作，输出窗口显示全部编译信息，包括程序块、数据块、系统块的大小及发生的编译错误。在标识的错误处双击将自动跳转到出错位置，改正错误后重新进行编译，直至编译无误（输出窗口显示错误总计为 0）为止。

（3）程序文件导出与仿真

在 STEP 7–Micro/WIN SMART 编程软件中完成编译且无误后，选择"文件"→"导出"→"POU"菜单命令，在弹出的对话框中输入导出的路径和文件名（一般采用英文字母和数字构成，保存类型必须为 *.awl），例如，选择保存在桌面上且命名为"motor_s.awl"，再单击"保存"按钮。启动 CIS_S7200 PLC 仿真软件，选择"文件"→"载入用户程序"菜单命令，选中前面保存在桌面上的 motor_s.awl 文件，再单击"打开"按钮，即可载入用户程序。根据实际选用的 PLC 情况，更改 CPU 型号（本例中为 CPU SR20）、添加 I/O 模块。在"调试"菜单栏下选择调试方式（如连续运行），对相关输入继电器进行手动设置（将 I0.1 置为 ON，模拟系统起动，对应 LED 点亮），观察程序仿真运行结果（发现 Q0.1 对应 LED 点亮，说明电动机正在运行），如图 1-21 所示。

5. 联机调试

在用户程序完成仿真调试后，还应进行联机调试，确保电动机起动功能正确。先按照图 1-11 中所示的主电路部分连接好电动机的主电路，再按照图 1-19 连接好 PLC 的控制电路，最后把仿真好的用户程序下载到 PLC 的 CPU 模块中进行联机调试。

（1）设置 CPU 模块的 IP

用标准以太网电缆将编程计算机和 PLC 的 CPU 模块相连，并分别对 CPU 模块的 IP 和计算机的 IP 进行设置。对 CPU 模块的 IP 设置：双击项目树上的 CPU 模块，显示"系统块"对话框和"以太网端口"设置，勾选"IP 地址数据固定为下面的值，不能通过其他方式更改"，自动显示 IP 地址为 192.168.2.1，子网掩码为 255.255.255.0，默认网关为 0.0.0.0，选择通信背景时间为 10。单击"确定"按钮，完成 CPU 模块的 IP 设置。

（2）设置编程计算机的 IP

对于编程计算机的 IP 设置：打开"控制面板"，双击"网络和共享中心"，单击"本地连接",单击"属性"按钮,双击打开"Internet 协议版本 4"对话框。使用下面的 IP 地址,IP 地址为 192.168.2.5,最后这个"5"可以是 0 ~ 255 的某个值,但不能与网络中其他设备的 IP 地址重复(如 CPU 模块的"1")。子网掩码为 255.255.255.0,默认网关不用设置,单击"确定"按钮即可。

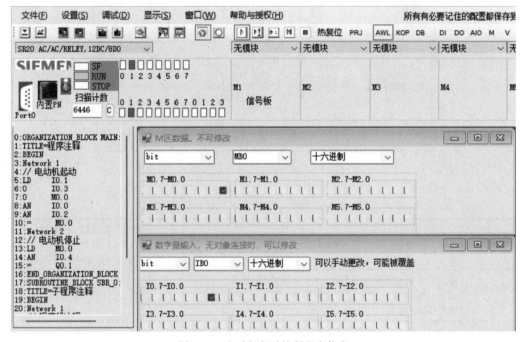

图 1-21 电动机起动控制程序仿真

(3)程序下载与调试

在完成编程计算机和 CPU 模块的 IP 设置后,在编程软件中,单击工具栏上的"下载"按钮,如果弹出"通信"对话框,选择正确的网卡和以太网端口。单击"查找 CPU"按钮,会显示网络上连接的所有 CPU 模块的 IP 地址,选中需要下载的 CPU 模块,单击"确定"按钮,关闭"通信"对话框。成功建立了编程计算机与 S7-200 SMART CPU 的连接后,将会出现"下载"对话框,用户可以用复选框选择是否下载程序块、数据块、系统块或者是选择下载全部内容。做好下载内容选项和"下载成功后关闭对话框"选项后,单击"下载"按钮,开始下载,如图 1-22 所示。下载成功后,单击程序编辑界面上方"RUN"按钮,在弹出的对话框中单击"是"按钮,将 CPU 由 STOP 模式转换成 RUN 模式。CPU 进入运行后,通过操作起动按钮、停止按钮,观察电动机运行状态是否正确。如果电动机运行不正确,应查明故障原因,并进行相应修正直至电动机工作正常为止。

1.2.5 任务评价

在完成电动机起动 PLC 控制系统设计任务后,对学生的评价主要从主动学习、高效工作、认真实践的态度,团队协作、互帮互学的作风,三相交流异步电动机的主电路的连接、PLC 控制电路的设计、电动机起动程序的设计、编辑、仿真调试、联机调试、解决调试过程的实际问题等能力,以及树立为国家为人民多做贡献的价值观等方面进行,并采用学生自评、小组互评、教师评价来综合评定每一位学生的学习成绩,评定指标详见表 1-16。

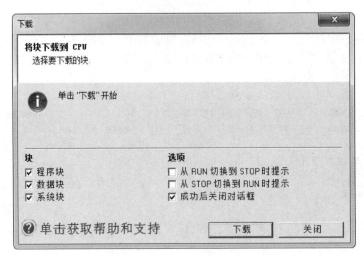

图 1-22 项目"下载"对话框

表 1-16 电动机起动 PLC 控制系统设计任务评价表

评价指标	评价要素	分值	学生自评（10%）	小组互评（20%）	教师评价（70%）	得分
主电路设计与连接	能阅读 PLC 系统使用手册，并根据控制任务要求，选择合适的 CPU 模块与控制电器，设计电动机起动的主电路及主电路的连接工作	20				
PLC 控制电路设计与连接	能根据电动机起动控制要求，设计电动机起动 PLC 控制电路并正确连接电路	20				
软件设计与调试	能根据电动机起动要求设计用户程序，对用户程序进行编辑、仿真调试，最后对电动机起动控制系统进行联机调试，并能解决调试过程中的实际问题	40				
文档撰写	能根据任务要求撰写硬件选型报告，包括摘要、报告正文，图表等符合规范性要求	10				
职业素养	符合 7S（整理、整顿、清扫、清洁、素养、安全、节约）管理要求，树立认真、仔细、高效的工作态度以及为国家为人民多做贡献的价值观	10				

1.2.6 拓展提高——多台电动机按时序起停 PLC 控制

在生产机械或多台电动机驱动的物料传输控制中，经常会用到多台有时序要求起停电动机的控制任务。例如，设计一个 4 级传送带送物的程序，4 台电动机按照 M1 → M2 → M3 → M4 依次间隔 5s 的顺序起动，当停止时，按照反序停止。这时，在设计各台电动机的控制程序时，就要考虑相关电动机的运行要求。另外，在三相交流异步电动机的主电路设计中，需要遵守一定的原则来选择设计电气元器件。低压断路器按电动机额定电流的 1.3 ～ 1.5 倍选择，主电路熔断器的熔体按电动机额定电流的 1.5 ～ 2.5 倍选择，交流接触器按电动机额定电流的 1.3 ～ 2 倍选择，热继电器按电动机额定电流的 1.1 ～ 1.5 倍选择，整定值应等于电动机额定电流。控制电路的熔断器一般选择 3 ～ 5A，停止按钮应选红色，起动按钮应选绿色。请读者根据上述 4 级传送带送物的控制要求，自行设计电动机的主电路、PLC 的控制电路、控制程序及调试工作。

▶任务 1.3 电动机正反转 PLC 控制系统设计

1.3.1 任务目标

1）能分析三相异步电动机正反转控制电路。

2）能设计电动机正反转 PLC 控制电路。

3）掌握电动机正反转 PLC 控制程序设计与调试方法。

1.3.2 任务描述

应用 PLC 完成电动机正反转控制任务，首先要设计电动机正反转控制的主电路和 PLC 的控制电路；其次，要根据控制要求，选择合适的 PLC 硬件并完成主电路和 PLC 控制电路的接线工作；然后，要完成 PLC 控制程序的设计与编辑工作；最后，把编辑好的程序下载到 PLC 中进行调试直至满足控制要求为止。

学生要完成 S7-200 SMART PLC 控制电动机正反转控制任务，需要学习三相交流异步电动机正反转的工作原理、电动机正反转的控制方法及注意事项，同时还要熟悉 S7-200 SMART PLC 的相关硬件及技术参数，在综合分析任务要求和控制对象特点的基础上，还应考虑控制系统的经济性和可靠性等要求，提出控制系统的设计方案，上报技术主管部门领导审核与批准后实施。根据批准的设计方案，进行 S7-200 SMART PLC 及相关硬件的购买，再根据硬件电路图进行安装与接线工作。

要完成电动机正反转 PLC 控制程序设计，一般要经历程序设计前的准备工作、程序编写、程序调试和编写操作使用说明书 4 个步骤。第一步，程序设计前的准备工作就是要了解三相交流异步电动机正反转控制要求、控制方式与安全注意事项等，从而对整个控制系统建立一个整体的概念。第二步，在遵守软件设计规格书总体要求的情况下，要根据控制要求设计控制程序，并通过专用的编程软件在计算机上编辑各条指令，在编写指令的过程中要及时给程序加注释。第三步，将编写的程序写入 PLC 内存中进行调试，从各功能单元入手，设定输入信号，观察输出信号的变化情况。如果在现场进行测试，需将 PLC 系统与现场信号隔离，可以切断输入 / 输出模块的外部电源，以免引起有危险性的机械设备动作。程序调试过程中应采取的基本原则是"集中发现错误，集中纠正错误"。第四步，在完成全部程序调试工作后，编写操作使用说明书。

1.3.3 任务准备——电动机正反转电气控制及定时器 / 计数器指令

在生产实践中，许多设备均需要两个相反方向的运行控制，如机床工作台的进退、升降以及主轴的正反向运转等。此类控制均可通过电动机的正转与反转来实现。三相异步电动机的旋转方向是由旋转磁场的方向决定的，把三相异步电动机电源中任意两根相线对调以后，旋转磁场的方向就会发生反向旋转变化，电动机的实际转动方向随之反向运转。电动机定子绕组中任意两根相线的对调是由两只交流接触器实现的，为了避免两只接触器同时闭合会引起两相电源短路，在控制电路中实行安全互锁。根据安全互锁方式的不同，电动机正反转控制电路可分为"正—停—反"控制电路和"正—反—停"控制电路。

1. 电动机"正—停—反"控制电路

三相电动机正反转控制电路中，接触器 KM1 和 KM2 触点不能同时闭合，以免发生相间短路故障，因此需要在各自的控制电路中串接对方的辅助常闭触点，构成安全互锁，如图 1-23a 所示。电动机正转时，按下正转起动按钮 SB2，KM1 线圈得电自锁，KM1 辅助常闭触点断开，这时即使按下反转起动按钮 SB3，KM2 也无法通电。当需要反转时，先按下停止按钮 SB1，令 KM1 断电释放，KM1 常开触点复位断开，电动机停转。再按下反转起动按钮 SB3，KM2 线圈才能得电自锁，电动机反转。由于电动机由正转切换成反转或由反转切换为正转时，均需要先停机，才能反转起动，故称该电路为"正—停—反"控制电路。这种利用接触器辅助常闭触点进行互相制约的关系称为互锁，而这两个辅助常闭触点称为互锁触点。

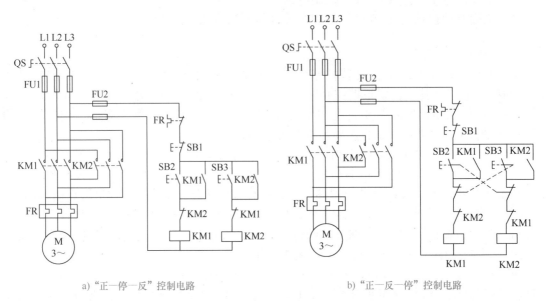

a)"正—停—反"控制电路　　　　　　　　b)"正—反—停"控制电路

图 1-23　三相笼型异步电动机正反转控制电路

2. 电动机"正—反—停"控制电路

在图 1-23a 中，电动机由正转到反转或者由反转到正转，均需要先按停止按钮 SB1，在操作上不方便，为了解决这个问题，可利用复合按钮进行控制。将图 1-23a 中的起动按钮均换为复合按钮（机械结构保证先断开常闭触点，再闭合常开触点），构成按钮、接触器双重联锁的控制电路，如图 1-23b 所示。如果按下正转复合按钮 SB2，接触器 KM1 线圈吸合自锁，主触点 KM1 闭合，电动机正转。欲切换电动机的转向，只需按下反转复合按钮 SB3 即可。按下 SB3 后，其常闭触点先断开 KM1 线圈回路，KM1 断电释放，主触点断开正序电源；稍后复合按钮 SB3 的常开触点闭合，接通 KM2 的线圈回路，KM2 通电吸合且自锁，KM2 的主触点闭合，负序电源送入电动机绕组，电动机反转。若欲使电动机由反转直接切换成正转，操作过程与上述类似。

但应注意，在实际应用中若只用复合按钮进行联锁，而不用接触器辅助常闭触点进行互锁，是不可靠的。这是因为在实际应用中可能会出现这样的情况，由于负载短路或大电流的长期作用，接触器的主触点被强烈的电弧"烧焊"在一起，或者接触器的机构失灵，使衔铁卡住总是在吸合状态，主触点不能断开，这时如果另一个接触器动作，就会造成电源短路事故。如果使用了接触器常闭触点进行联锁，不论什么原因，只要有一个接触器处在吸合状态，它的联锁常闭触点就必然将另一个接触器线圈电路切断，避免两根相线短路事故的发生。

3. 定时器指令

在继电器－接触器控制系统中，常用时间继电器作为延时控制功能使用，在 PLC 控制系统中则不需要使用时间继电器，可通过编写定时器指令来实现延时功能。S7-200 SMART PLC 提供了 256 个定时器，定时器编号为 T0 ～ T255，不同的编号分别对应

1ms、10ms、100ms 分辨率，分别供给接通延时定时器（TON）指令、断开延时定时器（TOF）指令和保持型接通延时定时器（TONR）指令使用。定时器编号决定了分辨率和使用的定时器指令类型，见表 1-17。

表 1-17　定时器编号与分辨率及使用指令的关系

定时器指令类型	分辨率 / ms	定时范围 /s	定时器编号
TON、TOF	1	32.767	T32，T96
	10	327.67	T33 ～ T36，T97 ～ T100
	100	3276.7	T37 ～ T63，T101 ～ T255
TONR	1	32.767	T0，T64
	10	327.67	T1 ～ T4，T65 ～ T68
	100	3276.7	T5 ～ T31，T69 ～ T95

定时器指令的梯形图和语句表见表 1-18。定时器指令的使能输入端 IN 为 BOOL 型变量，可以是 I、Q、V、M、SM、S、T、C、L、能流。定时器指令的预设值 PT（Preset Time）为 INT 型变量，可以是常数、IW、QW、VW、MV、SMW、SW、T、C、LW、AC、AIW、*VD、*LD、*AC。开始间隔时间指令和计算间隔时间指令的 IN 端与 OUT 端为 DWORD 型变量，可以是 VD、ID、QD、MD、SMD、SD、LD、AC、*VD、*LD、*AC。

表 1-18　定时器指令

梯形图（LAD）	语句表（STL）	指令描述
Txxx ─┤IN　TON├─ ─┤PT　???ms├─	TON Txxx，PT	接通延时定时器（TON）指令：在使能输入端 IN 为 ON 时，开始计时，当前值从 0 开始增大，直至最大值 32767 为止；当使能输入端 IN 变为 OFF 时，定时器复位，当前值为 0。该类定时器主要用于测定单独的时间间隔
Txxx ─┤IN　TONR├─ ─┤PT　???ms├─	TONR Txxx，PT	保持型接通延时定时器（TONR）指令：在使能输入端 IN 为 ON 时，继续计时，当前值从现有值继续增大，直至最大值 32767 为止；当使能输入端 IN 变为 OFF 时，定时器停止计时，当前值保持不变。该类定时器主要用于累积多个定时时间间隔的时间值
Txxx ─┤IN　TOF├─ ─┤PT　???ms├─	TOF Txxx，PT	断开延时定时器（TOF）指令：当使能输入端 IN 为 ON 时，当前值为 0，定时器位为 ON；在使能输入端 IN 从 ON 变为 OFF 时，开始计时，当前值从 0 开始增大，直至当前值等于预设值为止。该类定时器主要用于在 OFF（或 FALSE）条件之后延长一定时间间隔，例如冷却电动机的延时停机
BGN_ITIME ─┤EN　ENO├─ ─┤　　OUT├─	BITIM OUT	开始间隔时间指令：在使能输入端 EN 为 ON 时，读取内置 1ms 计数器的当前值，并将该值存储在 OUT 指定的双字变量中。双字毫秒值的最大计时间隔为 2^{32}ms（即 49.7 天）。如果 EN 输入有效（为 ON）时，则 ENO 置位（为 ON），将 "能流" 向右传递。梯形图中的 ENO 指令，在语句表用 AENO 指令描述
CAL_ITIME ─┤EN　ENO├─ ─┤IN　OUT├─	CITIM IN，OUT	计算间隔时间指令：在使能输入端 EN 为 ON 时，计算当前时间与 IN 中提供时间的时间差，然后将差值存储在 OUT 指定的双字变量中。双字毫秒值的最大计时间隔为 2^{32}ms（即 49.7 天）

（1）TON（On-Delay Timer，接通延时定时器）指令

TON 指令在使能输入端 IN 为 ON 时，开始计时，当前值从 0 开始增大，当定时器的当前值等于或大于预设值时，定时器位接通为 ON，当前值继续增大，直至最大值 32767 为止；当使能输入端 IN 变为 OFF 时，停止计时，定时器位变为 OFF，当前值为 0。

（2）TONR（Retentive On-Delay Timer，保持型接通延时定时器）指令

TONR 指令在使能输入端 IN 为 ON 时，开始继续计时，当前值从现有值开始增大，当定时器的当前值等于或大于预设值时，定时器位接通为 ON，当前值继续增大，直至最大值 32767 为止；当使能输入端 IN 变为 OFF 时，停止计时，当前值保持不变。如果想清除定时器的当前值和定时器位，只能使用复位（R）指令来复位 TONR 指令的定时器。

（3）TOF（Off-Delay Timer，断开延时定时器）指令

TOF 指令在使能输入端 IN 为 ON 时，停止计时，定时器位为 ON，当前值为 0；在使能输入端 IN 从 ON 变为 OFF 后，开始计时，当前值从 0 开始增大，直到当前值等于预设值时停止计时，定时器位变为 OFF。

（4）时间间隔定时器指令

时间间隔定时器指令有两种，分别是开始间隔时间指令和计算间隔时间指令。对于开始间隔时间指令，在 EN 为 ON 时，读取内置 1ms 计数器的当前值，并存储到 OUT 指定的双字变量中。对于计算间隔时间指令，在 EN 为 ON 时，读取内置 1ms 计数器的当前值并与 IN 端指定的双字变量值相减得到差值，再将其差值保存到 OUT 指定的双字变量中。

（5）定时器位与当前值的更新

分辨率为 1ms 的定时器，是每间隔 1ms 更新一次定时器位及定时器当前值，不与扫描周期同步。图 1-24 是自动重新触发 1ms 定时器的例子，图 1-24a 程序运行时，当 T32 定时时间到，会立刻使 T32 的常闭触点断开而使定时器复位，Q0.0 始终保持为低电平输出。改成图 1-24b 程序运行后，Q0.0 会输出低电平为 300ms、高电平为一个扫描周期宽度的系列脉冲信号。这是因为 Q0.0 是在输出刷新阶段才进行更新的。

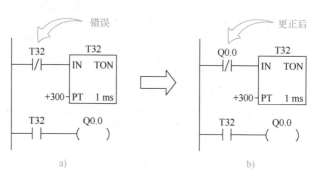

图 1-24　自动重新触发 1ms 定时器

分辨率为 10ms 的定时器，仅在每次扫描周期开始时更新一次定时器位及定时器当前值。图 1-25 是自动重新触发 10ms 定时器的例子，图 1-25a 程序运行时，当 T33 定时时间到，在开始扫描时为接通状态，到指令执行阶段会使 T33 的常闭触点断开而使定时器复位，Q0.0 始终保持为低电平输出。改成图 1-25b 程序运行后，Q0.0 会输出低电平为 300ms、高电平为一个扫描周期宽度的系列脉冲信号。

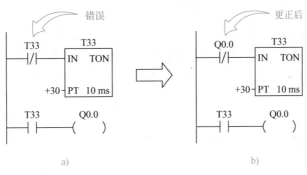

图 1-25　自动重新触发 10ms 定时器

分辨率为 100ms 的定时器，只有在执行定时器指令时，才对定时器的当前值进行更新。如果启用了该类定时器但在各扫描周期内并未执行定时器指令，则不能更新该定时器的当前值并将丢失时间。同样，如果在一个扫描周期内多次执行同一条 100ms 定时器指令，则将 100ms 间隔数多次加到定时器的当前值，这将会延长定时时间。所以，在跳转、子程序、中断程序中使用该类定时器时必须注意，确保在每个扫描周期仅执行一次该类定时器指令。

TON、TONR、TOF 3 种定时器在各种状态下的定时器位与当前值见表 1-19。

表 1-19　各种状态下定时器位与当前值

类型	当前值 >= 预设值	使能输入端 IN 的状态	上电循环 / 首次扫描
TON	定时器位接通为 ON 当前值继续定时到 32767	ON：当前值 = 定时值 OFF：定时器位断开，当前值 = 0	定时器位 = OFF 当前值 = 0
TONR	定时器位接通为 ON 当前值继续定时到 32767	ON：当前值 = 定时值 OFF：定时器位和当前值保持最后状态和值	定时器位 = OFF 当前值可以保持
TOF	定时器位断开为 OFF 当前值 = 预设值，停止定时	ON：定时器位接通，当前值 = 0 OFF：在接通 – 断开转换之后，定时器开始定时	定时器位 = OFF 当前值 = 0

【例 1-7】使用时间间隔定时器指令来计算 Q0.0 输出高电平脉冲宽度所对应的时长，如图 1-26 所示。在程序段 1，在 Q0.0 的上升沿执行开始间隔时间指令，读取内置 1ms 计数器的当前值，并保存在 VD0 中。在程序段 2，执行计算间隔时间指令，将读取内置 1ms 计数器的当前值减去 VD0 后的差值，保存在 VD4 中。这个差值再乘以 1ms，就是 Q0.0 输出高电平脉冲宽度。

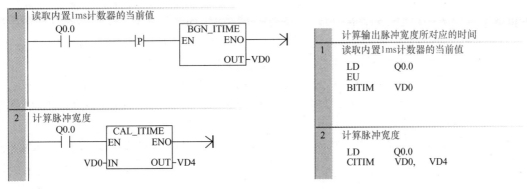

图 1-26　时间间隔定时器指令应用

4. 计数器指令

计数器指令是用来累计输入脉冲数量的指令。S7-200 SMART PLC 提供了 256 个计数器，编号为 C0 ~ C255，共有 3 种类型的计数器指令，分别是加计数器（CTU）指令、加 / 减计数器（CTUD）指令和减计数器（CTD）指令，见表 1-20。不同类型的计数器指令不能共用同一个计数器编号。

表 1-20　计数器指令

梯形图（LAD）	语句表（STL）	指令描述
Cxxx CU　CTU R PV	CTU Cxxx, PV	加计数器指令：在复位输入端 R 为 OFF 状态下，每次 CU 端由 OFF 变为 ON 时，当前值加 1，直至达到最大值 32767 才停止计数。当前值大于或等于预设值 PV 时，计数器位置为 ON。当复位输入端 R 接通或对 Cxxx 地址执行复位（R）指令时，当前值复位为 0，计数器位被置为 OFF
Cxxx CD　CTD LD PV	CTD Cxxx, PV	减计数器指令：在装载输入端 LD 为 ON 时，计数器位被复位为 OFF，并用预设值 PV 装载当前值。在 LD 端保持为 OFF 的状态下，每次 CD 端从 OFF 变为 ON 时，当前值减 1，减至 0 时，停止计数。当前值等于 0 时，计数器位被置为 ON
Cxxx CU　CTUD CD R PV	CTUD Cxxx, PV	加 / 减计数器指令：在复位输入端 R 为 OFF 状态下，每次 CU 端从 OFF 变为 ON 时，当前值加 1；每次 CD 端从 OFF 变为 ON 时，当前值减 1。在当前值达到最大值 32767 时，再从 CU 端输入一个脉冲上升沿，当前值变为最小值 -32768。当前值达到最小值 -32768 时，再从 CD 端输入一个脉冲上升沿，当前值变为最大值 32767。当前值大于或等于预设值 PV 时，计数器位被置为 ON。当复位输入端 R 接通或对 Cxxx 地址执行复位指令时，计数器复位，当前值为 0，计数器位被置为 OFF

每个计数器提供一个 16 位的当前值寄存器和一个状态位。计数器利用输入脉冲上升沿累计脉冲个数，最大计数值为 32767。计数器指令中的预设值 PV（Preset Value）为 INT 型变量，可以是常数、IW、QW、VW、MW、SMW、SW、LW、T、C、AC、AIW、*VD、*LD、*AC。在首次上电扫描时，所有的计数器位均被复位为 OFF。可以在编程软件的"系统块"对话框中的"保持范围"项目来设置有断电保持功能的计数器范围（默认状态是没有任何断电保持范围的）。PLC 断电后又上电，有断电保持功能的计数器将保持断电时的当前值不变。计数器位值是在执行计数器指令时进行更新的。

【例 1-8】加计数器指令和减计数器指令应用例子如图 1-27 所示。在 I0.1 保持为 OFF 状态下，从 CU 端每输入一个脉冲上升沿，C0 当前值加 1，当输入第 3 个脉冲后，C0 当前值变为 3，与 PV 值相等，C0 状态位变为 ON，Q0.0 为 ON；当 I0.1 为 ON 时，C0 立刻复位，Q0.0 变为 OFF。在 I0.2 为 ON 时，C1 状态位被复位为 OFF，把预设值装载到当前值寄存器。在 LD 端保持为 OFF 状态下，每次从 CD 端输入一个脉冲上升沿，C1 当前值减 1，连续输入 2 个脉冲上升沿后，C1 当前值变为 0，C1 状态位变为 ON，Q0.1 为 ON。

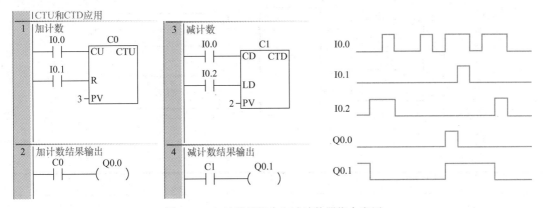

图 1-27　加计数器指令和减计数器指令应用

【例 1-9】加 / 减计数器（CTUD）指令应用例子如图 1-28 所示。在 I0.2 保持为 OFF 状态下，从 I0.0 每次输入一个脉冲上升沿，当前值加 1，连续输入 4 个脉冲后，当前值变为 4 与预置值相等，Q0.2 变为 ON；从 CD 端每次输入一个脉冲上升沿，当前值减 1，当前值变为 3 时，Q0.2 变为 OFF。当 I0.2 为 ON 时，C2 复位，当前值变为 0，C2 状态位被置为 OFF。

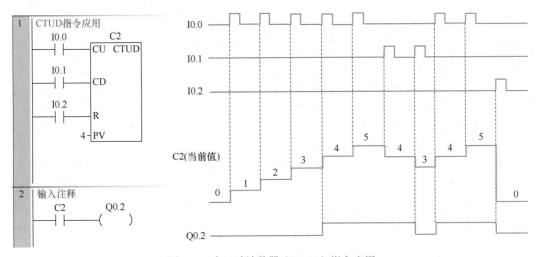

图 1-28　加 / 减计数器（CTUD）指令应用

1.3.4　任务实施

1. 硬件电路设计

对电动机正反转 PLC 控制系统框图如图 1-29 所示，由 1 个停止按钮 SB0、1 个正转按钮 SB1、1 个反转按钮 SB2、电动机正转时闭合的接触器 KM1 和电动机反转时闭合的接触器 KM2 组成。电动机正反转的主电路和图 1-23a 相同，分别由交流接触器 KM1 和 KM2 控制，KM1 闭合时，电动机正转，KM2 闭合时，电动机反转。

电动机正反转 PLC 控制系统共有 3 个输入开关量、2 个输出开关量，所以选用标准型 CPU SR20 即可满足控制要求。根据电动机正反转控制要求，设计 I/O 地址分配表见表 1-21。

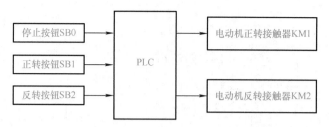

图 1-29　电动机正反转 PLC 控制系统框图

表 1-21　电动机正反转 PLC 控制 I/O 地址分配表

输入		输出	
地址	元件	地址	元件
I0.0	停止按钮 SB0	Q0.1	电动机正转接触器 KM1
I0.1	正转按钮 SB1	Q0.2	电动机反转接触器 KM2
I0.2	反转按钮 SB2		

　　根据控制要求及表 1-21 的 I/O 地址分配，设计电动机正反转 PLC 控制电路，如图 1-30 所示。PLC 采用 S7-200 SMART CPU SR20，电源开关采用低压断路器 QF1。将热继电器 FR 的辅助常闭触点和接触器线圈串联，起到过载保护作用。由于交流接触器的动作时间在 10ms 以上，所以仅考虑软件互锁是不够的，还需要将 KM1、KM2 的辅助常闭触点与对方的线圈串联，才能有效避免三相电源线之间的短路。

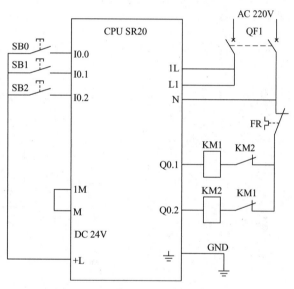

图 1-30　电动机正反转 PLC 控制电路

2. 控制程序设计

　　根据电动机正反转的控制要求，结合图 1-30 所示的 PLC 控制电路及 I/O 地址分配，设计电动机正反转 PLC 控制程序，共有 2 个阶梯，如图 1-31 所示。按下正转按钮 SB1，对应常开触点 I0.1 为 ON，在常闭触点 I0.2、I0.0 与 Q0.2 均为接通的情况下，会使输出继电器 Q0.1 得电自锁，通过接通主电路中的接触器 KM1，使电动机正转。将常闭触点 I0.2 与常开触点 I0.1 串联，可以避免 SB1、SB2 同时按下时的误动作。将常闭触点 Q0.2 和线圈 Q0.1 串联，实现软件互锁功能。要让电动机反转，首先要按下停止按钮 SB0，对应常闭触点 I0.0 会断开，会使电动机停机，再按下反转按钮 SB2，对应常开触点 I0.2 为 ON，使线圈 Q0.2 得电，通过接通主电路中的接触器 KM2，会使电动机反转。

3. 程序仿真

　　程序编辑和编译操作方法同上一任务。

　　在 STEP 7-Micro/WIN SMART 编程软件中完成编译且无误后，选择"文件"→"导出"→"POU"菜单命令，在弹出的对话框中输入导出的路径和文件名，例如，选择保存在桌面上且命名为 motor_z.awl，再单击"保存"按钮。启动 CIS_S7200 PLC 仿真软件，选择"文件"→"载入用户程序"菜单命令，选中前面保存在桌面上的 motor_z.awl 文件，再单击"打开"按钮，即可载入用户程序。根据实际选用的 PLC 情况，更改 CPU 型号、添加 I/O 模块。在"调试"菜单栏下选择调试方式（如连续运行），对相关输入继电器进行手动设置（将 I0.1 置为 ON 模拟起动正转），观察程序仿真运行结果（Q0.1 为 ON 表示给电动机正转，Q0.2 为 ON 表示电动机反转），如图 1-32 所示。

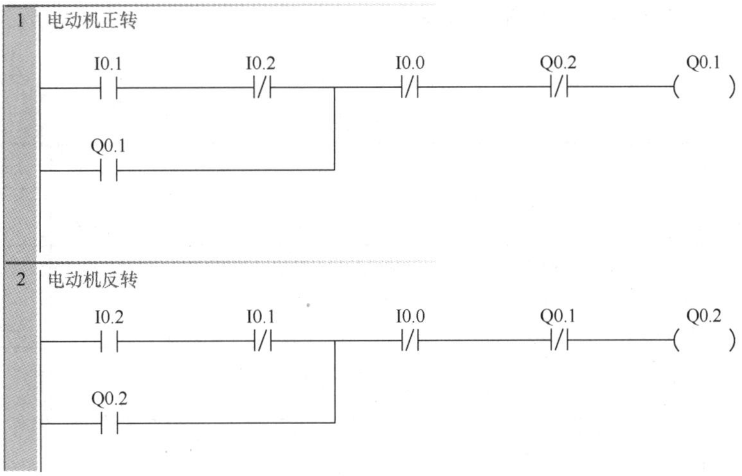

图 1-31 电动机正反转 PLC 控制程序

4. 联机调试

在用户程序完成仿真调试后，还应进行联机调试，确保电动机实际控制功能正确。先按照图 1-23 连接好电动机的主电路，再按照图 1-30 连接好 PLC 的控制电路，最后把仿真好的用户程序下载到 PLC 的 CPU 模块中进行联机调试。具体操作方法同上一任务，需注意，程序下载与联机调试时，通过操作正转按钮、停止按钮、反转按钮，观察电动机运行状态是否正确。如果电动机运行不正确，应查明故障原因，并进行相应修正直至电动机工作正常为止。

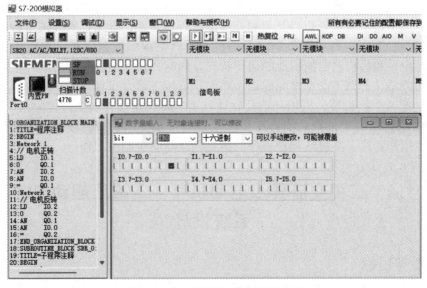

图 1-32 电动机正反转控制程序仿真

1.3.5 任务评价

在完成电动机正反转 PLC 控制系统设计任务后，对学生的评价主要从主动学习、高效工作、认真实践的态度，团队协作、互帮互学的作风，三相异步电动机正反转控制电路的连接、PLC 控制电路的设计、电动机正反转程序的设计、编辑、仿真调试、联机调试、解决调试过程的实际问题等能力，以及树立为国家为人民多做贡献的价值观等方面进行，并采用学生自评、小组互评、教师评价来综合评定每一位学生的学习成绩，评定指标详见表 1-22。

表 1-22　电动机正反转 PLC 控制系统设计任务评价表

评价指标	评价要素	分值	学生自评（10%）	小组互评（20%）	教师评价（70%）	得分
PLC 控制电路设计与连接	能阅读 PLC 系统使用手册，并根据控制任务要求，选择合适的 CPU 模块与控制电器，设计电动机正反转 PLC 控制电路与控制电路的连接工作	30				
电动机主电路连接	能根据电动机正反转控制要求，正确连接电动机的主电路	20				
软件设计与调试	能根据电动机正反转控制要求设计用户程序，对用户程序进行编辑、仿真调试，最后对电动机正反转控制系统进行联机调试，并能解决调试过程中的实际问题	30				
文档撰写	能根据任务要求撰写硬件选型报告，包括摘要、报告正文，图表等符合规范性要求	10				
职业素养	符合 7S（整理、整顿、清扫、清洁、素养、安全、节约）管理要求，树立认真、仔细、高效的工作态度以及为国家为人民多做贡献的价值观	10				

1.3.6 拓展提高——机械装置在两个位置之间自动往返运动的控制

在日常生活中，有时需要机械装置在两个固定位置之间自动往返运动，这时可用一台三相异步电动机的正反转控制来拖动机械装置。在电动机正反转控制硬件要求基础上，还需要分别增加一只左端位置行程开关和右端位置行程开关，可用行程开关来检测机械装置是否到达两端位置，并作为电动机自动进行正反转切换的控制信号。在软件设计时，要考虑正反转命令和停机命令所形成的运行状态。同时，机械装置到达两端时正转或反转均需要短暂的停机，否则不能正常完成切换功能，可用正跳变指令、取反指令等来实现。另外，还应注意两个接触器的机械互锁及软件互锁，避免正反转切换过程中两个相线短路。读者根据电动机在两个位置之间自动往返运动的控制要求，自行设计 PLC 的控制电路、设计与编写用户程序，并完成用户程序的仿真调试与联机调试工作。

▶任务 1.4　三相交流异步电动机 丫－△ 减压起动 PLC 控制系统设计

1.4.1 任务目标

1）能分析电动机 丫－△ 减压起动电路。

2）掌握电动机 丫－△ 减压起动 PLC 控制电路设计方法。

　　3）掌握电动机丫 – △减压起动 PLC 控制程序设计与调试方法。

1.4.2　任务描述

　　对于正常运行为三角形（△）联结、电动机功率较大（几十千瓦）、负载对电动机起动转矩无严格要求的三相异步电动机，为了降低起动电流，减小对电网及共电设备的危害，可以采用丫 – △（星形 – 三角形）减压起动方法，即起动时，定子绕组采用丫联结，运行时改接成△联结。丫 – △减压起动方法简便、经济可靠，且丫联结的起动电流是正常运行△联结的 1/3，起动转矩也只有正常运行时的 1/3，因而，丫 – △减压起动只适用于空载或轻载情况下起动的电动机。

　　学生要完成三相交流异步电动机丫 – △减压起动 PLC 控制系统的电路设计，必须熟悉三相交流异步电动机丫 – △减压起动原理；掌握丫 – △减压起动电路的构成及联结方法；应用 S7–200 SMART PLC 完成对交流电动机丫 – △减压起动控制电路的设计以及电路连接调试工作。在综合分析交流电动机丫 – △减压起动控制任务要求的基础上，提出控制系统的设计方案，上报技术主管部门领导审核与批准后实施。根据批准的设计方案，进行相关硬件模块的购买，再根据硬件电路图进行模块的安装与接线工作。

　　要完成三相交流异步电动机丫 – △减压起动 PLC 控制程序设计，一般要经历程序设计前的准备工作、编写程序、程序调试和编写程序说明书 4 个步骤。第一步，程序设计前的准备工作就是要了解三相交流异步电动机丫 – △减压起动控制的全部功能以及 PLC 的输入 / 输出信号种类和数量。第二步，按程序设计标准绘制出程序结构框图，编写控制程序，在必要的地方加上程序注释。第三步，将编写的程序进行仿真调试，仿真调试正确后再进行联机调试，直到控制功能正确为止。第四步，在完成全部程序调试工作后，要编写程序说明书。

1.4.3　任务准备——三相交流异步电动机的起动

1. 起动过程及特点

　　当三相交流异步电动机加上三相对称电压，若电磁转矩大于负载转矩，电动机就开始转动起来，并加速到某一转速下稳定运行，三相交流异步电动机由静止状态到稳定运行状态称为三相交流异步电动机的起动过程。

　　在额定电压下直接起动三相交流异步电动机，在起动瞬间，由于转子尚未加速，旋转磁场以最大的相对速度切割转子导体，转子感应电动势最大，所以转子电流也最大，根据磁动势平衡关系，定子起动电流（堵转电流）也必然很大。对于普通笼型异步电动机，起动电流通常为额定电流的 4 ～ 7 倍。尽管起动电流很大，但因转子功率因率很低（0.3 左右），所以起动转矩并不大，通常为额定转矩的 1 ～ 2 倍。

　　一般来说，由于起动时间很短，对于短时间过大的电流，三相交流异步电动机本身是可以承受的，但是，过大的起动电流会引起电网电压明显降低，还会影响接在同一电网的其他用电设备的正常运行，严重时连电动机本身也转不起来。对于频繁起动的电动机，会造成电动机过热，影响其使用寿命。起动瞬间的负载冲击还会使电动机绕组（特别是端部）受到大的电动力作用而发生变形。

2. 减压起动方式

　　直接起动也称全压起动，就是利用刀开关（或断路器）、接触器将电动机定子绕组直接接到额定电压的电源上。这是一种最简单的起动方法，不需要复杂的起动设备，其缺点是起动电流大，通常只适用于小容量（功率在 10kW 以下，且小于供电变压器容量的 20%）电动机的起动。当电动机的起动电流与额定电流之比大于（0.75+0.25 × 电源容量 / 电动机额定功率）时，就不能使用直接起动，而应该采用减压起动。例如 11kW 的风机，起动电流是额定电流的 7 ～ 9 倍（约 100A），按正常配置的热继电器根本起动不了（关风门也没用），热继电器配大了又起不了保护电动机的作用，所以只能使用减压起动。

减压起动的目的是限制起动电流。电动机起动的相电流与定子电压（相电压）成正比，因此要采用降低定子电压的办法来限制起动电流（线电流）。减压起动是利用起动设备将电压适当降低后加到电动机的定子绕组上起动，等电动机转速升高到接近稳定转速时，再使电动机定子绕组上的电压恢复至额定值，保证电动机在额定电压下稳定工作。由于电动机电磁转矩与电源电压二次方成正比，所以减压起动时的起动转矩将大为下降，只能应用于电动机空载起动或轻载起动。三相笼型异步电动机常用的减压起动方式有定子电路串电阻减压起动、星形 – 三角形（丫 – △）减压起动、延边三角形减压起动、自耦变压器减压起动、变频器起动、软起动器起动等。下面以丫 – △减压起动电路为例，来介绍电动机的减压起动原理。

3. 时间继电器

时间继电器是指一种从接收输入信号（线圈的通电或断电）开始，经过一个预设的时间延时后才输出信号（触点的闭合和断开）的继电器。根据延时方式的不同，可分为通电延时型时间继电器和断电延时型时间继电器，如图 1-33 所示。对于通电延时型时间继电器，在其线圈施加合适电压后，立即开始延时，一旦延时时间到，就通过执行部分（延时触点）输出控制信号（常开触点闭合、常闭触点断开）。对于断电延时型时间继电器，其线圈由通电变为断电后，立即开始延时，一旦延时时间到，就通过执行元件（延时触点）输出控制信号（原先闭合的常开触点断开，原先断开的常闭触点闭合）。

a) 通电延时线圈　　b) 通电延时闭合与延时断开触点　　c) 断电延时线圈　　d) 断电延时断开与延时闭合触点

图 1-33　时间继电器的图形文字符号

4. 三相异步电动机丫 – △减压起动电路

负载对起动转矩无严格要求，又要限制电动机起动电流且满足 380V/ △联结条件的三相笼型异步电动机，才能使用丫 – △减压起动。在电动机起动时将定子绕组接为丫联结，当起动成功后再将定子绕组改成△联结。由于电动机丫联结的起动电流与电源电压成正比，所以电网提供的起动电流只有全压△联结起动电流的 1/3，但是起动转矩也只有全电压起动转矩的 1/3。

三相笼型异步电动机丫 – △减压起动电路如图 1-34 所示。主电路由 3 个接触器进行控制，KM1、KM3 主触点闭合，将电动机定子绕组联结成星形；KM1、KM2 主触点闭合，将电动机定子绕组联结成三角形。用时间继电器 KT 来实现电动机定子绕组由丫联结向△联结的自动转换。

丫 – △减压起动电路的工作原理：在合上电源开关 QS 后，按下起动按钮 SB2，KM1线圈得电自锁，KM2 线圈处于失电状态，KM3 线圈得电，把定子绕组接成星形（丫），使得每相绕组电压为三角形联结相电压的 $1/\sqrt{3}$，同时时间继电器 KT 线圈通电开始计时；待电动机转速上升到接近额定转速，KT 计时时间到发生动作（延时时间长短可根据电动机起动时间要求事先确定），其通电延时断开触点断开，使 KM3 线圈失电，其通电延时闭合触点闭合，使 KM2 线圈得电自锁，将定子绕组改接成三角形（△），使电动机全压运行，同时使 KT 线圈失电。

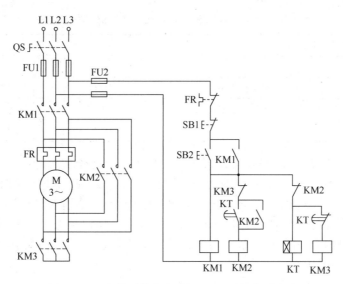

图 1-34 三相笼型异步电动机 Y – △ 减压起动电路

Y – △减压起动方法简便、经济可靠，且 Y 联结的起动电流是正常运行 △ 联结的 1/3，这是因为电动机 Y 联结时的线电流为 $I_{YL} = I_{YP} = U_{YP} / Z = U_N / (\sqrt{3}Z)$，电动机 △ 联结时的线电流为 $I_{\triangle L} = \sqrt{3}I_{\triangle P} = \sqrt{3}U_{\triangle P} / Z = \sqrt{3}U_N / Z$，$I_{YL} / I_{\triangle L} = 1/3$，其中，额定线电压 $U_N = 380V$，Z 为电动机的相阻抗。然而，Y 联结的起动转矩（与线电流成正比）也只有正常运行时的 1/3，因而，Y – △减压起动只适用于空载或轻载的情况。另外，额定运行状态为 Y 联结的电动机，不可采用本方法进行减压起动。

1.4.4 任务实施

1. 硬件电路设计

用 PLC 对三相异步电动机 Y – △减压起动电路进行控制，需要 1 个停止按钮 SB1、1 个起动按钮 SB2 和 3 只控制接触器等，如图 1-35 所示。电动机的主电路和图 1-34 相同，当交流接触器 KM1 和 KM3 闭合时，电动机定子绕组为 Y 联结，电动机以 220V 较低电压起动；经过适当延时控制后，变为 KM1 和 KM2 闭合时，电动机定子绕组变为△联结，电动机以 380V 全电压正常运行。

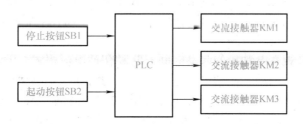

图 1-35 Y – △减压起动 PLC 控制系统框图

Y – △减压起动电路 PLC 控制系统共有 2 个输入开关量、3 个输出开关量，所以选用标准型 CPU SR20 即可满足控制要求。根据 Y – △减压起动电路的控制要求，设计 I/O 地址分配表见表 1-23。

表 1-23　丫–△减压起动电路 PLC 控制 I/O 地址分配表

输入		输出	
地址	元件	地址	元件
I0.0	停止按钮 SB1	Q0.0	主交流接触器 KM1
I0.1	起动按钮 SB2	Q0.1	三角形联结交流接触器 KM2
		Q0.2	星形联结交流接触器 KM3

　　根据丫–△减压起动控制要求及表 1-23 的 I/O 地址分配表，设计电动机丫–△减压起动 PLC 控制电路，如图 1-36 所示。电动机丫–△减压起动控制的 PLC 采用 S7–200 SMART CPU SR20（AC/DC/Relay，交流电源 / 直流输入 / 继电器输出），电源开关 QF1 使用断路器。由于交流接触器的动作时间在 10ms 以上，所以仅考虑软件互锁是不够的，还需要将 KM2、KM3 的辅助常闭触点与对方的线圈串联，实现机械互锁功能，才能有效避免三相电源线之间的短路。

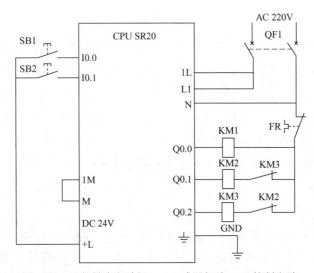

图 1-36　三相异步电动机丫–△减压起动 PLC 控制电路

2. 控制程序设计

　　根据电动机丫–△减压起动的控制要求，结合图 1-36 所示的 PLC 外部接口电路及 I/O 地址分配，设计电动机减压起动梯形图程序，如图 1-37 所示。根据电动机的起动时间来设置丫–△减压起动的延时时间。如果在电动机的起动电路中安装了电流表，那么就可以根据实际起动过程来观察电动机的起动时间。起动初期电流很大，随着时间的推移，电流逐渐变小至正常值，从起动开始到电流正常值所需的时间就是电动机的起动时间。根据工程经验，额定功率在 10kW 以下三相异步电动机的起动时间一般为 5s 以内，额定功率为 10 ~ 30kW 电动机的起动时间一般为 5 ~ 15s，额定功率为 30 ~ 75kW 电动机的起动时间一般为 40 ~ 80s，额定功率为 75 ~ 200kW 电动机的起动时间一般为 80 ~ 120s，额定功率为 200kW 以上电动机的起动时间一般为 120s 以上。

　　在电动机停止状态下，按下起动按钮 SB2，使 Q0.0 得电自锁（保持 ON 状态），定时器 T37 开始定时，接通主电路中的接触器 KM1。在定时器 T37 定时 10s 时间未到时，Q0.1 为 OFF 状态、Q0.2 为 ON 状态，接触器 KM3 得电，电动机定子绕组为丫联结，电动机减压起动。当定时器 T37 定时 10s 时间到，Q0.2 变为 OFF 状态，Q0.1 变为 ON 状态，进而使

KM3 失电、KM2 得电，电动机定子为△联结，电动机全压正常运行。当按下停止按钮 SB1 时，会使 Q0.0 变为 OFF 状态，主电路中的接触器 KM1 失电，电动机停止运行。

3. 程序仿真

程序编辑和编译操作方法同前。

在 STEP 7–Micro/WIN SMART 编程软件中完成编译且无误后，选择"文件"→"导出"→"POU"菜单命令，在弹出的对话框中输入导出的路径和文件名，例如，选择保存在桌面上且命名为 Y_delt.awl，再单击"保存"按钮。启动 CIS_S7200　PLC 仿真软件，选择"文件"→"载入用户程序"菜单命令，选中前面保存在桌面上的 Y_delt.awl 文件，再单击"打开"按钮，即可载入用户程序。根据实际选用的 PLC 情况，更改 CPU 型、添加 I/O 模块。在"调试"菜单栏下选择调试方式（如连续运行），对相关输入继电器进行手动设置（将 I0.1 置为 ON 模拟系统起动），观察程序仿真运行结果（Q0.0 为 ON 表示起动，Q0.2 为 ON 表示电动机定子绕组为丫联结，电动机减压起动，Q0.1 为 ON 表示电动机定子为△联结，电动机全压正常运行），如图 1-38 所示。

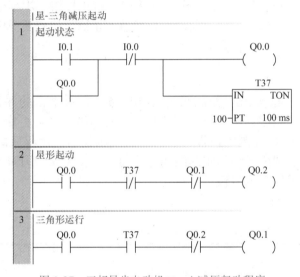

图 1-37　三相异步电动机丫–△减压起动程序

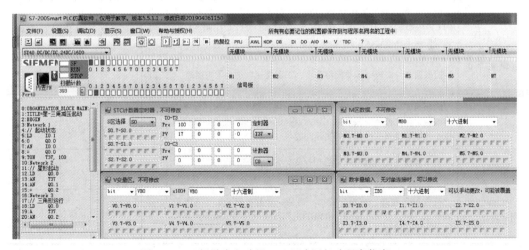

图 1-38　三相异步电动机丫–△减压起动程序仿真

4. 联机调试

在用户程序完成仿真调试后，还应进行联机调试，确保实际控制功能正确。先按照图 1-34 连接好电动机的主电路，再按照图 1-36 连接好 PLC 的控制电路，最后把仿真好的用户程序下载到 PLC 的 CPU 模块中进行联机调试。

用标准以太网电缆将编程计算机和 PLC 的 CPU 模块相连，并分别对 CPU 模块的 IP 和计算机的 IP 进行设置。在完成编程计算机和 CPU 模块的 IP 设置后，在编程软件中，单击工具栏上的"下载"按钮，如果弹出"通信"对话框，选择正确的网卡和以太网端口。单击"查找 CPU"按钮，会显示网络上连接的所有 CPU 模块的 IP 地址，选中需要下载的 CPU 模块，单击"确定"按钮，关闭"通信"对话框。成功建立了编程计算机与 S7-200 SMART CPU 的连接后，将会出现"下载"对话框，用户可以用复选框选择是否下载程序块、数据块、系统块或者是选择下载全部内容。做好下载内容选项和"下载成功后关闭对话框"选项后，单击"下载"按钮，开始下载。下载成功后，单击程序编辑界面上方"RUN"按钮，在弹出的对话框中单击"是"按钮，将 CPU 由 STOP 模式转换成 RUN 模式。CPU 进入运行后，通过操作起动按钮、停止按钮，观察电动机的 丫-△减压起动运行状态是否正确。如果电动机起动运行状态不正确，应查明故障原因，并进行相应修正直至电动机起动运行工作正常为止。

1.4.5　任务评价

在完成丫-△减压起动 PLC 控制系统设计任务后，对学生的评价主要从主动学习、高效工作、认真实践的态度，团队协作、互帮互学的作风，丫-△减压起动控制电路的连接、丫-△减压起动 PLC 控制电路设计、丫-△减压起动控制程序的设计、编辑、仿真调试、联机调试、解决调试过程的实际问题等能力，以及树立为国家为人民多做贡献的价值观等方面进行，并采用学生自评、小组互评、教师评价来综合评定每一位学生的学习成绩，评定指标详见表 1-24。

表 1-24　三相异步电动机 丫-△减压起动 PLC 控制系统设计任务评价表

评价指标	评价要素	分值	学生自评（10%）	小组互评（20%）	教师评价（70%）	得分
PLC 控制电路设计与连接	能阅读 PLC 系统使用手册，并根据控制任务要求，选择合适的 CPU 模块与控制电器，设计丫-△减压起动 PLC 控制电路并完成控制电路的连接工作	30				
电动机主电路的连接	能根据丫-△减压起动控制要求，正确连接电动机的主电路	20				
软件设计与调试	能根据丫-△减压起动控制要求设计用户程序，对用户程序进行编辑、仿真调试，最后对丫-△减压起动控制系统进行联机调试，并能解决调试过程中的实际问题	30				
文档撰写	能根据任务要求撰写硬件选型报告，包括摘要、报告正文，图表等符合规范性要求	10				
职业素养	符合 7S（整理、整顿、清扫、清洁、素养、安全、节约）管理要求，树立认真、仔细、高效的工作态度以及为国家为人民多做贡献的价值观	10				

1.4.6 拓展提高——用变频器或软起动器起动电动机

三相笼型异步电动机如果直接起动，则电动机的起动电流是额定电流的 4 ～ 7 倍。采用丫 - △减压起动方式能有效降低起动电流，起动电流为额定电流的 2 ～ 2.3 倍。虽然丫 - △减压起动能降低起动电流，但是起动转矩也降为△联结直接起动时的 1/3，所以只适用于空载或者轻载起动的场合。对于某些对起动转矩不能下降过多或者要求带负载起动的应用场合，就不能使用常规的减压起动方式，可以使用变频器或者软起动器来起动电动机。采用变频器起动电动机，随着电动机的加速相应提高频率和电压，可以平滑地起动（起动时间变长），起动电流被限制在额定电流的 1.2 ～ 1.5 倍范围，起动转矩能保持在70% ～ 120% 额定转矩；对于带有转矩自动增强功能的变频器，起动转矩为 100% 额定转矩以上，可以带全负载起动。请读者通过查阅西门子 SINAMICS V20 基本型变频器的使用手册，结合降低电动机起动电流的控制要求，用 V20 变频器自行设计电动机的起动控制电路。

▶任务 1.5 　电动机循环起停 PLC 控制系统设计

1.5.1 任务目标

1）掌握定时器与计数器在周期性循环控制任务中的应用方法。
2）掌握电动机循环起停 PLC 控制电路设计方法。
3）掌握电动机循环起停 PLC 控制程序设计与调试方法。

1.5.2 任务描述

在工业生产中，经常要求多台电动机按照一定的顺序进行起停控制，来完成某一生产流程，例如某组合机床动力头的进给运动有快速前进、工作前进和快速后退等周期性循环流程，可通过电动机循环起停控制来实现。应用 PLC 来实现电动机循环起停控制，具有运行可靠性高、时序更改方便快捷等优点。

学生要完成三相异步电动机循环起停 PLC 控制系统的设计，必须熟悉三相异步电动机循环起停工作原理；掌握三相异步电动机循环起停控制的主电路及连接方法；应用 S7-200 SMART PLC 完成三相异步电动机循环起停控制的电路设计工作。在综合分析三相异步电动机循环起停控制任务要求后，提出控制系统的设计方案，上报技术主管部门领导审核与批准后实施。根据批准的设计方案，进行 S7-200 SMART PLC 相关硬件模块的购买，再根据硬件电路图进行模块的安装与接线工作。

要完成三相异步电动机循环起停 PLC 控制程序设计，一般要经历程序设计前的准备工作、设计与编写用户程序、程序调试和编写程序说明书 4 个步骤。第一步，程序设计前的准备工作就是要了解三相异步电动机循环起停控制的全部功能及 PLC 的输入 / 输出信号种类和数量。第二步，按程序设计标准绘制出程序结构框图，设计与编写控制程序，在必要的地方加上程序注释。第三步，将编写的程序进行仿真调试，仿真调试正确后再进行联机调试，直到控制功能正确为止。第四步，在完成全部程序调试工作后，编写程序说明书。

1.5.3 任务准备——特殊存储器 SMB0 及周期性循环控制方法

1. 特殊存储器 SMB0

S7-200 SMART CPU 提供了多个包含系统数据的特殊存储器，它们提供系统状态、指令执行状态、有关的控制参数和信息等，为用户编程提供方便。例如，将60s时钟用作计数器的计数脉冲，可实现定时功能。其中，SMB0 ~ SMB29、SMB480 ~ SMB515、SMB1000 ~ SMB1699以及SMB1800 ~ SMB1999为只读特殊存储器。SMB30 ~ SMB194以及SMB566 ~ SMB749为读/写特殊存储器。有关各种特殊存储器的功能说明，可参阅《S7-200 SMART系统手册》。

特殊存储器字节SMB0（SM0.0 ~ SM0.7）包含8个位，在各扫描周期结束时，S7-200 SMART CPU会更新这些位。SMB0系统状态位的功能说明见表1-25。

表1-25　SMB0系统状态位的功能说明

符号名	SM地址	功能说明
Always_On	SM0.0	PLC运行时，该位始终接通，可作为PLC运行标志
First_Scan_On	SM0.1	PLC从STOP到RUN模式转变的第一个扫描周期接通，然后断开，可用于调用初始化程序
Retentive_Lost	SM0.2	如果保留性数据丢失，则该位保持一个扫描周期打开，可用于错误内存位
RUN_Power_Up	SM0.3	重新上电并进入RUN模式时的第一个扫描周期接通，然后断开，可作为机器预热时间
Clock_60s	SM0.4	周期为60s的时钟信号，30s高电平和30s低电平
Clock_1s	SM0.5	周期为1s的时钟信号，0.5s高电平和0.5s低电平
Clock_Scan	SM0.6	周期为2个扫描周期的扫描时钟信号，一个扫描周期为高电平，下一个扫描周期为低电平
RTC_Lost	SM0.7	"模式"开关的当前位置，在"RUN"位置时为接通，在"STOP"位置时为断开

2. 周期性循环控制方法

对于由若干时间段构成的周期性控制要求，可由多个定时器或计数器（将时钟信号作为计数器的计数脉冲，就具有定时功能）的组合来实现。例如，一个周期分为4个时间区段，各区段分别为9s、3s、6s、3s，然后循环。由于有4个时间区段，所以需要用4个定时器来定时。对于定时器的启动控制，可以采用顺序启动或者同步启动定时器工作的方法。顺序启动定时器工作，是将各个定时器的定时时间分别设置为9s、3s、6s、3s，当启动信号为ON时，就启动第一个定时器工作，当第一个定时器定时时间到就启动下一个定时器工作，依此类推。当完成一个周期后又重新开始下一个周期，一旦启动信号变为OFF时就停止全部定时器工作，定时信号波形如图1-39所示。同步启动定时器工作，是将各个定时器的定时时间分别设置为9s、12s、18s、21s，并使全部定时器同步开展工作，当完成一个周期后又重新开始下一个周期，一旦启动信号变为OFF时就停止全部定时器工作，定时信号波形如图1-40所示。这两种启动定时器工作的方法，其信号波形是没有区别的，有区别的是定时器的控制信号和预设值。

3. 状态图表及趋势视图

在梯形图编写完成后进行程序测试时，往往由于梯形图太长，无法及时看到各个触点的变化，西门子公司的编辑器提供了一种方法，可以有效快捷地查看触点状态，就是状态图表。状态图表可以在程序运行时用来读、写、强制和监控PLC中的变量。要使用状态图表来监控程序，首先要建立一张空白的状态图表，将光标移到项目树中的"状态图表"上右击，执行弹出的菜单中的"插入"选项下的"图表"命令，创建新的状态图表。然后，双击项目树中新建的"状态图表"，在地址栏写入要监视的触点名称，格式要与梯形图中使用的一致。若要增加监控的变量，将光标移到表格的左上方图标▼处并单击，并选择"行"来插入一个行。将变量的地址信息写好后，单击"保存"按钮，在当前值一栏就会显示当前系统中该触点的状态，如图 1-41 所示。

定时器和计数器可以分别按位或按字监控。如果按位监控，则显示它们的输出位的 ON/OFF 状态。如果按字监控，则显示它们的当前值。如果想修改状态，可以在"新值"栏，输入新值。若是该点非自锁，则不一定会保持修改的值，因为系统在不断刷新，刷过后就又更新了。可以在更新时单击上方"强制锁定"按钮，锁定新值，这样就不会变了。

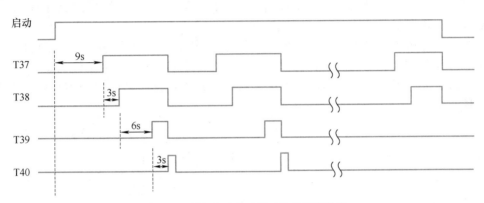

图 1-39　顺序启动定时器工作的信号波形

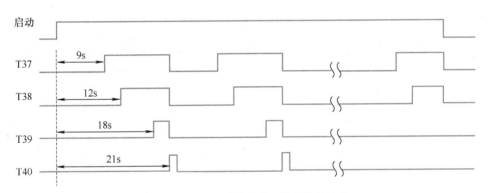

图 1-40　同步启动定时器工作的信号波形

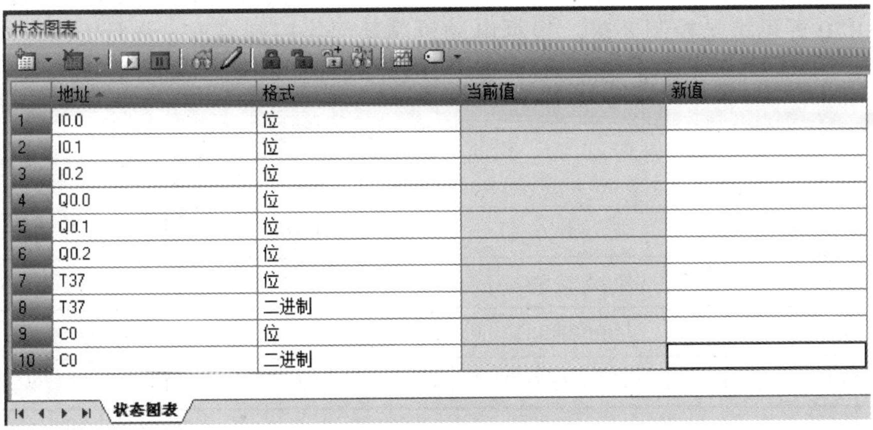

	地址	格式	当前值	新值
1	I0.0	位		
2	I0.1	位		
3	I0.2	位		
4	Q0.0	位		
5	Q0.1	位		
6	Q0.2	位		
7	T37	位		
8	T37	二进制		
9	C0	位		
10	C0	二进制		

图 1-41　状态图表

趋势视图是用随时间变化的曲线跟踪 PLC 的状态数据。单击状态图表上方的工具栏上的"趋势视图"按钮，可以在表格与趋势视图之间切换。右击趋势视图，可以执行弹出的菜单命令。

1.5.4 任务实施

1. 硬件电路设计

要实现电动机循环起停控制，首先要设计电动机正反转控制的主电路，分别由交流接触器 KM1 和 KM2 来控制。QS 为电源隔离开关，FU1 为熔断器，起主电路短路保护作用。当 KM1 闭合时电动机正转，当 KM2 闭合时电动机反转，并由热继电器 FR 来检测电动机的过载信号，如图 1-42 所示。

用 PLC 对三相异步电动机循环起停进行控制，其中，断路器 QF1 对控制电路起到电源开关和短路保护作用。SB1 为停止按钮，SB2 为起动按钮。HL 为工作状态指示灯，当系统停止时熄灭，当系统正在循环时闪烁，当系统循环完成后常亮。接触器 KM1 与 KM2 实现机械互锁。

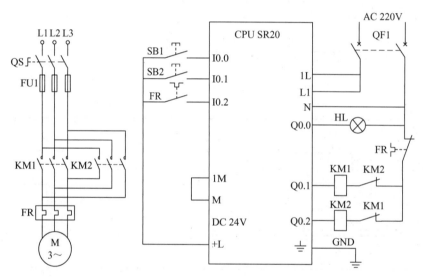

图 1-42　电动机循环起停控制电路

电动机循环起停 PLC 控制系统共有 3 个输入开关量、3 个输出开关量，所以选用标准型 CPU SR20 即可满足控制要求。根据电动机循环起停控制要求，设计 I/O 地址分配表，见表 1-26。

表 1-26　电动机循环起停控制 I/O 地址分配表

输入		输出	
地址	元件	地址	元件
I0.0	停止按钮 SB1	Q0.0	状态指示灯 HL
I0.1	起动按钮 SB2	Q0.1	正转接触器 KM1
I0.2	过载信号 FR	Q0.2	反转接触器 KM2

2. 控制程序设计

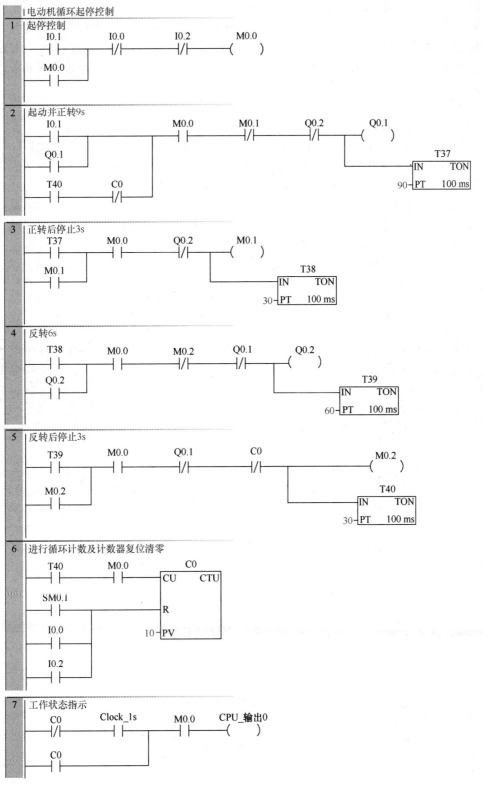

图 1-43　电动机循环起停 PLC 控制程序

用 PLC 对三相异步电动机进行循环起停控制，要求按下起动按钮 SB2，电动机起动并正向旋转 9s，停止 3s，反向旋转 6s，停止 3s，然后再正向旋转，如此循环工作，指示灯 HL 闪烁。当循环工作达到 10 次后，停止循环与旋转工作，指示灯 HL 常亮。若在电动机循环运行期间，按下停止按钮 SB1 或者电动机发生过载故障时，则立刻停止工作，指示灯 HL 熄灭。根据电动机循环起停控制要求，设计电动机循环起停控制程序，如图 1-43 所示。

3. 程序仿真

程序编辑和编译同前。

在 STEP 7–Micro/WIN SMART 编程软件中完成编译且无误后，选择"文件"→"导出"→"POU"菜单命令，在弹出的对话框中输入导出的路径和文件名，例如，选择保存在桌面上且命名为 cyclestart.awl，再单击"保存"按钮。启动 CIS_S7200 PLC 仿真软件，选择"文件"→"载入用户程序"菜单命令，选中前面保存在桌面上的 cyclestart.awl 文件，再单击"打开"按钮，即可载入用户程序。在"调试"菜单栏下选择调试方式（如连续运行），对相关行程开关和输入继电器进行手动设置（将 I0.1 置为 ON 模拟起动按钮），观察程序仿真运行结果（Q0.1 为 ON 表示电动机正转，Q0.2 为 ON 表示电动机反转），如图 1-44 所示。

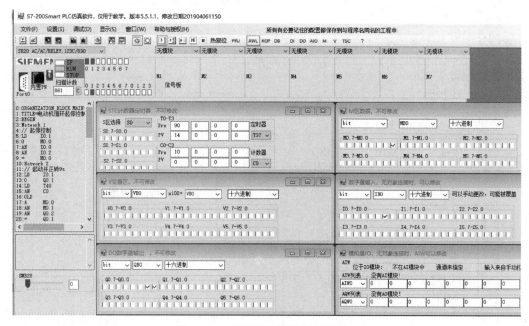

图 1-44　电机循环起停控制程序仿真

4. 联机调试

在用户程序完成仿真调试后，还应进行联机调试，确保电机循环起动实际控制功能正确。先按照图 1-42 连接好循环起停电动机的主电路和 PLC 控制电路，再把仿真好的用户程序下载到 CPU 模块中进行联机调试。

具体操作方法同前。

1.5.5　任务评价

在完成电动机循环起停 PLC 控制系统设计任务后，对学生的评价主要从主动学习、高效工作、认真实践的态度，团队协作、互帮互学的作风，电动机循环起停控制电路的连接、电动机循环起停 PLC 控制电路设计、控制程序设计、编辑、仿真调试、联机调试以及解决调试过程的实际问题等能力，以及树立为国家为人民多做贡献的价值观等方面进行，并采用学生自评、小组互评、教师评价来综合评定每一位学生的学习成绩，评定指标详见表 1-27。

表 1-27　电动机循环起停 PLC 控制系统设计任务评价表

评价指标	评价要素	分值	学生自评（10%）	小组互评（20%）	教师评价（70%）	得分
控制电路设计与连接	能阅读 PLC 系统使用手册，并根据控制任务要求，选择合适的 CPU 模块与控制电器，设计电动机循环起停 PLC 控制电路并完成控制电路的连接工作	20				
主电路的连接	能根据电动机循环起停控制要求，正确连接电动机循环起停的主电路	10				
软件设计与调试	能根据电动机循环起停控制要求设计用户程序，对用户程序进行编辑、仿真调试，最后对电动机循环起停控制系统进行联机调试，并能解决调试过程中的实际问题	50				
文档撰写	能根据任务要求撰写硬件选型报告，包括摘要、报告正文，图表等符合规范性要求	10				
职业素养	符合 7S（整理、整顿、清扫、清洁、素养、安全、节约）管理要求，树立认真、仔细、高效的工作态度以及为国家为人民多做贡献的价值观	10				

1.5.6　拓展提高——拓展计数范围的方法

在工业生产中，常需要对加工零件进行计数，若采用 S7-200 SMART PLC 中的计数器进行计数，单个计数器最多只能计数 32767 个零件，往往不能满足实际的计数要求。这时，可通过多个计数器的串联使用来拓展计数范围。例如，两个预置值均为 1000 的计数器进行串联使用，即第一个计数器直接对加工零件进行计数，第二个计数器则对第一个计数器输出位的变化进行计数，计数范围就可以扩展到 $1000 \times 1000 = 100$ 万。读者根据两个计数器串联使用来扩展计数范围的要求，自行设计 PLC 的控制程序。由于普通计数器是在每个扫描周期的输入采样阶段读取数字量输入的值，如果前一次扫描读取的值为 0，而本次扫描读取的值为 1，则判断为一次有效的上升沿，会使计数器的当前值加 1 或者减 1。如果计数脉冲的周期小于两倍扫描周期或者计数脉冲的高电平和低电平脉冲的宽度小于扫描周期，那么采用普通计数器就会发生丢失计数脉冲上升沿的情况，在这种情况下应该使用高速计数器，请读者比较普通计数器和高速计数器的区别。

复习思考题 1

1. PLC 有哪些主要特点？

2. PLC 的基本结构如何？试阐述其基本工作原理。

3. PLC 有哪些常用编程语言？

4. 写出 S7-200 SMART PLC 所有 CPU 模块型号。

5. 画出具有双重互锁的三相异步电动机正反转控制电路，并说明工作过程。

6. 简述星形 - 三角形减压起动方法的特点并说明其适用场合。

7. 用标准型 CPU SR20 设计一个 PLC 控制电动机 M 的电路与程序。要求：按下按钮 SB，电动机 M 正转；松开 SB，M 反转，1min 后 M 自动停止。

8. 用标准型 CPU SR20 设计一个 PLC 控制系统，要求第一台电动机起动 10s 以后，第二台电动机自动起动。第二台电动机运行 5s 后，第一台电动机停止，同时第三台电动机自动起动；第三台电动机运行 15s 后，全部电动机停止。

9. 简单介绍编程软件 STEP 7–Micro/WIN SMART 的主要功能。

10. 简要分析电动机正反转 PLC 控制程序的工作过程。

11. 简要分析电动机 丫 – △ 减压起动 PLC 控制电路的工作过程。

12. 设计图 1-40 所示同步启动定时器工作的梯形图程序并简述工作过程。

项目 2
气动传动 PLC 控制系统设计

气动技术——被誉为工业自动化"肌肉"的传动与控制技术,在加工制造业领域越来越受到人们的重视,并获得了广泛应用。目前,伴随着微电子技术、通信技术和自动化控制技术的迅猛发展,气动技术也在不断创新,以工程实际应用为目标,得到了前所未有的发展。气动技术(Pneumatics)是以压缩空气为介质来传动和控制机械的一门专业技术,由于具有节能、无污染、高效、低成本、安全可靠、结构简单以及防火、防爆、抗电磁干扰、抗辐射等优点,广泛应用于汽车制造、电子、工业机械、食品等产业。随着生产自动化程度的不断提高,气动技术应用面迅速扩大,气动产品品种规格持续增多,性能、质量不断提高,市场销售产值稳步增长。在工业技术发达的欧美、日本等地区和国家,气动元件产值已接近液压元件的产值,而且仍以较快的速度在发展。气动技术正朝着精确化、高速化、小型化、复合化和集成化的方向发展。

气动传动 PLC 控制系统就是以 PLC 为核心元件,负责信号的处理工作,而感应部分采用光电、电感、电容等传感器,实现物体的检测与信号转换,气动部分在 PLC 控制下执行相关操作,具有价格适宜、故障率低、可靠性高、维修调试方便等优点,因而得到广泛的应用。

▶任务 2.1 气缸自动往复 PLC 控制系统设计

2.1.1 任务目标

1)能设计气缸自动往复 PLC 控制的硬件系统。
2)能设计气缸自动往复 PLC 控制的外部接线图。
3)能设计气缸自动往复 PLC 控制程序。
4)能进行气缸自动往复 PLC 控制系统联机调试工作。

2.1.2 任务描述

气动机械手、气动夹爪采用气体压缩进行操作,具有移动非常平稳、运行维护成本非常低廉等优点,可以代替人类重复枯燥的操作,或者在危险环境下工作,能有效削减制造成本、减轻劳动强度、提高生产效率,在物料分拣、物品搬运等自动化生产过程中得到了广泛应用。气动机械手或气动夹爪装置的核心技术是气缸自动往复控制技术,它涵盖了位置控制技术、可编程控制技术、检测技术等。

学生要完成气缸自动往复 PLC 控制系统设计,必须熟悉气缸运动工作原理;掌握气动系统的构成要素及连接方法;应用 S7-200 SMART PLC 完成气缸往复运动控制电路设计,以及相应的应用程序设计和联机调试工作。在综合分析气缸运动控制任务要求的基础上,还应考虑气压控制电磁阀的选购要求,提出控制系统的设计方案,上报技术主管部门领导审核与批准后实施。根据批准的设计方案，进行 S7–200 SMART PLC 相关硬件模块以及电磁阀的购买，再根据硬件电路图进行模块的安装与接线工作。

要完成气缸自动往复 PLC 控制程序设计，一般要经历程序设计前的准备工作、设计程序框图、编写程序、程序调试和编写程序说明书 5 个步骤。第一步，程序设计前的准备工作就是要了解气缸运行控制的全部功能及 PLC 的输入 / 输出信号种类和数量。第二步，要按程序设计标准绘制出程序结构框图。第三步，根据设计出的程序框图编写控制程序，在必要的地方加上程序注释。第四步，将编写的程序进行仿真调试，仿真调试正确后再进行联机调试，直到控制功能正确为止。第五步，在完成全部程序调试工作后，要编写程序说明书。

2.1.3　任务准备——气缸运动控制原理

1. 气缸作用

气缸是引导活塞进行直线往复运动的圆筒形金属机件。气缸的作用是将压缩气体的压力能转换为机械能，驱动机构做直线往复运动、摆动和旋转运动，主要应用于印刷、半导体、自动化控制、机器人等领域。气缸按作用可以分为直线往复运动的气缸、摆动运动的摆动气缸、抓举运动的夹爪等。

2. 气缸工作原理

气缸的内部结构由缸体、端盖、活塞、活塞杆和密封件等组成，通过端盖上的进排气通口进行加气和放气，实现活塞的运行控制。常见的气缸有单作用气缸和双作用气缸，如图 2-1 所示。其中，单作用气缸仅一端有活塞杆，从活塞一侧供气聚能产生气压，气压推动活塞产生推力伸出，靠弹簧或自重返回。双作用气缸是从活塞两侧交替供气，在一个或两个方向输出力。

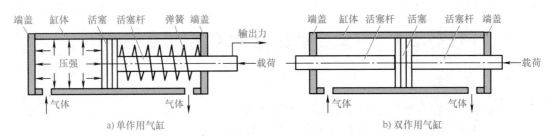

图 2-1　气缸工作示意图

根据工作所需力的大小来确定活塞杆上的推力和拉力，由此来选择气缸时还应使气缸的输出力稍有余量。若缸径选小了，输出力不够，气缸不能正常工作；但缸径过大，不仅使设备笨重、成本高，同时耗气量增大，造成能源浪费。在夹具设计时，应尽量采用增力机构，以减少气缸的尺寸。

3. 气动系统的组成

以气体（常用压缩空气）为工作介质传递动力或信号的系统称为气动系统。气动系统是利用空气压缩机将电动机输出的机械能转变为空气的压力能，通过执行元件把空气的压力能转变为机械能，从而完成直线或回转运动。气动系统主要由气源、分水滤气器、压力控制阀、油雾器、方向控制阀、消声器、电磁阀、气缸等组成，如图 2-2 所示。

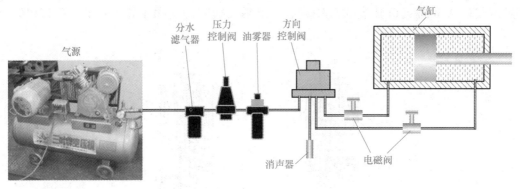

图 2-2　气动系统的基本组成

气源是压缩空气的发生装置和存储装置，由压缩机产生压缩空气，输送到储气罐中存储。分水滤气器是将压缩气体中的水汽、油滴及其他一些杂质从气体中分离出来，起到净化气体作用。压力控制阀对气体压力进行控制与调节，起到减压和稳压作用。油雾器是一种特殊的注油装置，它将润滑油进行雾化并注入空气流中，随压缩空气流入需要润滑的部位，达到润滑目的。方向控制阀的作用是利用流道的更换来控制气体的流动方向。消声器的作用是消除空气动力性噪声而允许气流通过。电磁阀在气动控制中的作用是控制气路通道的通、断或者改变压缩空气的流动方向。气缸是气动系统的主要执行元件，它把压缩空气的压力能转化为机械能，带动工作部件运动。

4. 电磁阀的工作原理

电磁阀由几个气路（阀体上开有几个气孔）、电磁线圈和阀芯等组成。当电磁线圈通电或断电时，线圈产生的电磁力或弹簧弹力推动阀芯移动，实现各个气路之间的接通或断开，达到改变气流方向的目的。

常用的电磁阀有二位二通电磁阀、二位三通电磁阀等。所谓二位，是指电磁阀得电和失电两种状态，对应阀门来说就是打开阀门和关闭阀门两种情况。三通是指电磁阀有 3 个通气口，有一个进气口 P、一个出气口 A 和一个排气口 R，如图 2-3 所示。

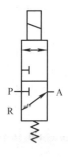

a) 实物外形　　　　　　　　　　　　　　b) 结构示意图

图 2-3　二位三通常闭电磁阀

图 2-4 给出了二位三通电磁阀的工作示意图。根据进气管连接位置不同，有常闭型和常开型两种工作模式。对于常闭型工作模式，当线圈断电时，进气口 P 被关闭，气缸内的气体经过出气口 A 和排气口 R 向大气中排放；当线圈通电时，排气口 R 被关闭，压缩空气经过进气口 P 和出气口 A 流向气缸。对于常开型工作模式，当线圈断电时，压缩空气经过进气口 P 和出气口 A 流向气缸；当线圈通电时，进气口 P 被关闭，气缸内的气体

经过出气口 A 和排气口 R 向大气中排放。电磁阀线圈的常用工作电压有 AC 220V、AC 110V、DC 24V、DC 12V 等。

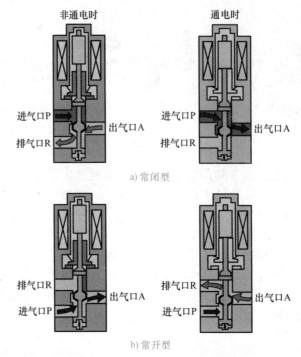

图 2-4　二位三通电磁阀工作示意图

2.1.4　任务实施

1. 硬件电路设计

要实现气缸自动往复运动，首先要搭建气动控制系统（见图 2-2），对气缸活塞的左右部分施加压缩空气，使气缸朝右或者朝左运动。其次，气缸的加气与排气是通过电磁阀且在 PLC 控制下实现的。

用 PLC 对气缸自动往复运动进行控制，需要 1 个起动按钮、1 个停止按钮，2 个气缸左右极限位置检测的行程开关，2 只给气缸加气的二位三通电磁阀，1 只电源指示灯、1 只停止指示灯、1 只运行指示灯、1 只左行指示灯、1 只右行指示灯等。气缸 PLC 控制系统硬件组成框图如图 2-5 所示。

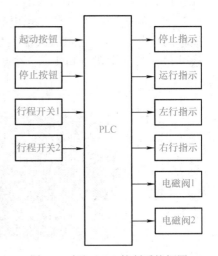

图 2-5　气缸 PLC 控制系统框图

气缸电气控制系统共有 4 个输入开关量、6 个输出开关量，所以选用标准型 CPU SR20 即可满足控制要求。根据气缸运动控制要求，设计 I/O 地址分配表见表 2-1。

根据控制要求及表 2-1 的 I/O 地址分配表，设计气缸往复运动 PLC 控制电路，如图 2-6 所示。气缸运动控制的 PLC 采用 S7–200 SMART CPU SR20（AC/DC/Relay，交流电源 / 直流输入 / 继电器输出），加气 / 排气电磁阀采用二位三通常闭型电磁阀（线圈电压为 AC 220V），QF1、QF2 分别为控制 PLC 电源和输出继电器回路电源的断路器，HL5 为电源指示灯。运行指示灯 HL1、停止指示灯 HL2、气缸左行指示灯 HL3、气缸右行指示灯 HL4 及电源指示灯 HL5 均采用工作电压为 AC 220V 的指示灯。

表 2-1　气缸往复运动控制 I/O 地址分配表

输入		输出	
地址	元件	地址	元件
I0.0	起动按钮 SB1	Q0.0	气缸左边加气电磁阀 YV1
I0.1	停止按钮 SB2	Q0.1	气缸右边加气电磁阀 YV2
I0.2	左极限位置行程开关 SQ1	Q0.2	运行指示灯 HL1
I0.3	右极限位置行程开关 SQ2	Q0.3	停止指示灯 HL2
		Q0.4	左行指示灯 HL3
		Q0.5	右行指示灯 HL4

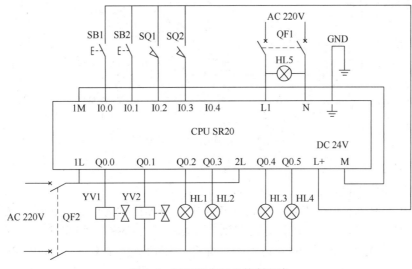

图 2-6　气缸运动 PLC 控制电路

2. 控制程序设计

根据气缸往复运动的控制要求，结合图 2-6 所示的 PLC 控制电路图及 I/O 地址分配，设计气缸自动往复运动的 PLC 控制程序，共有 4 个阶梯，如图 2-7 所示。在停止状态下，按下起动按钮 SB1，M0.0 置 1 并自锁，表示系统处于运行状态，运行指示灯 HL1 点亮（红色）；在运行状态下，按下停止按钮 SB2，M0.0 复位为 0，表示系统处于停止状态，停止指示灯 HL2 点亮（绿色）。在运行状态下，首次上电或者气缸到达左极限位置（SQ1 闭合）时，气缸左边加气电磁阀 YV1 得电，给气缸左边部分加入压缩空气，气缸右边加气电磁阀 YV2 失电而处于排气状态，气缸活塞朝右移动，右行指示灯 HL4 点亮。当气缸到达右极限位置（SQ2 闭合）时，气缸右边加气电磁阀 YV2 得电，给气缸右边部分加入压缩空气，气缸左边加气电磁阀 YV1 失电而处于排气状态，气缸活塞朝左移动，左行指示灯 HL3 点亮。

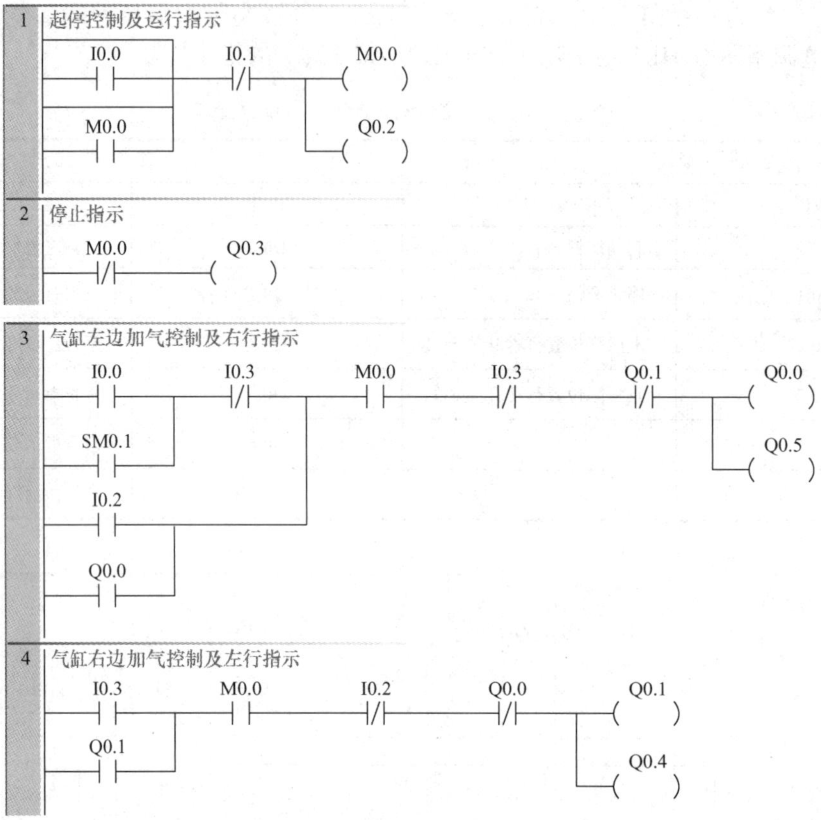

图 2-7 气缸运动 PLC 控制程序

3. 程序仿真

程序编辑和仿真同前。

在 STEP 7–Micro/WIN SMART 编程软件中完成编译且无误后，选择"文件"→"导出"→"POU"菜单命令，在弹出的对话框中输入导出的路径和文件名，例如，选择保存在桌面上且命名为 CY11.awl，再单击"保存"按钮。启动 CIS_S7200 PLC 仿真软件图标，选择"文件"→"载入用户程序"菜单命令，选中前面保存在桌面上的 CY11.awl 文件，再单击"打开"按钮，即可载入用户程序。根据实际选用的 PLC 情况，更改 CPU 型号、添加 I/O 模块。在"调试"菜单栏下选择调试方式（如连续运行），对相关输入继电器进行手动设置（将 I0.0 置为 ON 模拟系统起动），观察程序仿真运行结果（Q0.0 为 ON 表示给气缸左边加气，Q0.2 为 ON 表示运行指示灯点亮，Q0.5 为 ON 表示右行指示灯点亮），如图 2-8 所示。依此类推，对气缸所有控制功能进行仿真调试。如果程序仿真结果不对，应修改程序，再次进行程序仿真直至仿真正确为止。

4. 联机调试

在用户程序完成仿真调试后，还应进行联机调试，确保气缸实际控制功能正确。先按照图 2-2 连接好气缸的气动回路，再按照图 2-6 连接好 PLC 的控制电路，最后把仿真好的用户程序下载到 PLC 的 CPU 模块中进行联机调试。

（1）设置 CPU 模块的 IP

通过 RS–485 端口设置可调整 HMI 用来通信的通信参数：地址为 COM2，波特率为 9.6kbit/s。CPU 模块的 IP 设置同前。

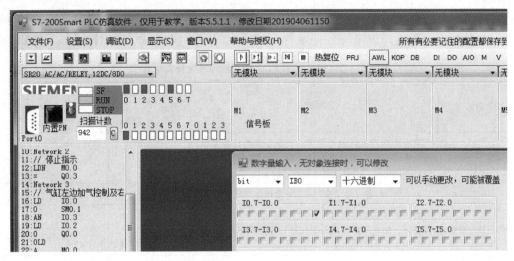

图 2-8 气缸往复运动控制程序仿真

（2）设置编程计算机的 IP

编程计算机的 IP 设置同前。

（3）程序下载与调试

程序下载操作方法同前。其中"下载"对话框如图 2-9 所示。下载成功后，单击程序编辑界面上方"RUN"按钮，在弹出的对话框中单击"是"按钮，将 CPU 由 STOP 模式转换成 RUN 模式。CPU 进入运行后，通过操作起动按钮、停止按钮，观察气缸运行状态是否正确。如果气缸运行不正确，应查明故障原因是硬件还是软件，并进行相应修正直至气缸工作正常为止。

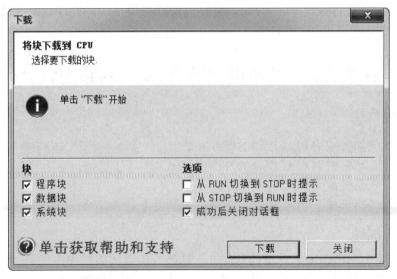

图 2-9 "下载"对话框

2.1.5 任务评价

在完成气缸自动往复 PLC 控制系统设计任务后，对学生的评价主要从主动学习、高效工作、认真实践的态度，团队协作、互帮互学的作风，气动回路的连接、气缸运动 PLC 控制电路的设计、气缸控制程序的设计、编辑、仿真调试、联机调试、解决调试过程的实际问题等能力，以及树立为国家为人民多做贡献的价值观等方面进行，并采用学生自评、小组互评、教师评价来综合评定每一位学生的学习成绩，评定指标详见表 2-2。

表 2-2　气缸自动往复 PLC 控制系统设计任务评价表

评价指标	评价要素	分值	学生自评（10%）	小组互评（20%）	教师评价（70%）	得分
硬件电路设计与连接	能阅读 PLC 系统使用手册，并根据控制任务要求，选择合适的 CPU 模块与控制电器，设计气缸往复运动 PLC 控制电路，进行控制电路的连接工作	20				
气动回路的连接	能根据气缸往复运动控制要求，正确连接气动回路	10				
软件设计与调试	能根据气缸控制要求设计用户程序，对用户程序进行编辑、仿真调试，最后对气缸控制系统进行联机调试，并能解决调试过程中的实际问题	50				
文档撰写	能根据任务要求撰写硬件选型报告，包括摘要、报告正文，图表等符合规范性要求	10				
职业素养	符合 7S（整理、整顿、清扫、清洁、素养、安全、节约）管理要求，树立认真、仔细、高效的工作态度以及为国家为人民多做贡献的价值观	10				

2.1.6　拓展提高——双气缸顺序 PLC 控制

在搬运物体的传送带上，有时需要前后两个位置的气缸采用顺序控制。例如，系统起动时后气缸先运行 10s 做好准备工作后，前气缸才能开始运行；系统停止时，前气缸先停止工作 30s 后，后气缸才能停止工作，以确保搬运物体全部搬离传送带。读者根据双气缸的这些控制要求，自行设计 PLC 的控制电路、设计与编写用户程序，并完成用户程序的仿真调试与联机调试工作。

▶任务 2.2　气动机械手 PLC 控制系统设计

2.2.1　任务目标

1）能设计气动机械手 PLC 控制的硬件系统。
2）能设计气动机械手 PLC 控制的外部接线图。
3）能设计气动机械手 PLC 控制程序。
4）能进行气动机械手 PLC 控制系统联机调试工作。

2.2.2　任务描述

机械手是一种能模仿人手和臂的某些动作功能，用以按固定程序抓取、搬运物件或操作工具的自动操作装置。它的特点是可通过编程来完成各种预期的作业任务，在构造和性能上兼有人和机器的优点，尤其体现了人的智能和适应性。它可替代人从事危险、有害、有毒、低温和高热等恶劣环境中的工作；代替人完成繁重、单调的重复劳动，提高劳动生产率，保证产品质量。机械手与数控加工中心、自动搬运小车与自动检测系统可组成柔性制造系统（FMS）和计算机集成制造系统（CIMS），实现生产过程的自动化。机械手作业的准确性和各种环境中完成作业的能力，使其在国民经济各领域有着广阔的发展前景。

　　机械手的种类较多，按驱动方式可分为液压式、气动式、电动式、机械式机械手；按适用范围可分为专用机械手和通用机械手两种；按运动轨迹控制方式可分为点位控制和连续轨迹控制机械手等。气动机械手与其他控制方式的机械手相比，具有价格低廉、结构简单、功率体积比高、无污染及抗干扰性强等特点，已经成为满足许多行业生产实践要求的一种重要实用工具。气动机械手的基本结构由感知部分、主机部分、控制部分和执行部分4 个方面组成。感知部分主要由操作按钮和位置行程开关组成，主机就是 PLC，控制部分由气动回路和控制电路组成，执行部分由气缸和执行机构组成。

　　学生要完成气动机械手 PLC 控制系统设计，必须熟悉气动机械手的结构与工作原理；掌握气动系统的构成要素及连接方法；应用 S7-200 SMART PLC 完成机械手控制的电路设计，以及相应的应用程序设计和联机调试工作。要完成气动机械手 PLC 控制程序设计，一般要经历分析机械手的控制功能与控制要求、设计程序框图、编写程序、程序调试和编写程序说明书 5 个过程。其中，程序调试可以采用软件仿真调试、项目下载到 CPU 中运行监控调试以及连接好气动回路和控制电路之后的联机调试，直至气动机械手工作正常为止。

2.2.3　任务准备——气动机械手及控制指令

1. 气动机械手的结构与控制要求

　　气动机械手将工件从左工作台搬运到右工作台，运动形式为上下垂直运动、左右水平运行、夹紧松开运动 3 种方式，其动作结构示意图如图 2-10 所示。气动机械手的功能是将工件从 A 处移到 B 处，其控制要求如下。

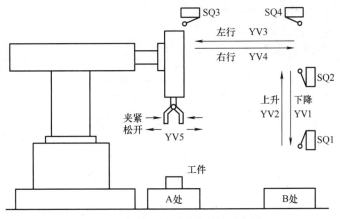

图 2-10　气动机械手动作结构示意图

　　1）气动机械手的升降和左右移行分别由两只双作用气缸带动，夹紧与松开的控制由一只单作用气缸带动。

　　2）气动机械手的下降、上升运动采用 2 只三位五通双电控电磁阀控制，电磁阀线圈分别为 YV1、YV2。当 YV1 得电、YV2 失电时，机械手下降；当 YV1 失电、YV2 得电时，机械手上升；当 YV1 和 YV2 均失电时，该阀芯保持中位状态，机械手停止垂直运动。

　　3）气动机械手的左行、右行采用 2 只三位五通双电控电磁阀控制，电磁阀线圈分别为 YV3、YV4。当 YV3 得电、YV4 失电时，机械手左行；当 YV3 失电、YV4 得电时，机械手右行；当 YV3 和 YV4 均失电时，该阀芯保持中位状态，机械手停止水平运动。

　　4）气动机械手的夹紧与松开采用 1 只二位三通常闭型电磁阀控制，电磁阀线圈为 YV5。当 YV5 失电时，电磁阀关闭进气口，气缸内的空气在弹簧作用下排气，机械手夹紧工件；当 YV5 得电时，电磁阀打开进气口，压缩空气推动活塞移动，机械手松开工件。

5）气动机械手夹钳的夹紧或松开是通过 YV5 通电或断电并且延时 1.7s 后才能完成操作。

6）机械手的下降、上升、左行、右行的限位由行程开关 SQ1、SQ2、SQ3、SQ4 来实现。

7）首次上电时，如果机械手不在原位（最左边最上方的位置），则可通过手动操作使其回到原位，即让机械手返回左侧最高点并处于松开状态。

8）传送工件时，机械手必须升到最高点才能左右移动，以防止机械手在较低位置运行时碰到其他工件。

9）出现紧急情况时，按下紧急停车按钮时，机械手停止所有操作，并保持位置不动。

2. 气动回路设计

该气动机械手的全部动作由 3 个气缸驱动，气缸由电磁阀控制，整个机械手在工作中，其下降/上升和左行/右行的执行机构采用双电控（双线圈）三位五通电磁阀推动气缸来完成。当电磁阀某一线圈得电时，对应的端口通气；当两只电磁阀线圈均失电的状态下，该阀保持在中位关闭所有气路，可使气缸停留在任意位置。机械手的夹紧/松开用单控（单线圈）二位三通常闭型电磁阀推动气缸来完成，线圈失电时排气执行夹紧动作，线圈通电时进气执行松开动作。根据气动控制要求，设计的气动回路如图 2-11 所示。气缸 1 负责机械手的下降/上升动作，气缸 2 负责机械手的左行/右行动作，气缸 3 负责机械手的夹紧/松开动作。气源由空气压缩机和储气罐组成，负责提供压缩的高压空气。气源处理三联件是压缩空气质量的最后保证，单向节流阀负责总的供气压力控制。进入气缸前的单向节流阀可以用来调节气缸的移动速度。

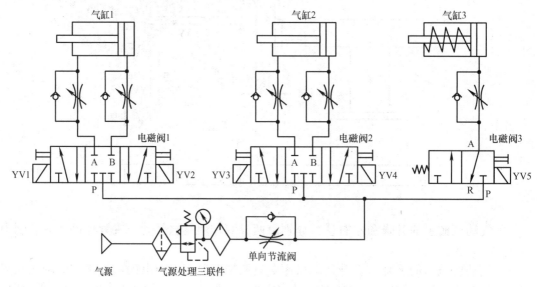

图 2-11　气动机械手的气动回路

3. 跳转（JMP）指令与标号（LBL）指令

一般情况下，PLC 的程序是从上往下逐条执行的，但有时需要根据不同的条件来选择不同的程序段执行，就可以使用跳转指令。跳转指令需要配合标号指令使用，标号指令用来指示跳转指令的目的位置，它直接与左母线相连。当跳转条件满足时，跳转指令 JMP 使程序流程跳转到与 JMP 指令编号（操作数）相同标号 LBL（相同操作数 Label）处，顺序执行该标号指令以下的程序。JMP 和 LBL 指令中的操作数 N 为常数，取值范围为

$0 \sim 255$，编程时它们分别占用一个阶梯位置，指令格式见表 2-3。

跳转指令和其跳转到的标号指令必须在同一个块内，不能跨块。这里的块指的是主程序或子程序，或者中断程序。不能从主程序跳到子程序或中断程序，同样不能从子程序或中断程序跳出。

表 2-3　跳转指令与标号指令

梯形图（LAD）	语句表（STL）	指令描述
N ——(JMP)	JMP N	条件满足时跳转到标号 N 处
N LBL	LBL N	用于标记跳转的目的位置 N

4. END、STOP 与 WDR 指令

在进行主程序分段调试或者满足某个条件就要终止当前主程序往下扫描时，就需要使用条件结束（END）指令。END 指令是一个有条件终止当前主程序扫描的指令，但不能在子程序或中断程序中使用。终止当前主程序扫描的意思，就是 CPU 从上到下、从左到右地扫描，扫描到这一行指令，就不再往下扫描而返回主程序首条指令执行，这行指令后边的程序相当于无效的程序。在西门子 S7-200 SMART PLC 的主程序中，当主程序写到最后，系统会自动添加一个无条件结束指令（编程软件中没有无条件结束指令），告诉编译器后边没有程序了。

条件停止（STOP）指令是一条使 CPU 从 RUN（运行）模式（绿灯点亮）切换成 STOP（停机）模式（黄灯点亮）的指令。在主程序或子程序中使用 STOP 指令且条件满足时，立即终止用户程序的执行。如果在中断程序中使用 STOP 指令且条件满足时，该中断程序立即终止，并忽略全部等待的中断，继续执行主程序的剩余部分，并在主程序执行结束时，完成从 RUN 模式到 STOP 模式的转换。

看门狗定时器的定时时间为 500ms，每次扫描它都被自动复位，然后又开始定时。如果 CPU 在 RUN 模式下的扫描周期小于 500ms，它不起作用，PLC 可以正常运行。如果扫描周期超过 500ms，则 CPU 会自动切换为 STOP 模式，并会产生非致命错误 001AH（扫描看门狗超时）。如果扫描周期有可能超过 500ms，可以在程序中使用看门狗复位（WDR）指令，以扩展允许的扫描周期。每次执行 WDR 指令时，看门狗定时器都会复位，允许的扫描周期增加 500ms。但是，允许的扫描周期最大时间为 5s。即使执行了多条 WDR 指令，如果当前扫描持续时间达到 5s，CPU 会无条件地切换为 STOP 模式。

END、STOP 与 WDR 指令编程时分别占用一个阶梯位置，指令格式见表 2-4。

表 2-4　END、STOP 与 WDR 指令

梯形图（LAD）	语句表（STL）	指令描述
——(END)	END	条件满足时终止主程序往下扫描而返回主程序首条指令执行
——(STOP)	STOP	条件满足时 CPU 从 RUN（运行）模式转为 STOP（停止）模式
——(WDR)	WDR	条件满足时使看门狗定时器复位，即每执行一次该指令将使允许的扫描周期增加 500ms，但允许的最大扫描持续时间为 5s

5. FOR-NEXT 循环指令

在控制系统中经常会遇到需要重复执行若干次相同任务的情况，这时可以使用循环指

令。当驱动 FOR 指令的逻辑条件满足时，按指定次数重复执行 FOR 和 NEXT 指令之间的程序段（循环体）。在 FOR 指令中，需要设置 INDX（当前循环次数计数器）、初始值 INIT 和结束值 FINAL，它们的数据类型均为 INT。如果 INIT 值大于 FINAL 值，则不执行循环。

当 FOR 执行条件满足时，就将 INIT 值复制到 INDX 中并启动循环，每次执行到 NEXT 指令时，INDX 的值加 1，并将运算结果与结束值 FINAL 进行比较。如果 INDX 的值小于或等于结束值，返回去执行 FOR 与 NEXT 之间的指令。如果 INDX 的值大于结束值，则循环执行终止。如果启用 FOR-NEXT 循环，则在完成设定的循环次数之前会持续执行循环，除非在循环体内部更改 FINAL 值。再次启用循环时，会将 INIT 值复制到 INDX 中。FOR-NEXT 循环可以实现自身的嵌套，最大嵌套深度为 8 层。FOR、NEXT 指令在编程时分别占据一个阶梯位置，指令格式见表 2-5。

表 2-5　FOR-NEXT 指令

梯形图（LAD）	语句表（STL）	指令描述
FOR EN　ENO→ INDX INIT FINAL	FOR	条件满足时执行 FOR 和 NEXT 指令之间的指令。需要设置当前循环次数计数器 INDX、初始值 INIT 和结束值 FINAL
─(NEXT)	NEXT	用于标记 FOR-NEXT 循环体的结束位置

6. 子程序指令

（1）子程序的作用

在用户设计程序时，当需要多次反复执行同一段程序，或者根据不同工艺条件选择执行不同的程序段时，可以将该程序段编写成一个子程序，别的程序在需要时调用，而无须重写该程序段，可以简化程序结构、易于调试、方便查错等。同时，子程序的调用是有条件的，条件不满足时，不会调用执行子程序中的指令，因此可以减少系统扫描时间。

在编写复杂的 PLC 程序时，最好把全部控制功能划分为几个符合工艺控制要求的子功能块，每个子功能块由一个或多个子程序组成。在子程序中尽量使用局部变量（用梯形图编写每个子程序时均有自己的 60B 局部变量，编址为 L0.0 ~ L59.7），避免使用全局变量，不与其他 POU（程序组织单元，即主程序、子程序或中断程序）所用地址冲突，这样可以很方便地将子程序移植到其他项目中。

（2）子程序的建立

S7-200 SMART PLC 的控制程序由主程序、子程序和中断程序组成。编程软件 STEP 7-Micro/WIN SMART 在程序编辑窗口里为每个 POU 提供一个独立的页。主程序总是在第 1 页中编写，后面是子程序和中断程序的编写。可以通过以下 3 种方法来建立新的子程序。

1）单击 POU 中相应的页图标（系统自带一个子程序 SBR_0），就可以进行该子程序的编写。

2）执行"编辑"→"对象"→"子程序"菜单命令，建立一个新的子程序，子程序编号从 0 开始按递增顺序生成。一个项目最多可以有 128 个子程序（SBR_0 ~ SBR_127）。

3）在程序编辑窗口的空白处单击鼠标右键，在弹出快捷菜单中选择"插入"→"子程序"命令，建立一个新的子程序，并从现有子程序编号基础上按递增顺序生成新的编号。右击项目树中的该子程序，执行快捷菜单中的"重命名"命令，可以将它的符号名更改成想要的名称。

在子程序建立后，单击编辑区上方的对应子程序图标，即可对子程序输入相关指令。

（3）子程序调用指令

子程序调用指令分为无参数子程序调用指令、带参数子程序调用指令和子程序条件返回指令，见表 2-6。

表 2-6　子程序调用指令

梯形图（LAD）	语句表（STL）	指令描述
SBR_N EN	CALL SBR_N	条件满足时调用子程序 N（N 取值范围为 0 ～ 127）
SBR_N EN x1 x2　　x3	CALL SBR_N, x1, x2, x3	条件满足时调用带参数子程序。调用参数 x1（IN）、x2（IN_OUT）和 x3（OUT）分别表示传入、传入和传出以及传出子程序的调用参数。可以使用 1 ～ 16 个调用参数
——（ RET ）	CRET	条件满足时终止执行子程序，返回调用它的程序

1）无参数子程序调用指令。在子程序建立和相关指令编写好之后，打开主程序 MAIN 的编辑器视窗，移动光标显示出需要调用子程序的地方。打开项目树的"程序块"文件夹下方的子程序栏目，将鼠标移到需要调用的子程序上并用左键按住"子程序"图标，将它拖拽到程序编辑器中需要的位置，放开左键，即可完成无参数子程序调用指令的编写工作。

2）带参数子程序调用指令。如果调用程序和被调用子程序之间有参数传递，则需要使用带参数子程序调用指令。传递的参数可以分为传入参数、传入_传出参数（指定参数位置的值传入子程序，来自子程序的结果值返回至相同位置）、传出参数 3 种类型，并且严格按此顺序排列，最多可以传递 16 个参数。要实现带参数子程序调用功能需要完成以下 3 个步骤的操作。

第一步，定义调用子程序的局部变量表。打开要调用的子程序，选择"视图"→"组件"→"变量表"，变量表出现在程序编辑器的下面。双击"变量表"符号栏 EN 的下方，按照传入、传入_传出、传出、临时变量的次序定义局部变量名。变量名可以用字母开头命名或中文命名，最多不超过 23 个字符。如果该子程序中没有使用对应的局部变量类型，如不使用"传入_传出"变量，则相应的符号栏"空白"，接着定义输出变量或临时变量。地址栏由编程软件自动分配。局部变量的"数据类型"栏，根据使用需要，通过下拉式菜单可以选择 BOOL、BYTE、WORD、INT、DWORD、DINT、REAL、STRING。

第二步，局部变量表定义好后，单击变量表的符号栏上方"将符号应用到项目"图标，再用所定义的局部变量名来编写子程序中的相关指令和其他指令。

第三步，单击进入调用程序的编辑窗口，显示出需要调用子程序的地方。打开项目树的"程序块"文件夹下方的子程序栏目，将鼠标移到需要调用的子程序上并用左键按住"子程序"图标，将它拖拽到程序编辑器中需要的位置，放开左键，在带参数子程序调用指令上编写相关参数。

3）子程序条件返回指令。当执行条件满足时，执行子程序条件返回指令，子程序立刻被停止执行，返回调用它的程序。

（4）子程序的调用过程

在子程序建立后，可以在主程序、其他子程序或中断程序中使用子程序调用指令来调用需要的子程序。调用子程序时将执行子程序中的指令，直至子程序结束，然后返回调用它的程序中，执行该子程序调用指令的下一条指令。

如果在子程序内部又对另一个子程序执行调用指令，这种调用称为子程序的嵌套。从主程序调用子程序的嵌套深度为 8 级，从中断程序调用子程序的嵌套深度为 4 级。不能使用跳转指令跳入或跳出子程序。在条件调用子程序的主程序中，当停止子程序调用时，如果定时器已经激活正在计时，停止调用这个子程序会造成定时器失控。因此，在同一个扫描周期内多次调用同一个子程序时，不能使用上升沿、下降沿、定时器和计数器指令。

7. GET_ERROR（获取非致命错误代码）指令

当执行条件满足时，GET_ERROR（获取非致命错误代码）指令将 CPU 的当前非致命错误代码传送给该指令参数 ECODE 指定的 WORD 地址，并自动清除 CPU 中的非致命错误代码。

CPU 中存在非致命错误代码可能会影响 PLC 的某些性能，但不会导致 PLC 无法执行用户程序和更新 I/O。可以通过编程，在通用错误标志 SM4.3（运行时编程问题）为 ON 时，执行 GET_ERROR 指令，读取错误的代码，同时将 CPU 中的错误代码清除。非致命错误代码 0000H 指示目前不存在实际错误。

2.2.4　任务实施

1. 硬件电路设计

要实现气动机械手的下降 / 上升、左行 / 右行、夹紧 / 松开运动，首先要搭建气动控制系统（见图 2-11），分别对气缸 1、气缸 2、气缸 3 施加压缩空气，使气缸活塞按规定要求带动执行机械移动。其次，气缸的加气与排气是通过电磁阀且在 PLC 控制下实现的。

用 PLC 对气动机械手进行控制，需要 1 个起动按钮 SB1、1 个停止按钮 SB2、1 个下降按钮 SB3、1 个上升按钮 SB4、1 个左行按钮 SB5、1 个右行按钮 SB6、1 个松开按钮 SB7，4 个极限位置检测的行程开关 SQ1 ～ SQ4，5 个电磁阀线圈 YV1 ～ YV5 等。气动机械手 PLC 控制系统硬件组成框图如图 2-12 所示。

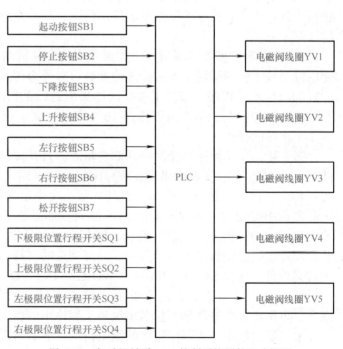

图 2-12　气动机械手 PLC 控制系统硬件组成框图

气动机械手 PLC 控制系统共有 11 个输入开关量、6 个输出开关量，所以选用标准型 CPU SR20 即可满足控制要求。根据气动机械手运动控制要求，设计 I/O 地址分配表见表 2-7。

表 2-7　气缸往复运动控制 I/O 地址分配表

输入		输出	
地址	元件	地址	元件
I0.0	起动按钮 SB1	Q0.0	下降控制电磁阀线圈 YV1
I0.1	停止按钮 SB2	Q0.1	上升控制电磁阀线圈 YV2
I0.2	下降按钮 SB3	Q0.2	左行控制电磁阀线圈 YV3
I0.3	上升按钮 SB4	Q0.3	右行控制电磁阀线圈 YV4
I0.4	左行按钮 SB5	Q0.4	松开控制电磁阀线圈 YV5
I0.5	右行按钮 SB6	Q0.7	连续运行指示
I0.6	松开按钮 SB7		
I1.0	下极限位置行程开关 SQ1		
I1.1	上极限位置行程开关 SQ2		
I1.2	左极限位置行程开关 SQ3		
I1.3	右极限位置行程开关 SQ4		

根据控制要求及表 2-7 的 I/O 地址分配表，设计气动机械手 PLC 控制电路，如图 2-13 所示。气动机械手运动控制的 PLC 采用 S7–200 SMART CPU SR20（AC/DC/Relay，交流电源/直流输入/继电器输出），QF1 为输入电源的断路器，SB8 为负载电源的起动按钮，SB9 为紧急停车按钮，KM 为控制负载电源的交流接触器。在气动机械手的运行过程中，一旦发生紧急情况，通过按下紧急停车按钮 SB9，马上切断 PLC 的负载电源，使机械手立刻停止运动。

2. 控制程序设计

根据气动机械手的控制要求，结合图 2-13 所示的 PLC 控制电路图及 I/O 地址分配，设计气动机械手 PLC 控制程序，共有

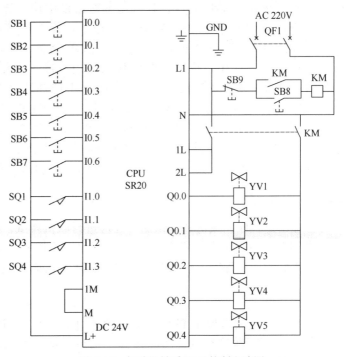

图 2-13　气动机械手 PLC 控制电路图

17 个阶梯，如图 2-14 所示。气动机械手有手动操作和连续运行两种工作方式。当连续运行工作方式处于停止状态时，就处于手动操作方式，此时按下下降、上升、左行、右行、

松开等按钮，机械手就执行相应动作。按下起动按钮 SB1，M0.0 置 1 并自锁，表示系统处于连续运行状态。如果此时机械手处于原点（位于最左边最高点，即 I1.1 和 I1.2 均为 1），将 M2.0 置 1，表明在起点起动后的下降状态；同理，M2.1 置 1 表示夹紧延时状态，M2.2 置 1 表示带物上升状态，M2.3 置 1 表示右行状态，M2.4 置 1 表示下降状态，M2.5 置 1 表示松开延时状态，M2.6 置 1 表示卸物后上升状态，M2.7 置 1 表示左行状态，如图 2-14 阶梯 1～阶梯 10 所示。

气动机械手有连续工作和手动操作两种工作方式，在用户程序设计时应注意双线圈输出问题。所谓双线圈输出，就是同一编程元件的线圈在用户程序中使用了两次或多次，称为双线圈输出现象。因为 PLC 是采用扫描工作制，如果使用了双线圈输出，那么 PLC 将以最后出现的线圈输出指令为准，实际上也就导致前面与该线圈相关的程序无效。解决方法一般是采用中间继电器过渡的方法，即在原双线圈输出的地方使用不同地址的中间继电器代替，然后由这些中间继电器的触点并联后驱动原来的线圈，即可避免双线圈输出问题。或者，将线圈输出指令改成置位（S）指令或复位（R）指令，虽然同一元件的线圈在程序中出现两次或多次，但只要能保证在同一扫描周期内只执行其中一个线圈对应的逻辑运算，这样的双线圈输出也是允许的。正是基于这方面考虑，进行气动机械手的执行部分程序设计，包括手动操作和连续工作的执行部分程序，如图 2-14 阶梯 11～阶梯 17 所示。需要说明的是，在连续工作时按下停止按钮 SB2，机械手不是立刻停机，而是将物体搬运到 B 工作台后放下物体并且返回到原点才停机，对应的连续运行指示灯 Q0.7 才熄灭。

3. 程序仿真

程序编辑和编译同前。

在 STEP 7-Micro/WIN SMART 编程软件中完成编译且无误后，选择"文件"→"导出"→"POU"菜单命令，在弹出的对话框中输入导出的路径和文件名，例如，选择保存在桌面上且命名为 PM13.awl，再单击"保存"按钮。启动 CIS_S7200 PLC 仿真软件，选择"文件"→"载入用户程序"菜单命令，选中前面保存在桌面上的 PM13.awl 文件，再单击"打开"按钮，即可载入用户程序。根据实际选用的 PLC 情况，更改 CPU 型号、添加 I/O 模块。在"调试"菜单栏下选择调试方式（如连续运行），对相关行程开关和输入继电器进行手动设置（将 I1.1、I1.2、I0.0 均置为 ON 模拟机械手在原点连续起动），观察程序仿真运行结果（Q0.0 为 ON 表示机械手下行，Q0.4 为 ON 表示机械手松开，Q0.7 为 ON 表示正在连续运行状态），如图 2-15 所示。依此类推，对气动机械手所有控制功能进行仿真调试。如果程序仿真结果不对，应修改程序，再次进行程序仿真，直至仿真正确为止。

4. 联机调试

在用户程序完成仿真调试后，还应进行联机调试，确保气动机械手实际控制功能正确。先按照图 2-11 连接好 3 只气缸的气动回路，再按照图 2-13 连接好 PLC 的控制电路，最后把仿真好的用户程序下载到 PLC 的 CPU 模块中进行联机调试。具体操作方法同上一任务。

2.2.5　任务评价

在完成气动机械手 PLC 控制系统设计任务后，对学生的评价主要从主动学习、高效工作、认真实践的态度，团队协作、互帮互学的作风，机械手气动回路的连接、PLC 控制电路的设计、气动机械手控制程序的设计、编辑、仿真调试、联机调试、解决调试过程的实际问题等能力，以及树立为国家为人民多做贡献的价值观等方面进行，并采用学生自评、小组互评、教师评价来综合评定每一位学生的学习成绩，评定指标详见表 2-8。

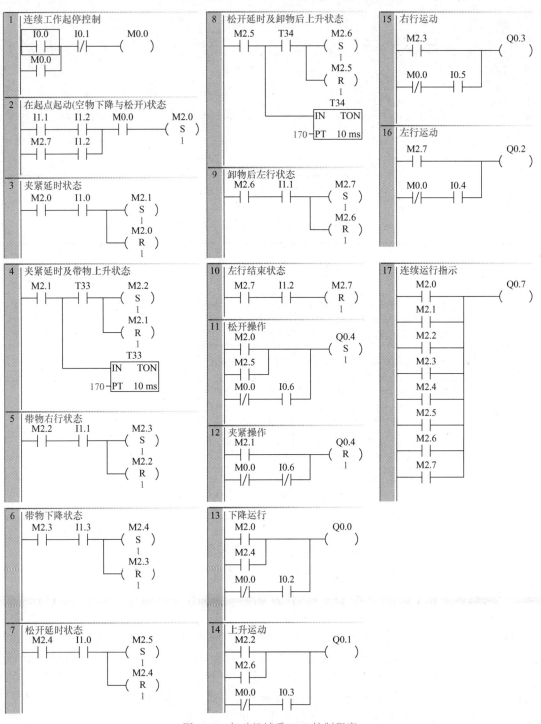

图 2-14 气动机械手 PLC 控制程序

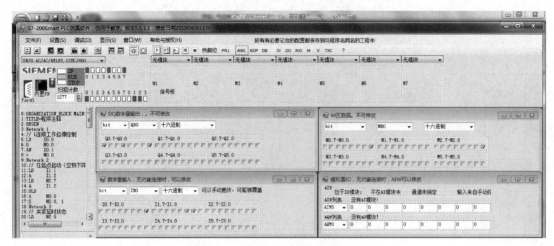

图 2-15 气动机械手控制程序仿真

表 2-8 气动机械手 PLC 控制系统设计任务评价表

评价指标	评价要素	分值	学生自评（10%）	小组互评（20%）	教师评价（70%）	得分
硬件电路设计与连接	能阅读 PLC 系统使用手册和相关电器使用说明书，并根据控制任务要求，选择合适的 CPU 模块与控制电器，设计机械手 PLC 控制电路以及进行控制电路的连接工作	20				
气动回路的连接	能根据气动机械手的运动控制要求，正确连接气动回路	10				
软件设计与调试	能根据气动机械手控制要求设计用户程序，对用户程序进行编辑、仿真调试，最后对气动机械手 PLC 控制系统进行联机调试，并能解决调试过程中出现的实际问题	50				
文档撰写	能根据任务要求撰写硬件选型设计报告，包括摘要、报告正文，图表、参考文献等符合规范性要求	10				
职业素养	符合 7S（整理、整顿、清扫、清洁、素养、安全、节约）管理要求，树立认真、仔细、高效、节约、环保的工作态度以及为国家为人民多做贡献的价值观	10				

2.2.6 拓展提高——机械手多种工作方式控制

在机械手搬运物体的生产线上，有时需要有多种工作方式以适应各种工况要求。例如，气动机械手除了前面介绍的连续工作方式和手动操作（点动）方式外，还具有单步、单周期、回原点等工作方式，这时就需要增加一个工作方式切换开关。工作方式切换开关是单刀五掷开关，在某个时刻只能选择一种具体的工作方式。处于单步工作方式时，从原始位置开始，按一下起动按钮，系统转换到下一步，完成该步的任务后，自动停止工作并停留在该步，再按一次起动按钮，才开始执行下一步的操作。单步工作方式常用于系统的调试。处于单周期工作方式时，从原始位置开始，按一下起动按钮，机械手将物体从 A 工作台搬到 B 工作台，并且返回原点后处于停机状态。处于回原点工作方式时，按一下起动按钮，机械手从现有位置开始直至返回原点后处于停机状态。读者根据机械手多种工作方式的控制要求，自行设计 PLC 的控制电路、设计与编写用户程序，并完成用户程序的仿真调试与联机调试工作。

任务 2.3　气动滑台 PLC 控制系统设计

2.3.1　任务目标

1）能设计气动滑台自动送料 PLC 控制的硬件系统。
2）能设计气动滑台自动送料 PLC 控制的外部接线图。
3）能设计气动滑台自动送料 PLC 控制程序。
4）能进行气动滑台自动送料 PLC 控制系统联机调试工作。

2.3.2　任务描述

气动滑台是将滑台通过各种导轨与气缸一体化的气动元件。工件可安装在滑台上，通过气缸推动滑台运动。由于采用循环式直线导轨以及导轨和滑台一体化结构设计，因而具有高刚性、高精度等特点，适用于精密组装、定位、传送工件等场合。由于大多数气动滑台在制作过程中内置磁环，因此在进行工作位置反馈时，可直接与磁力开关配合使用，非接触式测量方式既增加了开关动作的可靠性，使整个系统运行稳定，又克服了机械开关工作寿命短等缺点。

在本任务中，以气动滑台运行方向为参考，将两个气缸按照一左一右两个方向固定在气动滑台缸体上，通过 PLC 控制两个气缸的工作状态，从而实现滑台向前 / 向后循环运动以及向前 / 向后卸料过程。

学生要完成气动滑台 PLC 控制系统设计，必须熟悉气动滑台运动和磁性开关的工作原理；掌握气动系统的构成要素及连接方法；应用 S7-200 SMART PLC 完成气动滑台运动控制的电路设计，以及相应的应用程序设计和联机调试工作。在综合分析气动滑台运动控制任务要求的基础上，还应考虑气压控制电磁阀和磁力开关的选购要求，提出控制系统的设计方案，上报技术主管部门领导审核与批准后实施。根据批准的设计方案，进行 S7-200 SMART PLC 相关硬件模块以及电磁阀的购买，再根据硬件电路图进行模块的安装与接线工作。

要完成气动滑台 PLC 控制程序设计，一般要经历程序设计前的准备工作、程序编写、程序调试和编写程序说明书 4 个步骤。第一步，程序设计前的准备工作就是要了解气缸运行控制的全部功能及 PLC 的输入 / 输出信号种类和数量。第二步，根据设计出的程序框图编写控制程序，在必要的地方加上程序注释。第三步，将编写的程序进行仿真调试，仿真调试正确后再进行联机调试，直到控制功能正确为止。第四步，在完成全部程序调试工作后，编写程序说明书。

2.3.3　任务准备——气动滑台及磁性开关

气动滑台应用领域十分广泛，如自动化、动力传输行业、医疗以及半导体和航空等。气动滑台中的直线导轨又称线轨、滑轨、线性滑轨等，主要为滑块提供运动路径，一般应用在直线无限往复运动场合。把滑块限制在导轨上运动，在高负载的情况下可实现高精度的直线运动等。

1. 气动滑台的结构与工作原理

气动滑台主要由活塞杆、铝合金缸体、多位安装孔、进出气孔、限位块安装孔等组成，气缸的活塞固定在活塞杆上，活塞杆两端含有板可以牢牢固定在机台上，滑台在活塞杆上进行往复移动，如图 2-16 所示。

气动滑台工作原理是：从固定在滑台上的铝合金缸体的进出气孔输入压缩空气，滑台受到一端气缸的推动，向相对的另一方向推动，推动的行程取决于活塞杆的长度。滑台气缸耐横向负载能力强。根据工作所需力的大小来确定活塞杆上的推力和拉力，由此来选择气缸大小并且应使气缸的输出力稍有余量。若缸径选小了，输出力不够，气缸不能正常工作；但缸径过大，不仅使设备笨重、成本高，同时耗气量增大，造成能源浪费。在夹具设计时，应尽量采用增力机构，以减少气缸的尺寸。

2. 磁性开关的工作原理

磁性开关是一种利用磁场信号来控制电路的开关器件，也叫磁控开关。它具有体积小、结构简单、重量轻、耗电少、使用方便、价格便宜、动作灵敏、抗腐蚀性好、寿命长等特点，广泛应用于汽车、智能家居、安全防护、工业控制领域的位置检测场合。例如，宁波赛柯传感器有限公司（NBSKK）生产的 SK-24 型磁性开关，为有触点两线式磁性开关，电源电压为 DC/AC 5～240V，允许的最大工作电流为 200mA，最大功耗为 10W，如图 2-17 所示。

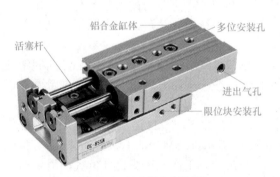

图 2-16　气动滑台实物图

图 2-17　SK-24 型磁性开关

磁性开关是通过磁化现象使其内部的干簧管动作实现开关功能的。干簧管是一种有触点的无源电子开关器件，其外壳一般是一根密封的玻璃管，管中装有两个铁质的弹性簧片电极，还灌有惰性气体。平时，玻璃管中的两个簧片是分开的，当有磁性物质靠近玻璃管时，在磁场磁力线的作用下，管内的两个簧片被磁化而互相吸引接触，簧片就会吸合在一起，使两个接点连接的电路接通。当外磁力消失后，两个簧片由于本身弹性而分开，线路也就断开了。

3. 磁性开关的应用接线

磁性开关有两线制和三线制之区别，三线制磁性开关又可分为 NPN 型和 PNP 型，它们的接线方式如图 2-18 所示。两线制磁性开关的接线比较简单，磁性开关与负载串联后接到电源即可。三线制磁性开关 3 根导线的连接方式是：红（棕）色导线接电源正端，蓝色导线接电源 0V 端，黄（黑）色导线为信号端应接负载。而负载的另一端应这样连接：对于 NPN 型磁性开关，应接到电源正端；对于 PNP 型磁性开关，则应接到电源 0V 端。磁性开关的负载可以是信号灯、继电器线圈、PLC 的数字量输入模块等，使用时磁性开关的电源电压和工作电流应避免超出允许范围。

两线制磁性开关受工作条件的限制，导通时开关本身产生一定压降，截止时又有一定的剩余电流流过，选用时应予考虑。三线制磁性开关虽多了一根线，但不受剩余电流之类不利因素的困扰，工作更为可靠。需要特别注意的是接到 PLC 数字输入模块的三线制磁性开关的型式选择，对于公共输入端为电源 0V 的输入模块（如 S7-200 SMART），一定要选用 NPN 型磁性开关，且将磁性开关蓝色导线与 PLC 输入模块的输入端相连；对于公共输入端为电源正端的输入模块（如 Q 系列 PLC），一定要选用 PNP 型磁性开关，且将磁性开关的红（棕）色导线与 PLC 输入模块的输入端相连。有的厂商将还磁性开关的"常开"和"常闭"信号同时引出，应按产品说明书要求接线。

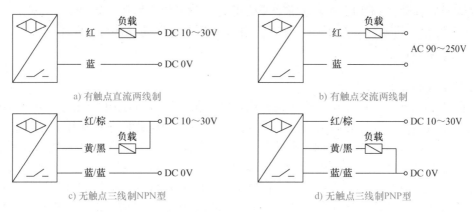

a) 有触点直流两线制　　　　　b) 有触点交流两线制

c) 无触点三线制NPN型　　　　　d) 无触点三线制PNP型

图 2-18　磁性开关的接线方式

4. 带磁性开关气缸的工作原理

气缸用磁性开关来定位控制时就称为带磁性开关气缸。在气缸活塞上安装磁环，在缸筒外壳上装有磁性开关，如图 2-19 所示。磁性开关内装有舌簧片、保护电路和动作指示灯等，均用树脂塑封在一个盒子内。在安装磁性开关时，需要紧贴在气缸的外壁上，通常安装于行程的两末端或者中间位置用来侦测气缸内活塞的位置，透过侦测活塞上磁环的磁场，来感知活塞在行程中的位置，从而发出信号通知控制器（PLC）执行下一步动作，起到定位与侦测的作用，广泛用于自动化领域中。

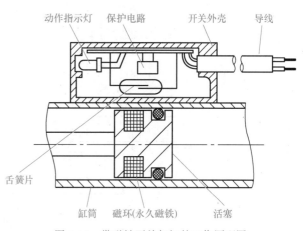

图 2-19　带磁性开关气缸的工作原理图

当装有永久磁铁的活塞运动到舌簧片附近，磁力线通过舌簧片使其磁化，两个簧片被吸引接触，则开关接通。当永久磁铁离开时，磁场减弱，两簧片弹开，则开关断开。由于磁性开关的接通或断开，使电磁阀换向，从而实现气缸的往复运动。

5. 气动滑台的控制要求分析

1）气动滑台有往复运动和卸料运动两种工作模式，通过一只模式切换开关来选择。

2）电磁阀线圈 YV1 得电，滑台正向移动；电磁阀线圈 YV2 得电，滑台反向移动；电磁阀线圈 YV3 得电，滑台向前卸料；电磁阀线圈 YV4 得电，滑台向后卸料。

3）在往复运动模式下，在停止状态下按下正向起动按钮，滑台正向移动，移至正向端点使磁性开关 SQ1 闭合，滑台停止前移，开始反向移动；当滑台移到反向端点使磁性开关 SQ2 闭合，停止反向移动，又重新开始正向移动，如此循环往复。

4）在往复运动模式下，在停止状态下按下反向起动按钮，滑台反向移动，移至反向端点使磁性开关 SQ2 闭合，滑台停止后移，开始正向移动；当滑台移到正向端点使磁性开关 SQ1 闭合，停止正向移动，又重新开始反向移动，如此循环往复。

5）在卸料运动模式下，滑台正向移动通过中间位置时使磁性开关 SQ3 闭合，停止正向移动，电磁阀线圈 YV3 得电并保持 2s 时间向前卸料。经过 2s 时间后滑台继续向前移动，到达正向端点后开始反向移动，反向到达中点时停止移动向后卸料。经过 2s 时间后滑台继续向后移动，到达反向端点后又开始正向移动，如此循环工作。

6）在滑台运行期间，按下停止按钮，滑台立刻停止移动并保持位置不动。

2.3.4　任务实施

1.气动回路设计

根据气动滑台的工作要求，全部动作由两个气缸驱动，气缸由电磁阀控制，电磁阀采用双电控（双线圈）三位五通电磁阀推动气缸来完成。当电磁阀某一线圈得电时，对应的端口通气；在两只电磁阀线圈均失电的状态下，该阀保持在中位关闭所有气路，可使气缸停留在任意位置。根据气动控制要求，设计的气动回路如图 2-20 所示。气缸 1 负责滑台正向移动 / 反向移动，气缸 2 负责滑台向前卸料 / 向后卸料。气源由空气压缩机和储气罐组成，负责提供压缩的高压空气。气源处理三联件是压缩空气质量的最后保证，单向节流阀负责总的供气压力控制。进入气缸前的单向节流阀可以用来调节气缸的移动速度。

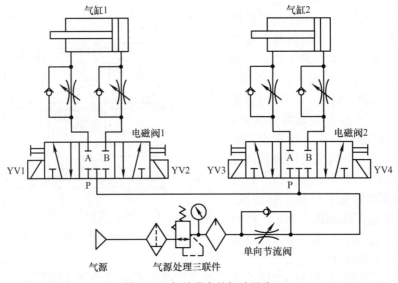

图 2-20　气动滑台的气动回路

2.硬件电路设计

用 PLC 对气动滑台的运动进行控制，需要 1 个正向起动按钮 SB1、1 个反向起动按钮 SB2、1 个停止按钮 SB3，1 个模式切换开关 SA、3 个气动滑台位置检测的磁性开关 SQ1 ～ SQ3，1 只运行指示灯 HL1、1 只卸料模式指示灯 HL2、1 只往复模式指示灯 HL3，2 个气缸加气需要 2 只双电控（双线圈）三位五通电磁阀，每只电磁阀分别由 2 只线圈来控制。气动滑台 PLC 控制系统共需要 7 个开关量输入信号和 7 个开关量输出信号，系统组成框图如图 2-21 所示。PLC 接收输入指令，执行内存中的程序，并将程序执行结果及时向有关指示灯和电磁阀线圈输出控制信号，由电磁阀控制气缸运动，再由气缸驱动滑台运动。

气动滑台 PLC 控制系统共有 7 个输入开关量和 7 个输出开关量，所以选用 S7–200 SMART CPU SR20（AC/DC/Relay，交流电源 /12 点直流输入 /8 点继电器输出）即可满足控制要求。根据气动滑台的输入信号及控制要求，设计 I/O 地址分配表见表 2-9。

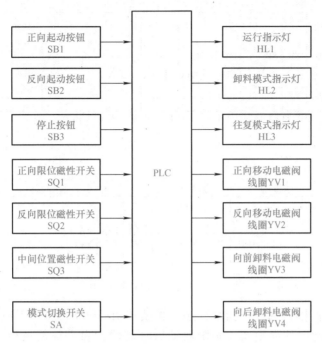

图 2-21　气动滑台 PLC 控制系统框图

表 2-9　气动滑台 PLC 控制 I/O 地址分配表

输入		输出	
地址	元件	地址	元件
I0.0	正向起动按钮 SB1	Q0.0	运行指示灯 HL1
I0.1	反向起动按钮 SB2	Q0.1	卸料模式指示灯 HL2
I0.2	停止按钮 SB3	Q0.2	往复模式指示灯 HL3
I0.3	正向限位磁性开关 SQ1	Q0.3	正向移动电磁阀线圈 YV1
I0.4	反向限位磁性开关 SQ2	Q0.4	反向移动电磁阀线圈 YV2
I0.5	中间位置磁性开关 SQ3	Q0.5	向前卸料电磁阀线圈 YV3
I0.6	模式切换开关 SA	Q0.6	向后卸料电磁阀线圈 YV4

　　根据气动滑台的电气控制要求及表 2-9 所示的 I/O 地址分配表，结合 PLC 的电源电压 AC 220V、输入模块的工作电压 DC 24V、输出模块的工作电压 AC 220V，设计气动滑台 PLC 控制电路，如图 2-22 所示。其中，QF1、QF2 分别为控制 PLC 电源和输出继电器回路电源的断路器，保护接地端与接地电极 GND 相连。运行指示灯 HL1、卸料模式指示灯 HL2、往复模式指示灯 HL3、电源指示灯 HL4 均采用工作电压为 AC 220V 的指示灯。

　　3. 控制程序设计

　　根据气动滑台的运动控制要求，结合图 2-22 所示的 PLC 控制电路图及 I/O 地址分配表，设计气动滑台的 PLC 控制程序，共有 12 个阶梯，如图 2-23 所示。

　　第 1 阶梯是运行工作及状态指示程序。在停止状态按下正向起动按钮 SB1 或按下反向起动按钮 SB2，运行状态 Q0.0 置 ON 并自锁，运行指示灯 HL1 点亮；在运动状态按下停止按钮 SB3，运行状态 Q0.0 复位为 OFF，运行指示灯 HL1 熄灭。

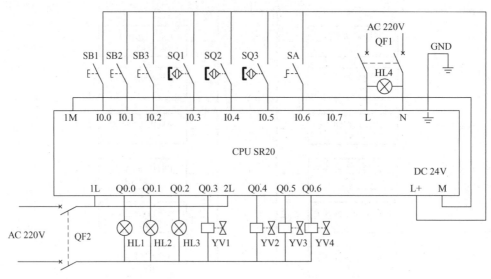

图 2-22　气动滑台 PLC 控制电路

第 2 阶梯是工作模式选择与指示程序。当模式切换开关 SA 置于断开位置时（即 I0.6 处于 OFF 状态），选中卸料模式（系统启动后气动滑台自动往复运行，当正向运行至中间位置时，料斗向前翻转卸料；当反向运行至中间位置时，料斗向后翻转卸料），Q0.1 置 ON，卸料模式指示灯 HL2 点亮；当模式切换开关 SA 置于闭合位置时（即 I0.6 处于 ON 状态），选中往复模式（系统启动后气动滑台自动往复运行），Q0.2 置 ON，往复模式指示灯 HL3 点亮。

第 3 阶梯根据模式切换开关 SA 的位置选择执行不同的程序块。如果模式切换开关 SA 处于闭合位置时，则跳转到标号为 1 的指令（位于第 9 阶梯）执行。如果模式切换开关 SA 处于断开位置时，则顺序执行第 4 阶梯的程序块。

第 4 阶梯为卸料模式下的正向运行控制程序。在停止状态下，按下正向起动按钮 SB1，Q0.3 置 ON 并自锁，滑台向前移动，同时将 M0.0 置 ON（滑台处于正向运行状态）。当滑台运行至中间位置时（I0.5 置 ON），将 Q0.3 复位为 OFF，滑台停止向前移动。当卸料延时 2s 时间到（T37 为 ON）或者 Q0.5 的下降沿（向前卸料完成），则将 Q0.3 置 ON，滑台继续向前移动，直至到达正向极限位置（将 I0.3 置为 ON）或按下停止按钮 SB3（将 I0.2 置为 ON），滑台停止向前移动。

第 5 阶梯为卸料模式下的向前翻转卸料程序。滑台处于中间位置（I0.5 置为 ON），滑台处于正向运行状态（将 M0.0 置为 ON），且卸料延时时间未到（T37 为 OFF），则将 Q0.5 置为 ON（料斗开始向前翻转卸料），定时器 T37 开始工作，达到预定值后将 Q0.5 复位为 OFF（卸料过程结束）。当滑台正向移到极限位置（将 I0.3 置为 ON）时，使定时器 T37 复位。

第 6 阶梯为卸料模式下的反向运行控制程序。在停止状态下，按下反向起动按钮 SB2，Q0.4 置 ON 并自锁，滑台向后移动，同时将 M0.0 复位为 OFF（滑台处于反向运行状态）。当滑台运行至中间位置时（I0.5 置 ON），将 Q0.4 复位为 OFF，滑台停止向后移动。当卸料延时 2s 时间到（T38 为 ON）或者 Q0.6 的下降沿（向后卸料完成），则将 Q0.4 置为 ON，滑台继续向后移动，直至到达反向极限位置（将 I0.4 置为 ON）或按下停止按钮 SB3（将 I0.2 置为 ON），滑台停止向后移动。

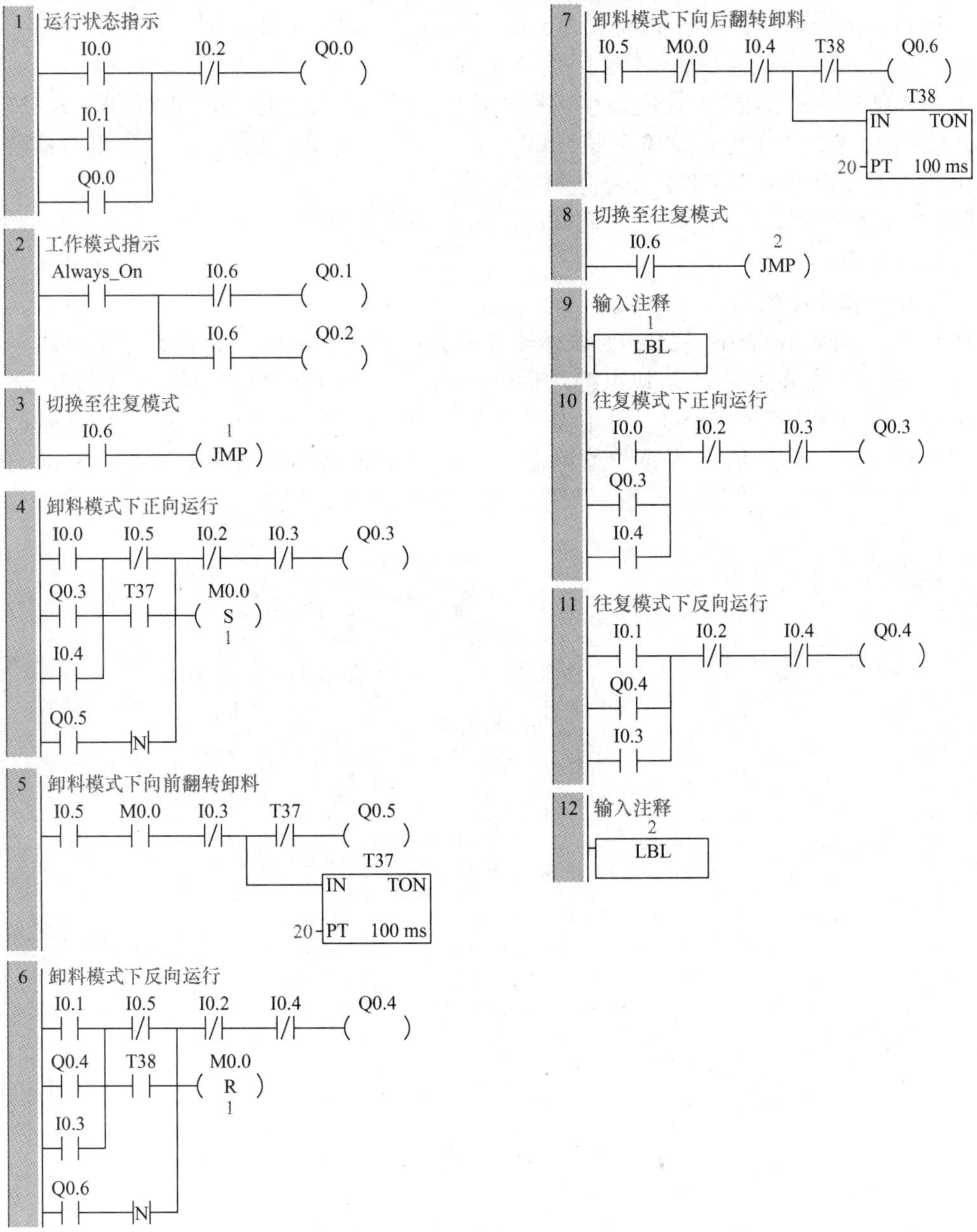

图 2-23　气动滑台 PLC 控制程序

　　第 7 阶梯为卸料模式下向后翻转卸料控制程序。滑台处于中间位置（I0.5 置为 ON），滑台处于反向运行状态（将 M0.0 复位为 OFF），且卸料延时时间未到（T38 为 OFF），则将 Q0.6 置为 ON（料斗开始向后翻转卸料），定时器 T38 开始工作，达到预定值后将 Q0.6 复位为 OFF（卸料过程结束）。当滑台反向移到极限位置（将 I0.4 置为 ON）时，使定时器 T38 复位。

　　第 8 阶梯为切换成往复模式的控制程序。当模式切换开关 SA 处于断开位置（I0.6 为 OFF 状态）时，选中卸料模式，直接转到标号为 2 的指令（位于第 12 阶梯），返回程序第一条指令执行。

　　第 9 阶梯为往复模式程序块的标号为 1 的首条指令。

　　第 10 阶梯为往复模式下正向运动控制程序。按下正向起动按钮 SB1（I0.0 为 ON）或者滑台移到反向极限位置（将 I0.4 置为 ON）时，Q0.3 为 ON 且自锁，滑台正向移动直至到达正向终点（使 I0.3 为 ON）才停止正向移动。

第 11 阶梯为往复模式下反向运动控制程序。按下反向起动按钮 SB2（I0.1 为 ON）或者滑台移到正向极限位置（将 I0.3 置为 ON）时，Q0.3 为 ON 且自锁，滑台正向移动直至到达正向终点（使 I0.4 为 ON）才停止反向移动。

第 12 阶梯是标号为 2 的指令，返回程序第一条指令执行。

4. 程序仿真

程序编辑和编译同前。

在 STEP 7–Micro/WIN SMART 编程软件中完成编译且无误后，选择"文件"→"导出"→"POU"菜单命令，在弹出的对话框中输入导出的路径和文件名，例如，选择保存在桌面上且命名为 CY15.awl，再单击"保存"按钮。启动 CIS_S7200 PLC 仿真软件，选择"文件"→"载入用户程序"菜单命令，选中前面保存在桌面上的 CY15.awl 文件，再单击"打开"按钮，即可载入用户程序，进行程序仿真，如图 2-24 所示。

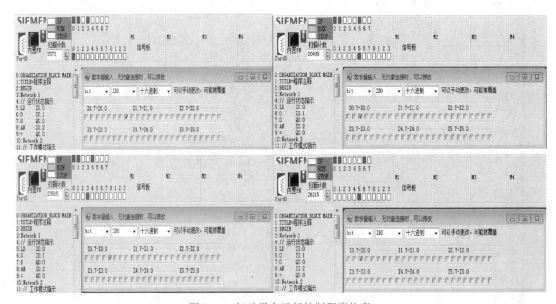

图 2-24　气动滑台运行控制程序仿真

5. 联机调试

在用户程序完成仿真调试后，还应进行联机调试，确保气动滑台实际控制功能正确。先连接好气动滑台的气动回路，再按照图 2-22 连接好 PLC 的控制电路，最后把仿真好的用户程序下载到 PLC 的 CPU 模块中进行联机调试。具体操作方法同上一任务。

2.3.5　任务评价

在完成气动滑台 PLC 控制系统设计任务后，对学生的评价主要从主动学习、高效工作、认真实践的态度，团队协作、互帮互学的作风，气动回路的连接、气动滑台 PLC 控制电路的设计、气动滑台 PLC 控制程序的设计、编辑、仿真调试、联机调试、解决调试过程的实际问题等能力，以及树立为国家为人民多做贡献的价值观等方面进行，并采用学生自评、小组互评、教师评价来综合评定每一位学生的学习成绩，评定指标详见表 2-10。

表 2-10　气动滑台 PLC 控制系统设计任务评价表

评价指标	评价要素	分值	学生自评（10%）	小组互评（20%）	教师评价（70%）	得分
硬件电路设计与连接	能阅读 PLC 系统使用手册，并根据控制任务要求，选择合适的 CPU 模块与控制电器，设计气动滑台 PLC 控制电路以及进行控制电路的连接工作	20				
气动回路的连接	能根据气动滑台运动控制要求，正确连接气动回路	10				
软件设计与调试	能根据气动滑台控制要求设计用户程序，对用户程序进行编辑、仿真调试，最后对气动滑台进行联机调试，并能解决调试过程中的实际问题	50				
文档撰写	能根据任务要求撰写硬件选型报告，包括摘要、报告正文，图表等符合规范性要求	10				
职业素养	符合 7S（整理、整顿、清扫、清洁、素养、安全、节约）管理要求，树立认真、仔细、高效的工作态度以及为国家为人民多做贡献的价值观	10				

2.3.6　拓展提高——带计数功能的气动滑台 PLC 控制

在实际生产线上，气动滑台往往需要工作几个循环周期后自动停止，间隔一段时间后再由下级储料系统触发再次起动工作。例如，系统起动后气动滑台运行 5 个周期后停止，下游系统生产一段时间，由于原料消耗，存放容器底部检测料位的开关发出信号，再次触发气动滑台开始工作。读者根据带计数的气动滑台的这些控制要求，自行设计 PLC 的控制电路、设计与编写用户程序，并完成用户程序的仿真调试与联机调试工作。

复习思考题 2

1. 什么是气动技术？气动技术有哪些优点？

2. 气动系统主要由哪些元素组成？

3. 简述电磁阀的作用以及二位三通电磁阀的工作原理。

4. 在气缸 PLC 控制电路中，PLC 电源及输出继电器回路与交流 220V 输入电源的相线和中性线应如何连接？

5. 如何设置安装了编程软件的 PC 和 PLC 之间通过以太网通信的 IP 地址？

6. 什么是机械手？机械手有什么特点？机械手有什么用途？

7. 简述跳转（JMP）指令的功能及使用方法。

8. 简述 STOP 指令和 WDR 指令的功能及应用场合。

9. 什么情况下程序中采用双线圈输出可以被正确执行，什么情况下不可以采用双线圈输出指令？

10. 简述带参数子程序指令的使用方法。

11. 日常生活中，磁性开关有哪些应用场合？

12. 如果在气动滑台程序中要增加点动功能，该如何编写程序？

项目 3
变频器与 PLC 控制系统设计

变频器（Variable Frequency Drive，VFD）是应用变频技术与微电子技术，通过改变电动机工作电源频率方式来控制交流电动机的电力控制设备。变频器主要用于交流电动机（异步电动机或同步电动机）转速的调节，是公认的交流电动机最理想、最有前途的调速方案之一，除了具有卓越的调速性能之外，变频器还有明显的节能作用，是企业技术改造和产品更新换代的理想调速装置。自 20 世纪 80 年代被引进中国以来，变频器作为节能应用与速度工艺控制中越来越重要的自动化设备，得到了快速发展和广泛的应用。在电力、纺织与化纤、建材、石油、化工、冶金、市政、造纸、食品饮料、烟草等行业以及公用工程（中心空调、供水、水处理、电梯等）中，变频器都在发挥着重要作用。

触摸屏是为工业恶劣环境应用设计的一种人机界面，也是目前 PLC 控制系统的主流人机界面。通过触摸屏、变频器、PLC 组成控制系统的设计与调试，熟悉触摸屏的使用，了解变频器的基本结构和工作原理，掌握变频器各参数的意义、操作面板的基本操作和外部端子的接线，能运用 PLC、变频器、触摸屏、特殊功能模块、通信模块等现代控制器件来解决工程实践问题。

▶任务 3.1　PLC 控制系统人机界面设计

3.1.1　任务目标

1）能根据任务要求选择合适的触摸屏。
2）能用组态软件设计触摸屏的操作显示画面。
3）能用触摸屏的控制面板设置触摸屏的参数。
4）能开展 PLC 与触摸屏的通信工作。

3.1.2　任务描述

触摸屏全称叫作触摸式图形显示终端，是一种人机交互装置，故又称人机界面。随着使用计算机、手机作为信息来源与日俱增，触摸屏以其易于使用、坚固耐用、反应速度快、节省空间等优点，应用范围已变得越来越广泛，从工业用途的工厂设备的控制/操作系统、公共信息查询的电子查询设施、商业用途的提款机，到消费性电子产业的移动电话、个人数字助理（PDA）、数码相机等都可看到触控屏幕的身影。

学生要完成 PLC 控制系统人机界面设计，必须熟悉人机界面的工作原理；掌握触摸屏和个人计算机、PLC 的连接方法；应用 S7-200 SMART PLC、触摸屏、组态软件完成 PLC 控制系统人机界面设计，以及相应的应用程序设计和联机调试工作。在综合分析 PLC 控制系统人机界面设计任务要求的基础上，还应考虑触摸屏和组态软件的使用方法，提出设计方案，上报技术主管部门领导审核与批准后实施。

要完成 PLC 控制系统人机界面的设计，一般要经历前期准备、编辑操作显示画面、画面文件调试与保存、画面文件下载和编写操作说明书 5 个阶段。在前期准备阶段，要明确监控任务要求，选择适合的 HMI 产品。在编辑操作显示画面阶段，在 PC 上用组态软件编辑画面"工程文件"。在调试保存阶段，先调试好画面"工程文件"并保存在 PC 硬盘上。在画面文件下载阶段，用 PC 连接 HMI 硬件，将画面"工程文件"下载到 HMI 中。在编写操作说明书阶段，将 HMI 和工业控制器（如 PLC、仪表等）相连，进行人机交互的调试工作，全部调试正常后，编写操作使用说明书。

3.1.3 任务准备——HMI 画面组态设计方法

1. 人机界面

人机交互（Human Computer Interaction，HCI）是指人与机器之间使用某种对话语言，以一定的交互方式，为完成确定任务的信息交换过程。人机交互所用的设备就是人机交互界面，用户通过人机交互界面（简称人机界面）与机器交流，并进行操作。人机界面（Human Machine Interaction，HMI）是操作人员与控制系统之间进行对话和相互作用的专用设备。

人机界面可以用字符、图形和动画动态地显示现场数据和状态，操作人员可以通过人机界面来监控现场的被控对象和修改工艺参数。同时，人机界面还有报警、用户管理、数据记录、显示趋势图、配方管理、显示和打印报表、通信等功能。此外，人机界面是按工业现场环境应用来设计的，正面防护等级为 IP65、背面防护等级为 IP20，坚固耐用，其稳定性和可靠性与 PLC 相当，因而成为 PLC 的最佳搭档。

2. 触摸屏

触摸屏（Touch Screen）是一种可接收触点等输入信号的感应式 LCD（液晶显示器）/OLED（有机发光显示器）显示装置。开发人员可以在触摸屏的屏幕上生成满足用户要求的触摸式按键和显示画面。当操作人员触碰触摸屏上的图形按钮时，屏幕上的触觉反馈系统根据预先编程的程序驱动各种连接装置，并由 LCD/OLED 屏显示画面制造出生动的影音效果。触摸屏使用直观方便，易于操作，画面上的指示灯和按钮可以取代相应的硬件元件，减少了 PLC 需要的 I/O 点数，降低了系统成本，提高了设备的性能和附加价值，而成为目前 PLC 控制系统中最简单、方便、自然的一种人机交互方式。

3. 触摸屏的工作原理

触摸屏是在显示器屏幕上加了一层具有检测功能的透明薄膜，操作人员只要用手指或其他物体触摸安装在显示器前端的触摸屏上的图符或文字时，所触摸位置的坐标被触摸屏控制器检测，并通过串行通信接口（RS-232、RS-422、RS-485 或 USB）或以太网接口送到 PLC、计算机的 CPU，从而得到输入信息。

触摸屏一般通过串行接口或以太网接口与 PC、PLC 以及其他外部设备连接通信、传输数据信息，由专用软件完成画面制作和传输，实现其作为图形操作和显示终端的功能。在 PLC 控制系统中，触摸屏常作为 PLC 输入和输出设备，用于显示现场设备中位变量的状态和存储器中数字变量的值，用监控画面上的按钮向 PLC 发出各种命令，以及修改 PLC 存储器中的参数。

使用触摸屏实现对 PLC 控制对象的操作和显示功能，必须经历 3 个阶段。首先需要用计算机上运行的组态软件对触摸屏组态，生成满足用户要求的画面，实现触摸屏的各种功能。其次需要对生成的画面和组态信息的项目文件进行编译，编译成功后需要将可执行文件下载到触摸屏的存储器中。最后将触摸屏和 PLC 连接后对通信参数进行简单的组态，就可以实现触摸屏和 PLC 的通信。将画面上的图形对象与 PLC 的存储器地址联系起来，就可以实现控制系统运行时 PLC 与触摸屏之间的自动数据交换。

4. Smart 700 IE V3 触摸屏

只要触摸屏组态软件的"通讯"→"连接"→"通讯驱动程序"菜单中包含 S7-200 Smart 项目，触摸屏就可以和 S7-200 Smart 配合使用，如国产的威纶通、昆仑通态触摸屏。S7-200 Smart 支持西门子 SMART LINE 系列触摸屏，经济性好，功能完善，可以与多种类型 PLC 进行通信，在自动化控制系统中有着广泛的应用，为用户提供了人机交互友好的操作方法。西门子 SMART LINE 系列触摸屏目前有 SMART 700 IE V3（7in⊖屏）和 SMART 1000 IE V3（10.2in 屏）两种类型。

（1）西门子 SMART LINE 系列触摸屏的特点

1）宽屏 7in、10.2in 两种尺寸，竖向安装外形尺寸分别为 209mm × 45mm × 155mm 和 276mm × 45mm × 218mm。

2）高分辨率分别为 800 × 480（7in），1024 × 600（10.2in），64K 色真彩色显示，LED 背光。

3）集成以太网接口，可与 PC、S7-200 和 S7-200 SMART 系列 PLC 进行通信。

4）集成串口（RS-422/485 自适应切换），可连接 S7-200 和 S7-200 SMART 系列 PLC 等。

5）支持免维护电容系统实现的 RTC（实时时钟）。

6）集成 USB 2.0 host 接口，可连接鼠标、键盘、Hub 以及 USB 存储器。

7）支持数据和报警记录归档功能。

8）具有强大的配方管理，趋势显示，报警功能。

9）数据存储器容量为 128MB，程序存储器容量为 256MB，电源电压为 DC 24V（最大消耗电流为 0.37A）。

10）使用 WinCC flexible SMART V3 组态软件，简单直观，功能强大。

（2）SMART 700 IE V3 触摸屏的外形结构

SMART 700 IE V3 触摸屏竖向安装时的底部投影、正面投影、左侧投影的视图如图 3-1 所示。其中，①为 DC 24V 电源连接端子，②为 RS-422/485 端口，③为 USB 端口，④为以太网端口，⑤为安装夹凹槽，⑥为显示屏/触摸屏，⑦为安装密封垫。以太网端口可通过触摸屏控制面板或者 WinCC flexible SMART 软件进行组态。RS-422/485 端口通过 WinCC flexible SMART 软件进行组态。

（3）SMART 700 IE V3 触摸屏的电源与接地连接

使用横截面积最大为 1.5mm²

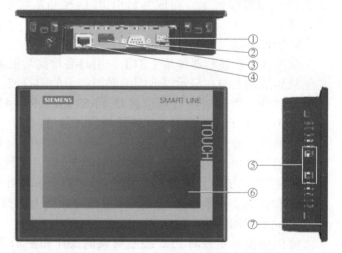

图 3-1　SMART 700 IE V3 触摸屏的投影视图

⊖　1in=25.4mm。

的电源电缆，将两条电源电缆的末端剥去 6mm 长的外皮，将电缆套管套在裸露的电缆末端，使用压线钳将线端套管安装在电缆末端，将这两根电源电缆的一端插入电源连接器中，并使用一字螺钉旋具将其固定，然后将电源端子连接到 HMI 设备。在关闭 DC 24V 电源的情况下，将两根电源电缆的另一端插入到 DC 24V 电源端子中，应确保极性（L+、M）连接正确，并使用螺钉旋具将其固定在电源端子上。

使用横截面积为 4mm^2 的等电位联结导线将 HMI 设备的功能接地端和机柜等电位联结导轨相连。将以太网和串行电缆的两端剥皮后的屏蔽层连接到等电位联结导轨上。使用横截面积最小为 16mm^2 的导线实现了两个机柜之间等电位联结导轨的互连，使用铜或镀锌钢材质的等电位联结导线将机柜等电位联结导轨和接地电极之间保持大面积接触，并防止被腐蚀。

（4）SMART 700 IE V3 触摸屏和 PC、PLC 的连接

SMART 700 IE V3 触摸屏和 PC、PLC 的连接如图 3-2 所示。触摸屏的以太网接口和安装组态软件的 PC 连接后，在组态软件中编辑操作画面文件，编译生成可执行文件，使用仿真器启动运行系统，将可执行文件传送到触摸屏的内存中。已经装载了操作画面文件的触摸屏，通过以太网接口或者串行口和 S7-200 SMART PLC 连接后，就可以对 PLC 发送指令、实时监视 PLC 的控制对象以及管理。触摸屏的串行口还支持三菱、欧姆龙、施耐德等公司的 PLC。

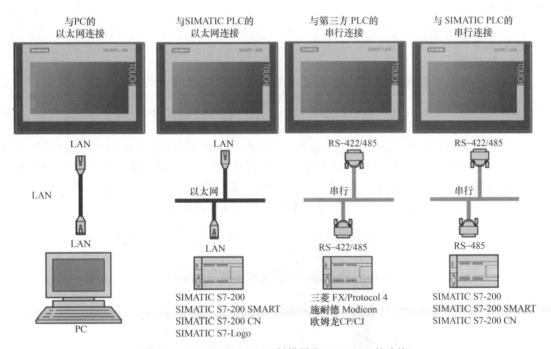

图 3-2 SMART 700 IE V3 触摸屏和 PC、PLC 的连接

5. 使用触摸屏的组态软件

SMART 70 IE V3 采用西门子 WinCC flexible SMART V3 进行组态编程。WinCC flexible SMART V3 是一款可以支持用户使用 Windows 7 操作系统（32 位和 64 位）的触摸屏组态软件，升级版本 WinCC flexible SMART V3 SP2 在兼容原有功能的基础上，支持 Windows 10 操作系统（64 位）。只要运行 WinCC_flexible_SMART_V3.exe，按提示操作就能完成软件安装。如果安装 WinCC flexible SMART V3 时弹出"安装新程序之前，

请重新启动 Windows." 提示，需要删除注册表值。具体操作：单击计算机左下角"开始"按钮，运行"regedit"，在注册表内"HKEY_LOCAL_MACHINE\System\Current Control Set\Control\Session Manager\"中删除注册表值"Pending File Rename Operations"，不需要重新启动，就可以继续安装了。

　　使用触摸屏的组态软件可以在触摸屏上设计出所需要的画面。画面的生成是可视化的，不需要用户编程，用户可以自由地组合文字、按钮、图形、数字等来处理或监控管理以及应对随时可能变化的信息，具有美观、直观、方便等优点，操作人员很容易掌握。其主要作用如下：

　　1）通过组态画面实时监视生产过程的各种状态。

　　2）通过组态画面中各种触摸键控制生产过程的启动、停止、运行等。

　　3）通过组态画面设置系统所需参数。

　　4）可以连接打印机设备输出系统运行报表等。

　　5）用触摸屏上的元件代替硬件按钮和指示灯等外部设备，还可以减少 PLC 所需要的 I/O 点数，降低生产成本。

　　需要注意的是，组态画面上的按钮用于为 PLC 提供起动和停止电动机等设备的输入信号，但这些信号只能通过 PLC 的辅助继电器来传递，不能送给 PLC 的输入继电器，因为 PLC 的输入继电器的状态唯一取决于外部输入电路的通断状态，不能用触摸屏上的按钮来改变。

3.1.4　任务实施

1. 生成项目

　　触摸屏的触控画面是通过项目来管理的。在编辑触摸屏上的画面之前，要创建一个新的项目。双击桌面上的组态软件图标，打开 WinCC flexible SMART V3 软件，单击屏幕中间的选项"创建一个空项目"。在弹出的"设备类型"对话框中，双击选中"7""和"SMART 700 IE V3"，再单击"确定"按钮，创建一个名为"项目 .hmismart"的文件。选择"项目"→"另存为"菜单命令，在弹出的"另存为"对话框中键入项目名称"电动机起停项目"，再单击"保存"按钮，将生成的项目文件保存在指定的目录下，同时在屏幕中间区域显示"画面_1"的工作区，如图 3-3 所示。

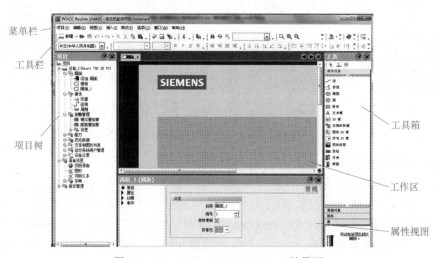

图 3-3　WinCC flexible SMART V3 的界面

2. 熟悉 WinCC flexible SMART V3 软件操作界面

在图 3-3 中，在项目文件名下方的一行为菜单栏，由项目（P）、编辑（E）、视图（V）、插入（I）、格式（F）、选项（O）、窗口（W）和帮助（H）等菜单栏组成，它包括了所有用于操作 WinCC flexible SMART 的命令。在菜单栏下方的一行为工具栏，由添加新对象、新建项目或对象、打开已有项目、保存当前项目、撤销、重做、删除、剪切、复制、粘贴、生成、启动运行、仿真、选择传输设置、查找、替换、放大、缩小、选择背景色、显示帮助目录、启动编程软件等图标按钮组成，可以隐藏或显示指定的工具栏。左边栏是项目视图，由设备 _1（触摸屏型号）、语言设置、版本管理等组成，它包括了项目的所有组件和编辑器，可用于打开这些组件和编辑器。正中间有点阵显示的区域为工作区，用户可在工作区中组态画面。右边栏是工具箱，由线、折线、椭圆、圆、矩形、文本域、IO 域、日期时间域、图形 IO 域、符号 IO 域、图形视图、按钮、开关、棒图等简单对象和增强对象组成，用户可以选择添加到画面中。文本域是用于显示文本的，可用颜色填充指定文本的封闭对象。IO 域用于键盘输入数字或字母，或者输出变量的数值，或者用它修改变量值并且显示出来。图形 IO 域用于输出与状态相关的图像，如开闭的阀门图像等。符号 IO 域用于输出列表条目，或者组合输入和输出文本条目。在工作区的下方是属性视图，可以对所选对象或画面的属性进行编辑。

3. 组态变量

触摸屏的变量分为外部变量和内部变量。外部变量是 PLC 存储单元的映像，其值随着 PLC 程序的执行而改变。触摸屏通过读写外部变量和 PLC 建立通信联系。内部变量与 PLC 没有联系，只在触摸屏内存中使用，用变量名称来区分，没有地址。触摸屏要使用的内部变量和外部变量，事先必须创建好。

（1）创建外部变量

如果在 WinCC flexible SMART 中创建一个外部变量，必须为其指定与 PLC 程序中相同的地址。这样，触摸屏和 PLC 才可以访问同一存储单元。选择"视图"→"项目"→"通讯"→"变量"菜单命令，打开变量编辑器，单击变量表的第一行，自动生成一个新变量（默认名称为变量 _1）。双击"名称"栏就可以编辑变量名，输入变量名"起动按钮"，单击"连接"栏右侧的▼键，在出现的"连接"编辑器，单击"新建"对话框，自动生成默认的名称为"连接 _1"，单击"数据类型"栏右侧的▼键，选择数据类型"Bool"，单击"地址"栏右侧的▼键，选择地址"M0.0"。如果想要更改采集周期，可选择另一个采集周期。同理，创建停止按钮、电动机状态、T37 当前值、T37 预设值 4 个外部变量，如图 3-4 所示。

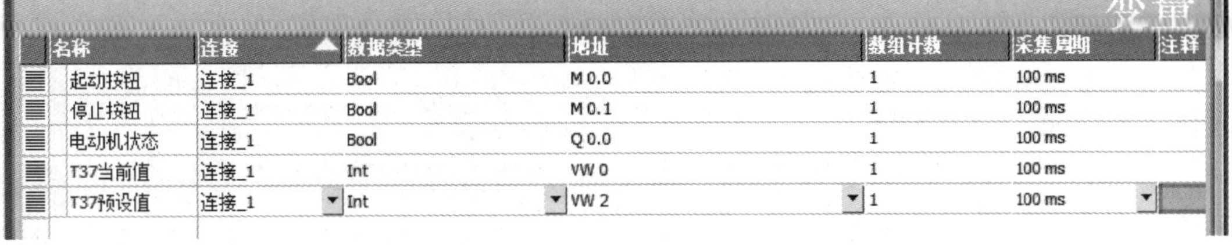

名称	连接	数据类型	地址	数组计数	采集周期	注释
起动按钮	连接_1	Bool	M 0.0	1	100 ms	
停止按钮	连接_1	Bool	M 0.1	1	100 ms	
电动机状态	连接_1	Bool	Q 0.0	1	100 ms	
T37当前值	连接_1	Int	VW 0	1	100 ms	
T37预设值	连接_1	Int	VW 2	1	100 ms	

图 3-4　变量编辑器

需要说明的是，自动生成的默认连接名称"连接 _1"，默认的通信驱动程序是与 SIMATIC S7-200 PLC 连接的。如果连接的是 S7-200 SMART PLC，则需选择"视图"→"项目"→"通讯"→"连接"菜单命令，打开连接编辑器，单击"通讯驱动程序"栏右侧的▼键，在弹出的表格中选择"SIMATIC S7 200 Smart"，就能建立与S7-200 SMART PLC 的通信。

（2）创建内部变量

先打开变量编辑器，在编辑器空白行上单击鼠标右键，在弹出的快捷菜单中选择"添加变量"，在"名称"栏中输入一个明确的变量名称，在"连接"栏中选择"内部变量"，在"数据类型"栏中选择所需的数据类型。

4. 组态指示灯

指示灯用来显示 BOOL 变量的状态。在 PLC 控制系统中，通常用指示灯来显示"电动机"的工作状态。选择"视图"→"工具"菜单命令，打开右边工具箱中的"简单对象"，单击选中其中的"圆"，按住鼠标左键并移动鼠标，将它拖拽到工作区画面上希望放置的位置，松开左键。选择画面_1（圆）下面的"属性"→"外观"视图，将其边框颜色设置为黑色，将边框宽度设置为 6 个像素点，将填充颜色设置为深绿色，将样式设置为实心的，如图 3-5 所示。

通过画面_1（圆）下面的"动画"视图，使指示灯在位变量"电动机状态"的值为 0 和 1 时的背景色分别为深绿色和大红色。双击工作区所画的"圆"，单击画面_1（圆）下面的"动画"视图，在"启用"左侧的单选框打"√"，在变量对话框中选择"电动机状态"，将变量类型设置为"位"，根据变量值为 0 和 1 时，设置前景色（深绿色和大红色）和背景色（黑色），如图 3-6 所示。

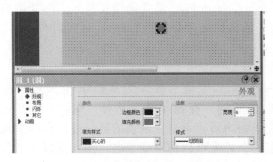

图 3-5　组态指示灯的外观设置

图 3-6　组态指示灯的动画设置

5. 组态文本域

文本域是用来显示文本信息的。选择"视图"→"工具"菜单命令，打开右边工具箱中的"简单对象"，单击选中其中的"文本域"，按住鼠标左键并移动鼠标，将它拖拽到工作区画面上希望放置的位置，松开左键。默认的文本为"Text"，单击工作区"Text"文本并选中"常规"类别，在右边窗口的文本框中键入"电动机状态"。单击"文本域_1"→"属性"→"外观"，在"填充"域可以修改文本颜色、背景色和填充样式。可以在"边框"域的"样式"选择框，选择"无"（没有边框）或"实心的"（有边框），有边框时还可以设置以像素点为单位的宽度和颜色，用复选框设置是否有三维效果，如图 3-7 所示。

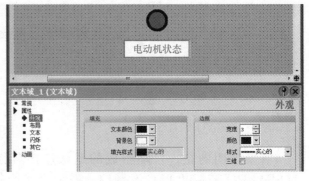

图 3-7　组态文本域的外观设置

单击"文本域_1"→"属性"→"布局"，选中右边窗口中的"自动调整大小"复选框，可以设置文本的位置和边距数值，如图 3-8 所示。单击"文本域_1"→"属性"→"文本"，可以设置文本的字体、大小和对齐方式。

图 3-8　组态文本域的布局设置

6. 组态按钮

画面上的按钮与接在 PLC 输入端的物理按钮的功能相同，用来将操作命令发给 PLC，通过 PLC 的用户程序来控制生产过程。选择"视图"→"工具"菜单命令，打开右边工具箱中的"简单对象"，单击选中其中的"按钮"，按住鼠标左键并移动鼠标，将它拖拽到工作区画面上希望放置的位置，松开左键。单击放置的按钮，选中"按钮_1"→"常规"类别，在"按钮模式"域选择"文本"，在右边"文本"对话框中选择"文本"，在'OFF'状态文本对话框中将 Text 修改为"起动"，不可选'ON'状态文本复选框（表示按钮按下和释放时显示相同文本）。如果选中'ON'状态文本右边的复选框，可以在右边的文本框中输入按钮按下时显示的文本，如图 3-9 所示。

图 3-9　组态按钮的常规设置

选中"按钮_1"→"属性"→"外观"子类别，在"填充和焦点"域修改前景色和背景色，在"边框"复选框中设置是否有三维效果。选中"按钮_1"→"属性"→"文本"子类别，在"样式"域修改字体和大小，在"对齐"域设置水平和垂直对齐方式。

选中"按钮_1"→"事件"→"按下"子类别，单击右边窗口最上面一行右侧的▼按钮，再单击出现的系统函数列表的"编辑位"文件夹中的函数"SetBit"（置位）。单击表中第 2 行右侧隐藏的▼按钮，打开出现的对话框中的变量表，选择其中的变量"起动按钮"（M0.0）。在触摸屏运行后按下该按钮，将变量"起动按钮"置位为 ON。

选中"按钮_1"→"事件"→"释放"子类别，单击右边窗口最上面一行右侧的▼按钮，再单击出现的系统函数列表的"编辑位"文件夹中的函数"ResetBit"（复位）。单击表中第 2 行右侧隐藏的▼按钮，打开出现的对话框中的变量表，选择其中的变量"起动按钮"（M0.0）。在触摸屏运行后释放该按钮，将变量"起动按钮"复位为 OFF。

单击画面上组态好的起动按钮，先执行"编辑"菜单中的"复制"和"粘贴"命令，生成一个相同的按钮。用鼠标调节它在画面上的位置，选中"常规"类别，将按钮上的文本修改为"停止"。选中"属性"→"外观"子类别，在"填充和焦点"域修改前景色和背景色，在"边框"复选框中设置是否有三维效果。打开"事件"类别，在按下和释放该按钮时分别将变量"停止按钮"（M0.1）置位和复位，如图 3-10 所示。

7. 组态 IO 域

IO 域有 3 种模式：

1）输出域：用于显示变量的数值。

2）输入域：用于操作人员键入数字或字母，并将它们保存到指定的 PLC 的变量中。

3）输入 / 输出域：同时具有输入域和输出域的功能，用来修改和显示修改后 PLC 变量的数值。

将工具箱中的"IO 域"拖放到画面中，生成 IO 域。选中生成的 IO 域，选中"IO 域_1"→"常规"类别，在"类型"域中选择"输出"模式，过程变量选择"T37 当前值"，格式类型选择"十进制"，格式样式选择"99999"。IO 域的"外观""布局""文本"子类别的设置方法与文本域的基本相同。

图 3-10 组态按钮按下时的函数

选中画面上生成的 IO 域，执行复制和粘贴操作。放置好新生成的 IO 域后选中它，选中"常规"类别，在"类型"域中选择"输入/输出"模式，在过程变量中选择"T37 预设值"，格式类型选择"十进制"，格式样式选择"99999"，"外观"的边框样式选择"实心的"（有边框），其余参数不变。同时，在 IO 域的左方，加上相应文本域，如图 3-11 所示。

8. 用控制面板设置触摸屏的参数

（1）启动触摸屏

接通电源后，Smart 700 IE V3 的屏幕点亮，几秒后显示进度条，启动后出现装载程序（Loader）对话框（见图 3-12a）。"Transfer"（传输）按钮用于将触摸屏切换到传输模式。

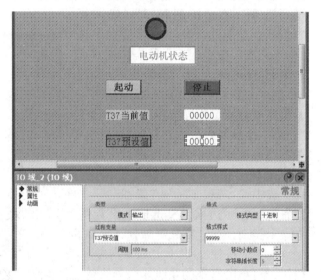

图 3-11 组态 IO 域的常规设置

"Start"（启动）按钮用于打开保存在触摸屏中的项目，显示初始画面。如果触摸屏已经装载了项目，出现"Loader"对话框后经过设置的延时时间，将会自动打开项目。"Control Panel"按钮用于打开控制面板（见图 3-12b），可以对触摸屏设置各种参数。

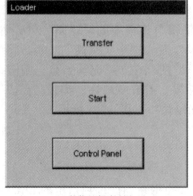

a）装载程序对话框

b）控制面板

图 3-12 触摸屏的启动和控制面板

（2）设置以太网端口的通信参数

触摸屏首次和 PC 或 PLC 通信时，必须设置以太网端口的通信参数。进入触摸屏的控制面板后，按下"Ethernet"图标，打开"Ethernet Settings"（以太网设置）对话框。如果选择"Obtain an IP address via DHCP"，则通过"DHCP"自动分配 IP 地址。此处选择"Specify an IP address"，分配用户特定的 IP 地址。将触摸屏 IP 地址与计算机本地地址设置在同一网段，例如作为下载使用的计算机 IP 地址为 192.168.2.12 网段，则可将触摸屏的地址设置为 192.168.2.5。用屏幕键盘在"IP address""Subnet Mask"文本框中输入有效数值，在"Def. Gateway"文本框中同样输入有效值（如 192.168.1.0）。如果没有使用网关，则不用输入"Def. Gateway"文本框内容（默认 4 个"0"）。触摸屏以太网设置对话框如图 3-13 所示。

单击以太网设置对话框上的"Mode"标签，切换至"Mode"选项卡。在"Speed"文本框中输入以太网传输速率（10 Mbit/s 或 100 Mbit/s）。在"Communication Link"部分选择"Half Duplex"或"Full Duplex"。选中复选框"Auto Negotiation"条目（复选框中出现"×"），将自动检测和设置以太网的连接模式和传输速率。单击以太网设置对话框上的"Device"标签，切换至"Device"选项卡。在"Device name"字段中，输入 HMI 设备的网络名称。该名称必须符合：可以包含字符"a"～"z"，数字"0"～"9"，特殊字符"–"和"."。输入完成后单击对话框右上角的"OK"按钮，关闭对话框并保存设置。

（3）启用传输通道

必须启用一个数据通道才能将项目传送到触摸屏。按下控制面板"Transfer"图标或者按下装载程序对话框中"Transfer"按钮，弹出图 3-14 所示的"Transfer Settings"（传输设置）对话框，勾选"Ethernet"（以太网）的"Enable Channel"（激活通道）复选框。如果勾选了"Remote Control"（远程控制）复选框，则自动传输被激活，下载时自动关闭正在运行的项目，从组态 PC 传送新的项目。新项目传送结束后会被自动启动。

如果按下"Advanced"按钮，则切换到以太网设置对话框。

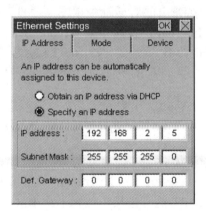

图 3-13　触摸屏以太网设置对话框

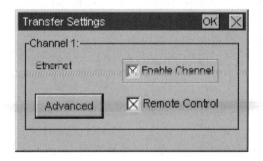

图 3-14　触摸屏传输设置对话框

完成项目传送后，可以取消勾选"Enable Channel"，来锁定所有数据通道来保护 HMI 设备，以免无意中覆盖项目数据及 HMI 设备映像。

（4）控制面板的其他功能

1）按下控制面板中的"Service & Commissioning"（服务与调试）图标，在打开的对话框中选中"Backup"（备份）选项卡，可以将设备数据保存到 USB 存储设备中。选中"Restore"（恢复）选项卡，可以加载保存在 USB 存储设备中的备份文件。

2）按下控制面板中的"OP"（显示设置）图标，可以更改显示方向（0°为横向，90°为纵向）、设置启动的延迟时间（0～60s）以及校准触摸屏。

3）按下控制面板中的"Screensaver"（屏保）图标，打开"Screensaver Settings"对话框，在"Wait time"中输入屏幕保护程序激活前的分钟数（5～360），输入"0"将禁用屏幕保护程序。

4）按下控制面板中的"Password"（密码）图标，可以设置保护密码。

5）按下控制面板中的"Sound Settings"（声音设置）图标，打开"Sound Settings"对话框，如果将"Sound"设置为"ON"（左边勾选），每次触摸触摸屏时均会收到声音反馈。

9. 触摸屏与 PLC 通信

（1）触摸屏的工作模式

触摸屏有离线、在线和传输 3 种工作模式。在"离线"工作模式，触摸屏和 PLC 之间不进行任何通信，尽管可以操作触摸屏，但是无法与 PLC 交换数据。在触摸屏装载程序中按下"Control Panel"按钮，进行有关参数的设置，自动处于"离线"模式。在"在线"工作模式，触摸屏和 PLC 通信。把项目下载到触摸屏内存中，再与 PLC 连接并设置好通信参数的条件下，接通电源启动触摸屏，在装载程序中按下"Start"按钮，显示初始画面，自动处于"在线"模式。在"传输"工作模式，可以将项目从组态 PC 传送至 HMI 设备、备份和恢复 HMI 设备数据或更新固件。在触摸屏装载程序中按下"Transfer"按钮，手动启动"传输"模式。或者在 WinCC flexible SMART 中启动传送，组态 PC 会检查与 HMI 设备的连接，连接正常项目会被传送到 HMI 设备。如果连接不可用或被中断，组态 PC 上会显示错误消息。

（2）设置组态 PC 的 IP 地址

把 PC 上编辑好的项目文件通过以太网下载到触摸屏中，必须设置组态 PC 的 IP 地址。如果是 Windows 7 操作系统，单击"开始"→"控制面板"→"网络和 Internet"→"网络和共享中心"→"本地连接"，在弹出的对话框中单击"属性"按钮，在弹出的"本地连接属性"对话框中双击打开"Internet 协议版本 4（TCP/IPv4）"对话框。用单选框选中"使用下面的 IP 地址"，输入 PC 的 IP 地址为 192.168.2.12，子网掩码为 255.255.255.0，一般不用设置网关的 IP 地址。注意，PC 的 IP 地址和触摸屏的 IP 地址必须设置在同一网段中。

（3）设置 WinCC flexible SMART 与触摸屏的通信参数

用 WinCC flexible SMART 打开例程"电动机起停项目"，单击工具栏"传输"图标

，打开"选择设备进行传送"对话框，设置通信模式为"以太网"，设置"计算机名或 IP 地址"（此处为 SMART 700 IE V3 的 IP 地址）为 192.168.2.5。该 IP 地址应和控制面板的以太网设置 IP 地址以及 WinCC flexible SMART 的"连接"编辑器中 HMI 设备的 IP 地址相同。

（4）将项目文件下载到触摸屏

用以太网电缆连接 PC 和触摸屏的以太网端口，也可以通过交换机连接。单击"选择设备进行传送"对话框中的"传送"按钮，首先自动编译项目，如果没有编译错误和通信错误，该项目将被传送到触摸屏。如果勾选了图 3-14 中"Enable Channel"及"Remote Control"选项，Smart 700 IE V3 正在运行时，将会自动切换到传输模式，出现"Transfer"对话框，显示下载的进度。下载成功后，Smart 700 IE V3 自动返回运行状态，显示下载

项目的初始画面。

（5）编辑用户程序并下载到 PLC

根据触摸屏控制电动机的起动与停止的要求以及用定时器 T37 来设定电动机的运行时间，设计的梯形图程序如图 3-15 所示。

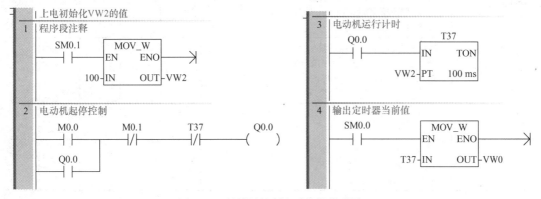

图 3-15　触摸屏控制电动机的梯形图

双击 STEP 7–Micro/WIN SMART 编程软件图标，启动该编程软件。选择"保存"→"另存为"命令，在弹出对话框中的"文件名"栏对该文件进行命名，在此命名为"触摸屏控制电动机起停"，然后单击"保存"按钮即可。双击"项目树"的"系统块"，打开"系统块"对话框，在以太网端口的下方，勾选"IP 地址数据固定为下面的值，不能通过其他方式更改"，将 PLC 的 IP 地址设为 192.168.2.1，子网掩码为 255.255.255.0，该 IP 地址应和 WinCC flexible SMART 的"连接"编辑器中 PLC 设备的 IP 地址相同。用以太网将编辑好的"触摸屏控制电动机起停"程序和系统块下载到 S7–200 SMART。

（6）触摸屏与 PLC 通信实验

用以太网电缆直接连接或通过交换机连接 S7–200 SMART PLC 和 Smart 700 IE V3 的以太网端口，依次接通它们的电源，令 PLC 工作在 RUN 模式。触摸屏显示初始画面（见图 3-16），可以看出 PLC 处于停机状态，T37 当前值为 0，T37 预设值为 100。按下"起动"按钮，电动机运行（指示灯变为红色，T37 的当前值从 0 开始增大，在达到预设值 100 时复位为 0，电动机停机。在电动机运行期间按下"停止"按钮，电动机立刻停机。单击画面上"T37 预设值"右侧的输入/输出域，可以用弹出的小键盘键入新的预设值，单击"确认"按钮后传输给 PLC 保存在 T37 预设值的 VW2 中。可以重新操作"起动"按钮，观察电动机的运行时间变化情况。

图 3-16　控制电动机运行的画面

3.1.5　任务评价

在完成 PLC 控制系统人机界面设计任务后，对学生的评价主要从主动学习、高效工作、认真实践的态度，团队协作、互帮互学的作风，触摸屏与 PC 及 PLC 的连接、触摸屏画面设计、以太网通信参数设置、以太网通信调试及过程中遇到问题的解决能力，以及树立为国家为人民多做贡献的价值观等方面进行，并采用学生自评、小组互评、教师评价来综合评定每一位学生的学习成绩，评定指标详见表 3-1。

表 3-1　PLC 控制系统人机界面设计任务评价表

评价指标	评价要素	分值	学生自评（10%）	小组互评（20%）	教师评价（70%）	得分
硬件电路设计与连接	能阅读触摸屏使用手册，并根据控制任务要求，选择适合控制系统使用的触摸屏，并能进行触摸屏与 PC 及 PLC 之间的连接	20				
软件设计与调试	能根据控制要求设计触摸屏上的触控画面以及 PLC 控制程序，对 PLC 控制程序进行编辑、仿真调试，最后对触摸屏与 PLC 进行联机调试，并能解决调试过程中的实际问题	60				
文档撰写	能根据任务要求撰写硬件选型报告，包括摘要、报告正文，图表等符合规范性要求	10				
职业素养	符合 7S（整理、整顿、清扫、清洁、素养、安全、节约）管理要求，树立认真、仔细、高效的工作态度以及为国家为人民多做贡献的价值观	10				

3.1.6　拓展提高——HMI 在烤箱上的应用画面设计

　　在烤箱的 PLC 控制系统中，HMI 用于操作和监视烤箱，如图 3-17 所示。使用按钮可以将操作模式设置为"自动"或"手动"。在"手动"模式下，"温度 +"和"温度 –"可用于更改烤箱温度。使用棒图对当前烤箱温度进行模拟显示。参考温度显示在 I/O 字段"设定温度"中，可以通过在 HMI 设备上的输入进行更改。在"实际温度"输出框中显示当前温度。可以使用箭头按钮按定义的顺序导航至上一个或下一个过程画面。按下显示为房子的按钮将显示主画面。请读者按此要求完成 PLC 控制烤箱系统的设计与调试工作。

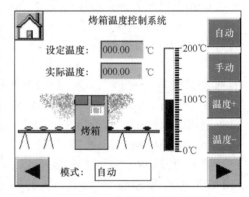

图 3-17　HMI 在烤箱应用中的画面

▶任务 3.2　变频器操作与 PLC 控制系统设计

3.2.1　任务目标

　　1）能根据任务要求选择合适的变频器。
　　2）能进行硬件接线与变频器参数设置。
　　3）能用变频器对电动机实现多段速度控制。
　　4）能用 USS（通用串行接口）协议通信及用 PLC 监控变频器的工作。

3.2.2　任务描述

　　变频器又称变频驱动器，是应用变频驱动技术将工频（50Hz 或 60Hz）交流电源变换成各种频率和幅度的交流电压，来平滑控制交流电动机速度及转矩的设备。变频器的最大优点就是变频调速节能、可以软起动（或零速起动）、降低起动电流、提高工艺水平和产品质量等，在占交流电动机总容量 20%～30% 且采用变频调速后的节电率可达到 20%～60% 的风机、泵类负载上得到了广泛应用，这是因为风机、泵类负载的消耗功率与转速的 3 次方成正比，且它们的平均转速较低，同时变频器还在传送、卷绕、起重、挤压、机床等控制领域得到了广泛应用。

学生要完成变频器的操作与应用设计，必须熟悉变频器的工作原理；掌握变频器的外部电路连接方法；能操作变频器内置的基本操作面板，以及对变频器参数进行正确设置。在综合分析控制系统设计任务要求的基础上，还应考虑变频器所驱动的负载特性，决定采用什么功能的变频器来构成控制系统。所选用的变频器既要满足生产工艺要求，又要在技术经济指标上满足合理要求，确定最合适的控制方式，提出系统设计方案，上报技术主管部门领导审核与批准后实施。

要完成变频器 PLC 控制系统设计，一般要经历前期准备、PLC 与变频器之间的电缆连接、设置变频器参数、编制 PLC 控制程序、联机调试与编写操作说明书 5 个阶段。在前期准备阶段，要明确控制任务要求，选择适合的变频器产品。在 PLC 与变频器之间连接阶段，要明确连接信号及连接方式。在设置变频器参数阶段，要明确设置参数的含义及数值。在程序设计阶段，根据通信与控制要求设计与编辑 PLC 控制程序。在联机调试与编写操作说明书阶段，将 PLC 和变频器相连后进行联机调试，全部调试正常后，编写操作使用说明书。

3.2.3　任务准备——V20 变频器

1. 变频器的基本组成

根据变流环节不同，变频器有交 – 直 – 交变频器和交 – 交变频器两种形式。交 – 交变频器把频率固定的交流电直接转换成频率、电压均可控制的交流电；交 – 直 – 交变频器则将频率固定的交流电通过整流电路转换成直流电，然后再把直流电逆变成频率、电压均控制的交流电，其基本组成如图 3-18 所示。其中，整流电路将交流电变换成直流电，滤波电容对整流电路的输出进行平滑滤波，逆变电路将直流电逆变成交流电。主控电路主要对逆变电路进行开关控制以及向外部输出控制信号，控制电源向主控电路及外部提供直流电源，驱动电路用来放大逆变电路的控制信号，电压采样和电流采样电路负责电压、电流信号的采集工作，键盘与显示器用于输入指令以及显示变频器的参数。

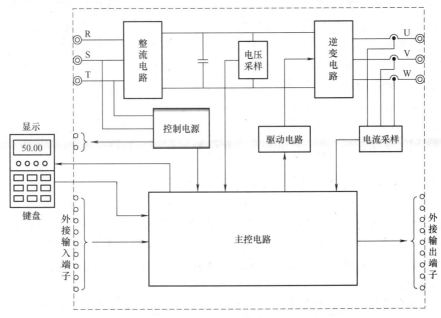

图 3-18　交 – 直 – 交变频器的基本组成

2. 变频器的调速原理

三相异步电动机的转速公式为

$$n=n_0（1-s）=60f（1-s）/p$$

式中，n 为电动机的转速（r/min）；n_0 为电动机的同步转速（定子旋转磁场的转速）（r/min）；p 为电动机极对数，2 极电动机 $p=1$，4 极电动机 $p=2$，6 极电动机 $p=3$，依此类推；f 为供电电源频率（Hz），在没有变频调速的情况下为 50Hz；s 为异步电动机的转差率，一般取 0.01～0.02。

由上述电动机的转速计算公式可知，三相异步电动机的调速可通过 3 个途径进行。

1）改变电动机定子绕组的极对数 p，以改变定子旋转磁场的同步转速 n_0，进而改变电动机的转速，这种调速方式称为变极调速，只适用于有若干个多速绕组结构的三相笼型异步电动机，电动机只有少数几种速度。

2）改变电动机转差率 s，进而改变电动机的转速，这种调速方式称为变转差率调速，只适用三相绕线转子异步电动机的调速。变转差率调速主要包括转子串电阻调速、串级调速和定子降压调速等，调速过程中转差功率以发热形式消耗在转子电阻中，效率较低，只适用于中小容量的绕线转子异步电动机。

3）改变电动机定子电压频率 f，以改变定子旋转磁场的同步转速 n_0，进而改变电动机的转速，具有调速范围宽、调速平滑性好、机械特性硬、效率高、改善起动性能等特点，尤其适用于三相笼型异步电动机的调速，但是控制系统较复杂，成本较高，一般需要专用的变频器。

3. 变频器的选用原则

变频器的正确选择对于控制系统的正常运行是非常关键的。选择变频器时要充分了解变频器所驱动的负载特性。人们在实践中常将生产机械分为 3 种类型：恒转矩负载、恒功率负载和风机、水泵负载。传送带、搅拌机、挤压机、吊机等都属于恒转矩负载，这类负载要求变频器低速时的转矩要足够大，并且要有足够的过载能力。机床主轴、轧机、造纸机、塑料薄膜生产线中的卷取机、开卷机等要求的转矩，大体与转速成反比，属于恒功率负载。负载的恒功率性质是在一定的速度范围内才成立的，当速度较低时就转变为恒转矩性质。风机、水泵、油泵等设备随叶轮的转动，空气或液体在一定的速度范围内所产生的阻力大致与转速的二次方成正比。随着转速的减小，转矩按转速的二次方减小。这种负载所需的功率与速度的 3 次方成正比，高速时所需功率随转速增长过快，所以通常不应使风机、水泵类负载超工频运行。当所需风量、流量减小时，利用变频器通过调速的方式来调节风量或流量，可以大幅度地节约电能（节电率可达 20%～60%）。

通用变频器的选择包括通用变频器的型式选择和容量选择两个方面：

1）按照生产机械的类型、调速范围、速度响应和控制精度、起动转矩等要求，来决定采用什么功能（型式）的通用变频器来构成控制系统。所选用的变频器功能特性既能保证可靠地实现生产工艺要求，又能获得相对较好的性价比。

2）根据电动机实际工作电流选择变频器容量，即变频器输出电流必须大于电动机实际工作电流。一般情况下，变频器驱动恒转矩负载电动机或者风机、泵类负载的电动机，以电动机额定电流为依据选择变频器。对于变频器要驱动经常短时间过载运行的电动机，要求变频器最大输出电流必须大于电动机的峰值电流，并且变频器输出电流曲线必须覆盖电动机电流曲线。

另外，为了确保通用变频器长期可靠运行，变频器地线的连接也是非常重要的。变频器与控制柜之间的接地线应连通，接地导线的横截面积应不小于 2.5mm²，长度控制在

20m 以内，接地必须牢固。保护接地（PE）线的接地电阻应在 10Ω 以下，PE 线可与外壳连接后接地。

4. 西门子 SINAMICS V20 变频器

西门子 SINAMICS V20 变频器是一款适合基本应用的单机变频器。该款变频器结构紧凑、坚固耐用、调试迅速、操作简便且经济实用。V20 共有 9 种规格可供选择，输出功率覆盖 0.12 ～ 30kW。其中，在单相 AC 220V 电源下工作的有 4 种规格：FSAA 的输出功率为 0.12kW、0.25kW、0.37kW；FSAB 的输出功率为 0.55kW、0.75kW；FSAC 的输出功率为 1.1kW、1.5kW；FSAD 的输出功率为 2.2kW、3.0kW。在三相 AC 380V 电源下工作的有 5 种规格：FSA 的输出功率为 0.37kW、0.55kW、0.75kW、1.1kW、1.5kW、2.2kW；FSB 的输出功率为 3.0kW、4.0kW；FSC 的输出功率为 5.5kW；FSD 的输出功率为 7.5kW、11kW、15kW；FSE 的输出功率为 22kW、30kW。通过 RS-485 接口，V20 可以使用 USS 协议与西门子 PLC 通信，还可以使用 Modbus RTU 协议与 HMI（例如 SMART 700 IE）通信。

5. V20 变频器硬件接线

在使用变频器之前，需要了解变频器的结构、安装及接线的基本知识，掌握变频器接线端子功能以及接线要求。V20 变频器的接线可以分为主电路接线与控制电路接线两部分。

（1）主电路接线图

V20 变频器主电路接线图如图 3-19 所示。对于三相 380V 电源的变频器，L1、L2、L3 分别与三相电源的 3 根相线相连；对于单相 220V 电源的变频器，L1 与输入电源的相（L）线相连，L2 与输入电源的中性（N）线相连，L3 悬空不连接。U、V、W 与三相电动机相连。PE 线与保护接地端相连。对于外形尺寸 FSAA 至 FSC 的变频器，DC+、DC- 与能耗制动模块（西门子配套选件）相连，能耗制动模块输出端与制动电阻（西门子配套选件）相连。对于外形尺寸 FSD、FSE 的变频器，带有内置的制动单元，直接将制动电阻连接到变频器的 R1、R2 端。

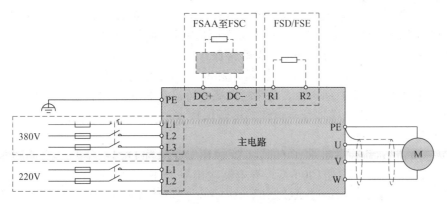

图 3-19　V20 变频器主电路接线图

能耗制动模块通常用于针对不同速度及连续方向变化需要动态电动机行为的应用，例如，传送带或起重机应用等。外接制动电阻可用于"抛弃"电动机产生的功率，这就极大地提高了制动及减速能力。能耗制动将电动机制动时产生的再生能量转换成热能。当达到控制旋钮所选择的占空比时，能耗制动激活。

（2）数字量输入端子

V20 变频器数字量输入端子有 DI1、DI2、DI3、DI4、DIC 共 5 个端子以及 24V、0V

两个数字量输入的内部直流电源端子。数字量输入信号有 PNP 型和 NPN 型之分（取决于选择的控制模式，若为 PNP 型，则输入高电平有效，电压范围为 DC 11～30V；若为 NPN 型，则输入低电平有效，电压范围为 DC 0～5V）。此外，有使用外部 DC 24V 电源还是使用内部 DC 24V 电源之分，共有 4 种不同的接线方式，如图 3-20 所示。

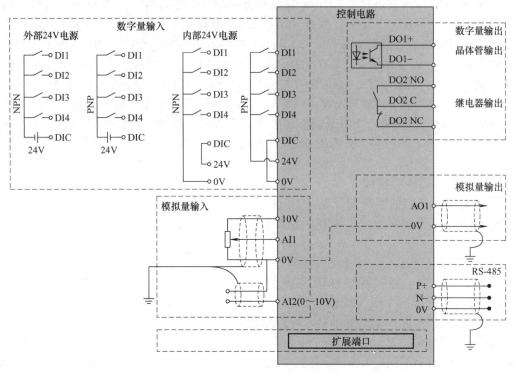

图 3-20　V20 变频器控制电路接线图

（3）模拟量输入端子

V20 变频器模拟量输入端子有 10V、AI1、0V、AI2 共 4 个端子，分别属于 AI1 和 AI2 两个模拟量输入通道。其中，10V 端子是以 0V 为参考的 10V 电压输出端（误差为 ±5%），最大输出电流为 11mA，有短路保护。AI1 为单端双极性输入端，可设置为 0～10V 电压输入、-10V～10V 电压输入和 0～20mA 电流输入 3 种输入模式。0V 端子为 0V 参考电压端。AI2 为单端单极性输入端，可设置为 0～10V 电压输入和 0～20mA 电流输入两种输入模式。模拟信号电缆的屏蔽层接大地。

（4）数字量输出端子

V20 变频器数字量输出端子有晶体管输出 DO1+ 和 DO1- 端子，端子间最大电压为 ±35V，最大负载电流为 100mA；继电器输出有 DO2 NO（常开）、DO2 C（公共）和 DO2 NC（常闭）端子，可以带 AC 250V、0.5A 阻性负载或者带 DC 30V、0.5A 阻性负载。

（5）模拟量输出端子

V20 变频器模拟量输出端子有 AO1 和 0V。AO1 为单端单极性输出端，输出范围为 0～20mA，可通过模拟量输出定标设置为 4～20mA 输出，可在 AO1 和 0V 两个接线端子之间连接 500Ω 精密电阻，将输出电流转换为 0～10V 电压。

（6）RS-485 接口

V20 变频器可通过 RS-485 接口的 USS 协议与 S7-200 SMART PLC 进行通信连接，V20 端子（P+、N-）与 CPU 集成的 RS-485（端口 0）的第 3 脚与第 8 脚相连，将双方的

0V 参考点互连，将 RS-485 电缆的屏蔽层接地，同时连接 120Ω 终端电阻以实现总线终止，如图 3-21 所示。

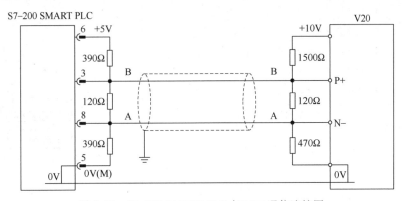

图 3-21 S7-200 SMART PLC 与 V20 通信连接图

（7）扩展端口

扩展端口用于将变频器连接至外接选件模块——BOP（Basic Operation Panel，基本操作面板）接口模块或参数下载器，从而实现如下功能。

1）通过外接 BOP 操作变频器。

2）变频器与标准 MMC（多媒体存储卡）/SD 卡之间的参数复制。

3）当主电源不可用时通过参数下载器给变频器上电。

6. V20 变频器的参数

V20 变频器的功能参数很多，可供用户根据实际情况选择设置与使用（详见 V20 操作手册）。在大多数情况下，只要采用出厂设定值的参数就可以实现单纯的可变速运行。但是，在有些情况下，某些参数和实际运行情况有很大关系，且有的参数还互相关联，如果个别参数设置不当，还会导致变频器不能正常工作，因此，必须根据实际负荷或运行规格等对相关参数进行正确设置。带有"r"前缀的参数号表示此参数为"只读"参数。带有"P"前缀的参数号表示此参数为"可写"参数。后缀 [index] 表示此参数带有下标（显示"inxxx"，xxx 为下标值），同时指示其可用的下标范围。后缀".0...15"表示此参数有多个位，每个位都可以单独求值或连接。

变频器的命令数据组（CDS）中集合了用于定义命令源和设定值源的参数，而传动数据组（DDS）中则包含用于电动机的开环 / 闭环控制的参数。通过参数 P0810 和 P0811 的设置可以切换选中的 CDS 组（CDS0、CDS1、CDS2 中选一），实现用不同的信号源操作变频器。通过参数 P0820 和 P0821 的设置可以切换选中的 DDS，以实现变频器不同配置（控制类型、电动机）的切换。每种数据组分别有 3 组独立的设置，通过具体参数的下标 [0]、[1]、[2] 可以实现第 1 组、第 2 组、第 3 组设置。

7. 连接宏与应用宏

由于 V20 的功能很强，可以采用多种控制方式，需要用参数设置接线端子的功能，有的端子可设置 20 多种功能。为了方便读者设置变频器的参数，在《SINAMICS V20 变频器操作说明》中，提供了 12 种连接宏和 5 种应用宏，供用户选择使用。所谓连接宏就是变频器的一种连接控制模式，它包括变频器的外部接线方法以及所有需要设置参数的默认值。连接宏的默认值为"Cn000"，即连接宏 0。标准接线下可以选择 12 种连接宏，见表 3-2。

表 3-2　V20 变频器的 12 种连接宏

连接宏	描述	显示示例
Cn000	出厂默认设置。不更改任何参数设置	
Cn001	基本操作面板（BOP）为唯一控制源	
Cn002	通过端子控制（PNP 电流流进 /NPN 电流流出）	
Cn003	固定转速	
Cn004	二进制模式下的固定转速	
Cn005	模拟量输入及固定频率	-Cn000
Cn006	外部按钮控制	Cn001
Cn007	外部按钮与模拟量设定值组合	负号表示此连接宏为当前选定的连接宏
Cn008	PID 控制与模拟量输入参考组合	
Cn009	PID 控制与固定值参考组合	
Cn010	USS 控制	
Cn011	Modbus RTU 控制	

　　当调试变频器时，连接宏设置为一次性设置。在更改上次的连接宏设置前，务必执行这两项操作：①对变频器进行工厂复位（P0010=30，P0970=1）；②重新进行快速调试操作并更改连接宏。如果不执行这两项操作，变频器可能会同时接收更改前后所选宏对应的参数设置，从而可能导致变频器非正常运行。需要注意的是，连接宏 Cn010 和 Cn011 中所涉及的通信参数 P2010、P2011、P2021 及 P2023 无法通过工厂复位来自动复位，如有必要，应手动复位这些参数。

　　除了模拟量输出（AO1）、数字量输出 1（DO1）和数字量输出 2（DO2）端子在所有连接宏中信号功能相同外，其他 I/O 端子在不同连接宏中的信号功能都略有不同，见表 3-3。

表 3-3　不同连接宏中的部分 I/O 端子信号功能描述

连接宏	I/O 端子信号功能描述						
	AI1	AI2	DI1	DI2	DI3	DI4	P+、N–
Cn001	—		—		—		—
Cn002	模拟量输入	—	ON/OFF1 命令	反转	故障确认脉冲	正向点动	—
Cn003			ON/OFF1 命令	低速	中速	高速	
Cn004	—	—	固定速度位 0（ON）	固定速度位 1（ON）	固定速度位 2（ON）	固定速度位 3（ON）	—
Cn005	模拟量输入		ON/OFF1 命令	固定速度位 0（ON）	固定速度位 1（ON）	故障应答	
Cn006	—	—	OFF1/ 保持命令	ON 脉冲	MOP 升速	MOP 降速	
Cn007	模拟量输入		OFF1 保持命令	正向脉冲 +ON 命令	反向脉冲 +ON 命令	故障应答	—
Cn008	PID 设定值	0 ～ 20mA 实际值	ON/OFF1 命令	—	故障应答	—	—

（续）

连接宏	I/O 端子信号功能描述						
	AI1	AI2	DI1	DI2	DI3	DI4	P+、N–
Cn009	—	0～20mA 实际值	ON/OFF1 命令	固定 PID 设定值 1	固定 PID 设定值 2	固定 PID 设定值 3	—
Cn010	—	—	—	—	—	—	RS–485 USS ON/OFF，转速
Cn011	—	—	—	—	—	—	RS–485 Modbus RTU ON/OFF，转速

以 Cn002（通过端子控制变频器）为例，AI1 为模拟电压 0～10V 输入（对应频率 0～50Hz）；DI1 为 ON/OFF1 命令（接通为 ON 表示运行；不接通即为 OFF1，表示按 P1121 定义的斜坡降低频率至 P2167 参数值后，还要延时 P2168 中的时间再停机）；DI2 为反转命令（当 DI1=1、DI2=0 时，正转；当 DI1=1、DI2=1 时，反转）；DI3 为故障确认脉冲（当 DI3 为 ON 时，将 DO2 输出的故障指示信号清除）；DI4 为正向点动（当 DI4 为 ON 时，正转点动）。

应用宏是针对某个特定的应用提供一组相应的参数设置。选择了一个应用宏后，变频器会自动采用该应用宏的参数设置，从而简化调试过程。表 3-4 给出了 5 种常用应用宏。应用宏默认值为 "AP000"，即应用宏 0。如果实际应用不在表 3-4 所列的应用之列，应选择最为接近的应用宏，并且根据需要做进一步的参数更改。在更改上次应用宏设置前，务必对变频器进行工厂复位。

表 3-4 5 种常用的应用宏

应用宏	描述	显示示例
AP000	出厂默认设置。不更改任何参数设置	
AP010	普通水泵应用	
AP020	普通风机应用	
AP021	压缩机应用	
AP030	传送带应用	

显示示例栏：
-AP000
AP010
负号表示此应用宏为当前选定的应用宏

如果人们的需求功能和连接宏或应用宏的完全一致，则可以直接选择连接宏或应用宏的参数表进行配置。若连接宏不能满足实际需求，可以利用 Cn001 和 Cn002 这两个连接宏。Cn001 是把控制面板作为唯一的控制源，也就是说起停控制和调速控制都由 BOP 完成，而 Cn002 是把端子作为起动源，模拟量 AI1 作为调速源；这两个连接宏的最大区别在于 P0700 和 P1000 这两个参数，这两个参数分别决定起动源和调速源。如果想实现面板起停模拟量 AI1 调速，就可以结合这两个连接宏，参数 P0700 使用 Cn001 的配置方式，配置为 1，参数 P1000 使用 Cn002 的配置方式，配置为 2，依此类推，所有的连接宏都可以按照这种方式打乱重组来满足各种各样的控制方式。

3.2.4　任务实施

1. 熟悉内置基本操作面板

在使用变频器之前，首先要熟悉变频器的基本操作面板（BOP）的面板显示和键盘操作功能。基本操作面板直接连接到变频器，可以实现本地操作、监控、调试、诊断等功能。BOP 基于菜单的操作方式有利于 SINAMICS V20 变频器的本地调试。只有在需要使用外接 BOP 对变频器进行远程操作控制时才须将 BOP 接口模块与外接 BOP 连接在一起。BOP 接口模块须用 1.5N・m（误差：±10%）的力矩拧紧固定在变频器上。

V20 变频器内置的 BOP 如图 3-22 所示。BOP 上状态图标有故障、报警、正在运行中、电动机反转、自动（熄灭）/手动（常亮）/点动（闪烁）模式指示灯与状态 LED 指示灯，各种状态图标及含义见表 3-5。SINAMICS V20 只有一个 LED 状态指示灯。此LED 灯可显示橙色、绿色或红色。如果变频器同时存在多个状态，则 LED 指示灯按照以下优先级顺序显示：①参数复制；②调试模式；③发生故障；④准备就绪（无故障）。例如，如果变频器在调试模式下发生故障，则 LED 指示灯以 0.5Hz 的频率呈绿色闪烁。

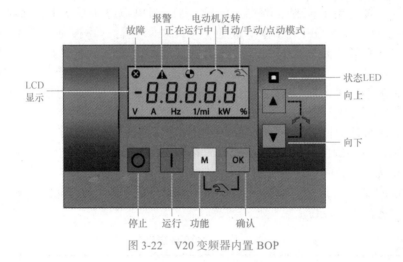

图 3-22　V20 变频器内置 BOP

表 3-5　BOP 上的状态图标及含义

状态图标（状态）	功能描述
故障⊗（常亮）	变频器存在至少一个未处理故障
报警▲（常亮）	变频器存在至少一个未处理报警
正在运行中⊕（常亮）	变频器在运行中（电动机频率可能为 0r/min）
正在运行中⊕（闪烁）	变频器可能被意外上电（例如，霜冻保护模式时）
反转⌒（常亮）	电动机反转
自动 / 手动 / 点动模式⌂（常亮）	变频器处于"手动"模式
自动 / 手动 / 点动模式⌂（闪烁）	变频器处于"点动"模式
状态 LED（橙色）	变频器上电
状态 LED（绿色）	变频器准备就绪（无故障）
状态 LED（绿色，0.5Hz 闪烁）	变频器调试模式
状态 LED（红色，2 Hz 闪烁）	变频器发生故障
状态 LED（橙色，1Hz 闪烁）	变频器参数复制

BOP 上 LCD 显示屏采用七段码显示方式，对于数字（0～9）和字母（A～Z）的LCD 显示方式见表 3-6。

表 3-6　BOP 上的 LCD 字符显示

字符	LCD 显示	字符	LCD 显示	字符	LCD 显示	字符	LCD 显示
A	A	G	9	N	n	T	t
B	b	H	h	O	o	U	U
C	C	I	i	P	P	V	u
D	d	J	J	Q	q	X	H
E	E	L	L	R	r	Y	Y
F	F	M	n	S	S	Z	Z
0 ~ 9	0123456789					?	?

BOP 上有停止、运行、功能、确认、向上、向下共 6 个按钮，每个按钮的功能说明见表 3-7。

表 3-7　BOP 上按钮功能说明

按钮	按钮操作	功能描述
停止 ○	单击	OFF1 停车方式：电动机按参数 P1121 中设置的斜坡下降时间减速停车 说明：若变频器配置为 OFF1 停车方式，则该按钮在"自动"运行模式下无效
	双击（< 2s）或长按（> 3s）	OFF2 停车方式：电动机不采用任何斜坡下降时间按惯性自由停车
运行 I	单击	启动变频器。若变频器在"手动"或"点动"运行模式下启动，则显示变频器运行图标 说明：若当前变频器处于外部端子控制（P0700 = 2，P1000 = 2）并处于"自动"运行模式，该按钮无效
功能 M	短按（< 2 s）	1）进入参数设置菜单或转至下一显示画面 2）就当前所选项重新开始按位编辑 3）在按位编辑模式下连按两次即返回编辑前画面
	长按（> 2 s）	1）返回状态显示画面 2）进入设置菜单
确认 OK	短按（< 2 s）	1）在状态显示数值间切换 2）进入数值编辑模式或换至下一位 3）清除故障
	长按（> 2 s）	快速编辑参数号或参数值
组合键 M + OK	同时按下两个键	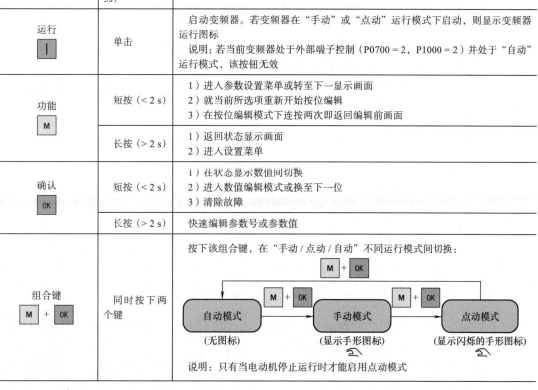

（续）

按钮	按钮操作	功能描述
向上 ▲	短按（< 2 s）	1）当浏览菜单时，按下该按钮即向上选择当前菜单下可用的显示画面 2）当编辑参数值时，按下该按钮增大数值 3）当变频器处于"运行"模式时，按下该按钮增大速度
	长按（> 2 s）	快速向上滚动参数号、参数下标或参数值
向下 ▼	短按（< 2 s）	1）当浏览菜单时，按下该按钮即向下选择当前菜单下可用的显示画面 2）当编辑参数值时，按下该按钮减小数值 3）当变频器处于"运行"模式时，按下该按钮减小速度
	长按（> 2 s）	快速向下滚动参数号、参数下标或参数值
组合键 ▲ + ▼	同时按下两个键	按下该组合键一次起动电动机反转，再次按下该组合键撤销电动机反转 起动电动机反转后，变频器上显示反转图标，表明输出速度与设定值相反

2. 了解变频器的停车方式

变频器和用户需要对各种情况做出响应并且在必要的时候停止变频器。在这种情况下，有关运行的要求以及变频器保护功能（如电气和热过载保护），乃至人机保护功能都必须加以考虑。V20 变频器有 3 种停车功能（OFF1、OFF2、OFF3），可以对上述要求做出灵活响应。需要注意的是，变频器在 OFF2/OFF3 命令后会处于"ON 禁止"状态。此时需要给出低→高 ON 命令才能再次启动电动机。

（1）OFF1 停车

OFF1 命令与 ON 命令是紧密联系的。当撤销 ON 命令时，即直接激活 OFF1。通过 OFF1 方式制动时，变频器使用 P1121 中定义的斜坡下降时间。如果输出频率降至 P2167 参数值以下并且 P2168 中的时间已结束，变频器脉冲即取消。

注意：通过设置 BICO 参数 P0840（BI：ON/OFF1）和 P0842（BI：反向 ON/OFF1）可以使用多种 OFF1 命令源。

1）通过 P0700 定义命令源即对 BICO 参数 P0840 预赋值。

2）ON 命令和随后的 OFF1 命令必须使用相同的命令源。

3）如果对多个数字量输入设定 ON/OFF1 命令，则仅最后设定的数字量输入是有效的。

4）OFF1 低电平有效。

5）当同时选择多个停车命令时，其优先级顺序如下：OFF2（最高级）→OFF3 → OFF1。

6）OFF1 可以与直流制动或复合制动组合。

7）当激活电动机停机抱闸 MHB（P1215）用于 OFF1 时，不考虑参数 P2167 和 P2168。

（2）OFF2 停车

OFF2 命令会立即取消变频器脉冲。此时电动机按惯性自由停车而不能以可控方式停车。

注意：

1）OFF2 命令可以有一个或多个命令源。通过设置 BICO 参数 P0844（BI：1.OFF2）和 P0845（BI：2.OFF2）可定义命令源。

2）根据预赋值的设定（默认设定），OFF2 命令源为 BOP。即使定义了其他命令源（例如，以端子为命令源，P0700 = 2，并且使用 DI2 选择 OFF2，使 P0702 = 3），该命令源仍然有效。

3）OFF2 低电平有效。

4）当同时选择多个停车命令时，其优先级顺序如下：OFF2（最高级）→ OFF3 → OFF1。

（3）OFF3 停车

OFF3 的制动特性与 OFF1 相同，唯一的区别在于 OFF3 使用其特有的斜坡下降时间 P1135。如果输出频率降至 P2167 参数值以下并且 P2168 中的时间已结束，则如 OFF1 命令一样取消变频器脉冲。

注意：

1）通过设置 BICO 参数 P0848（BI：1.OFF3）和 P0849（BI：2.OFF3）可使用多种 OFF3 命令源。

2）OFF3 低电平有效。

3）当同时选择多个停车命令时，其优先级顺序如下：OFF2（最高级）→ OFF3 → OFF1。

3. 了解变频器的菜单结构

变频器的菜单是由 50/60Hz 频率选择菜单、设置菜单、显示菜单和参数菜单组成，菜单结构如图 3-23 所示。其中，50/60Hz 频率选择菜单仅在变频器首次上电时或者工厂复位后可见（默认值为 50Hz）。用户可以通过单击▲键选择频率（60Hz）或者不做选择（单击 OK 键或 M 键）直接退出该菜单。在此情况下，该菜单只有在变频器进行工厂复位后（P0970=21）才会再次显示。

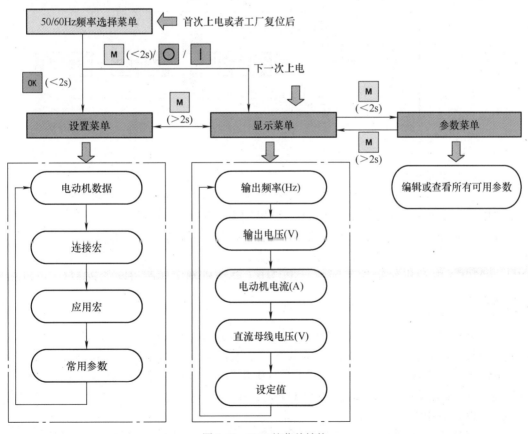

图 3-23　V20 的菜单结构

　　设置参数 P0100 可更改电动机基础频率及功率单位 [默认值为 0 时选择 50Hz 及功率单位 kW，为 1 时选择 60Hz 及功率单位 hp（1hp=745.7W），为 2 时选择 60Hz 及功率单位 kW]。电动机额定功率数值保存在 P0307 中。

　　4. 了解设置菜单

　　变频器首次上电或被工厂复位后，进入 50/60Hz 频率选择菜单，LCD 显示 "50？"（50Hz）。单击 OK 键，进入设置菜单，可以快速调试变频器系统的参数，如图 3-24 所示。

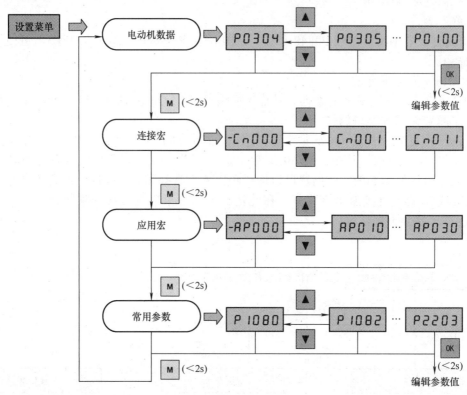

图 3-24　设置菜单

　　（1）设置电动机数据

　　由设置菜单自动进入电动机数据子菜单，显示参数编号 P0304（电动机额定电压 /V）。单击 OK 键，显示原来的线电压值 400。可以用▲、▼键增减参数值，长按▲键或▼键，参数值会快速变化。单击 OK 键确认参数值后返回参数编号显示，按▲键显示一个参数编号 P0305。用同样方法分别对 P0305（电动机额定电流 /A）、P0307（电动机额定功率 / kW）、P0308（电动机额定功率因数）、P0310（电动机额定频率 /Hz）、P0311（电动机额定转速 /（r/min））进行设置。

　　（2）设置连接宏

　　在 "电动机数据" 子菜单下，单击 M 键，进入连接宏子菜单，显示 " -Cn000"（默认值），可设置连接宏。单击▲键，显示下一个连接宏，直到显示 "Cn011"，单击▼键，可以退回上一个连接宏。例如，在显示 "Cn010" 时单击 OK 键，则显示 "-Cn010"（当前连接宏），表示选中了 Cn010 连接宏（USS 控制）。

　　（3）设置应用宏

　　在 "连接宏" 子菜单下，单击 M 键，进入应用宏子菜单，显示 " -AP000"（默认值），可设置应用宏。单击▲键，显示下一个应用宏 "AP010"，单击▼键，可以退回上一个应用宏。例如，在显示" AP010 "时单击 OK 键，则显示" –AP010 "（当前连接宏），表示选中了 AP010 应用宏（普通水泵应用）。

（4）设置常用参数

在"应用宏"子菜单下，单击 M 键，进入常用参数子菜单，显示参数编号" P1080 "（最小电动机频率 /Hz），可设置常用参数。单击▲键，显示下一个参数" P1082 "（最大电动机频率 /Hz），单击▼键，可以退回上一个参数。单击 OK 键，显示当前参数原来的数值，可以用▲、▼键增减参数值。用同样方法分别设置 P1120（斜坡上升时间 /s）、P1121（斜坡下降时间 /s）、P1058（正向点动频率 /Hz）、P1060（点动斜坡上升时间 /s）、P1001（固定频率设定值 1/Hz）、P1002（固定频率设定值 2/Hz）、P1003（固定频率设定值 3/Hz）、P2201[固定 PID 频率设定值 1（%）]、P2202[固定 PID 频率设定值 2（%）]、P2203[固定 PID 频率设定值 3（%）]。

5. 了解显示菜单

通过此菜单访问用于显示诸如频率、电压、电流、直流母线电压等重要参数的基本监控画面。在 50/60Hz 频率选择菜单下，单击 M 键、停止键或启动键，进入显示菜单。也可以在设置菜单下，长按 M 键，进入显示菜单。进入显示菜单后，显示输出频率 0.00（Hz）。多次单击 OK 键，将循环显示输出频率（r0024）（Hz）、输出电压（r0025）（V）、电动机电流（r0027）（A）、直流母线电压（r0026）（V）和设定频率值（r1078）（Hz）。

6. 了解参数菜单

通过此菜单访问所有可用的变频器参数。在显示菜单下，单击 M 键，进入参数菜单，显示参数编号 P0003（用户访问级别）。单击 OK 键，显示参数的原有数值，用▲、▼键增减参数的数值。当 P0003=0 时，定义用户有权访问的默认设置参数表（保存在 P0013 下标 0 ～ 16 中）；当 P0003=1 时，允许访问常用参数；当 P0003=2 时，允许访问扩展参数（例如，访问变频器 I/O 功能）；当 P0003=3 时，允许访问所有参数；当 P0003=4 时，参数访问有密码保护。例如，要修改 P2010[0]（RS-485 上通信的波特率）的数值，在显示参数编号时用▲、▼键增减参数编号，直至显示 P2010。单击 OK 键，显示" in000 "，表示该参数方括号内的下标值为 0，可用▲、▼键修改下标值。再按 OK 键，显示 P2010[0] 原有的数值，将其修改为 7（对应波特率为 19200bit/s）后再单击 OK 键确认。

在参数菜单下，长按 M 键，进入显示菜单，显示输出频率 0.00（Hz）。

7. 变频器恢复出厂参数

在更改上次的连接宏或应用宏设置之前，应对变频器进行工厂复位（P0010=30，P0970=1）。具体操作是：接通变频器电源显示" 50？"，单击 M 键，进入显示菜单，再单击 M 键，进入参数菜单，显示参数编号 P0003。单击 OK 键，显示 P0003 的原有数值（默认值为 1，访问常用参数），用▲或▼键将其修改为 3（允许读写所有参数），并单击 OK 键确认。单击▲或▼键选择 P0010 并按下 OK 键，用▲或▼键将 P0010 设置为 30（出厂设置），并按下 OK 键确认。单击▲键直到选择 P0970 并单击 OK 键，用▲或▼键将 P0970 设置为 1（除了用户默认设置之外的所有参数复位至默认值），并单击 OK 键确认。例如，在更改连接宏 Cn010 中的参数 P2023（RS-485 协议选择）后，变频器应该重新上电。在变频器断电后，确保状态 LED 灯熄灭或 LCD 空白后方可再次接通电源。

8. PLC 控制变频器三段速运行

PLC 与 V20 变频器之间有 3 种控制连接方式。①利用 PLC 模拟量输出模块输出 –10 ～ 10V 电压信号或 0 ～ 20mA 电流信号，作为变频器的模拟量输入信号，控制变频器的输出频率；②利用 PLC 数字量输出信号控制变频器的起动、停止、正转、反转、点动、转速和加减时间等；③利用 PLC RS–485 接口与变频器连接通信实现各种控制功能。

（1）PLC 与 V20 的连接电路

PLC 控制 V20 变频器三段速运行最为方便的方法是用数字量输出信号控制变频器的起动、停止和 3 种转速的选择指令。PLC 控制 V20 变频器三段速运行系统共有 2 个输入数字量、4 个输出数字量，所以选用标准型 CPU SR20 即可满足控制要求，设计 I/O 地址分配表见表 3-8。

表 3-8　PLC 控制 V20 三段速运行 I/O 地址分配表

输入		输出	
地址	元件	地址	元件
I0.0	起动按钮 SB1	Q0.0	变频器 ON/OFF 命令
I0.1	停止按钮 SB2	Q0.1	低速命令
		Q0.2	中速命令
		Q0.3	高速命令

根据控制要求及表 3-8 的 I/O 地址分配表，设计 PLC 控制 V20 三段速运行电路，如图 3-25 所示。控制 PLC 采用 S7–200 SMART CPU SR20（AC/DC/Relay，交流电源 / 直流输入 / 继电器输出），QF1 为 PLC 电源的断路器，FU 为起短路保护作用的熔断器，SB3 为 V20 电源的停止按钮，SB4 为 V20 电源的起动按钮，KM 为控制 V20 电源的交流接触器。

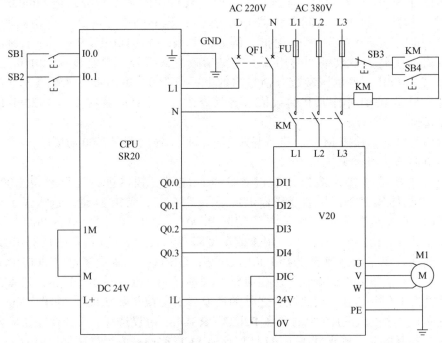

图 3-25　PLC 控制 V20 三段速运行电路图

（2）PLC 控制 V20 三段速运行程序设计

要求变频器起动时以低速运行，低速运行 30s 后转为中速运行，中速运行 20s 后转为高速运行，设计的 PLC 控制程序如图 3-26 所示。按下起动按钮 SB1（I0.0 为 ON），Q0.0 为 ON，Q0.1 为 ON，变频器低速运行；30s 后 T37 为 ON，使 Q0.1 为 OFF，Q0.2 为 ON，变频器中速运行；20s 后 T38 为 ON，使 Q0.2 为 OFF，Q0.3 为 ON，变频器高速运行。按下停止按钮 SB2（I0.1 为 ON），Q0.0 变为 OFF，变频器停止输出，电动机 M1 停止运行。

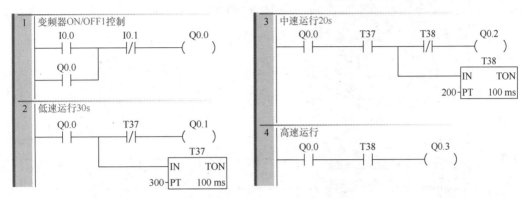

图 3-26　PLC 控制 V20 三段速运行程序

（3）V20 变频器的参数设置

通过外部端子控制 V20 三段速运行，直接选择连接宏 Cn003 进行变频器参数设置。连接宏 Cn003 设置参数情况如下。选择命令源 P0700[0]=2（以端子为命令源）；选择频率 P1000[0]=3（固定频率）；数字量输入 1 的功能 P0701[0]=1（ON/OFF1 命令），数字量输入 2 的功能 P0702[0]=15（固定转速位 0），数字量输入 3 的功能 P0703[0]=16（固定转速位 1），数字量输入 4 的功能 P0704[0]=17（固定转速位 2）；固定频率模式 P1016[0]=1（直接选择），BI（二进制输入）：固定频率选择位 0 为 P1020[0] =722.1（DI2），BI：固定频率选择位 1 为 P1021[0] =722.2（DI3），BI：固定频率选择位 2 为 P1022[0]=722.3（DI4）；固定频率 1 为 P1001[0]=10（低速 10 Hz），固定频率 2 为 P1002[0] =15（中速 15Hz），固定频率 3 为 P1003[0] = 25（高速 25Hz）。

在把 Cn003 设置为当前连接宏之前，应对变频器进行工厂复位，需要设置用户访问级别 P0003=3（允许读写所有参数），调试参数 P0010=30（出厂设置），工厂复位 P0970=1（除了用户默认设置之外的所有参数均复位至默认值）。另外，还应根据电动机铭牌上数据设置电动机数据参数。如电动机额定电压 P0304（V）、电动机额定电流 P0305（A）、电动机额定功率 P0307(kW)、电动机额定功率因数 P0308(cosφ)、电动机额定频率 P0310(Hz)、电动机额定转速 P0311（RPM）。

（4）PLC 控制 V20 三段速运行系统调试

根据图 3-25 和图 3-27 完成 PLC 与 V20 变频器的所有接线工作，分别接通 PLC、V20 的电源。第一步，接通变频器电源，显示"50？"，单击 M 键，进入显示菜单，再单击 M 键，进入参数菜单，设置参数 P0003=3、P0010 =30、P0970=1，完成变频器工厂复位。第二步，将 Cn003 设置为当前连接宏。在参数菜单下，长按 M 键，进入显示菜单，再长按 M 键，进入设置菜单，再单击 M 键，进入连接宏子菜单，显示"–Cn000"（默认值）。单击▲键，显示"Cn001"，再单击▲键，显示"Cn002"，再单击▲键，显示"Cn003"，单击 OK 键，则显示"–Cn003"（当前连接宏）。第三步，设置电动机参数。进入设置菜单，根据电动机铭牌上数据设置电动机参数 P0304（V）、P0305（A）、P0307（kW）、P0308（cosφ）、P0310（Hz）、P0311（r/min）。第四步，打开 STEP 7–Micro/WIN SMART

编程软件，将图 3-26 所示的程序编辑好并下载到 PLC 的 CPU 中。第五步，按下起动按钮 SB1，观察电动机是否低速起动运行，30s 后电动机是否以中速运行，再过 20s 后电动机是否以高速运行。在电动机运行期间按下停止按钮 SB2，观察电动机是否停机。如果电动机工作不正常，则应查明原因，再次调试直至系统控制功能正常为止。

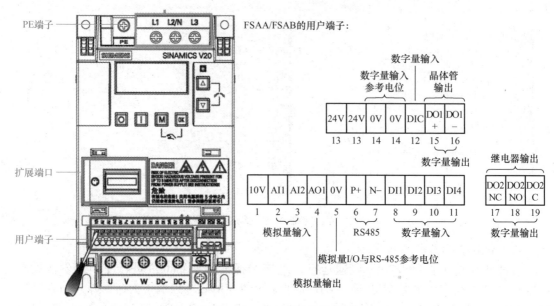

图 3-27　V20 变频器的接线端子图

3.2.5　任务评价

在完成变频器操作与 PLC 控制系统设计任务后，对学生的评价主要从主动学习、高效工作、认真实践的态度，团队协作、互帮互学的作风，变频器与 PLC 连接控制方法、变频器应用电路设计、变频器参数设置、变频器与 PLC 构成控制系统的调试以及在联机调试过程中遇到问题的解决能力，以及树立为国家为人民多做贡献的价值观等方面进行，并采用学生自评、小组互评、教师评价来综合评定每一位学生的学习成绩，评定指标详见表 3-9。

表 3-9　变频器操作与 PLC 控制系统设计任务评价表

评价指标	评价要素	分值	学生自评（10%）	小组互评（20%）	教师评价（70%）	得分
硬件电路设计与连接	能阅读变频器使用手册，并根据控制任务要求，选择适合控制系统使用的变频器，并能进行变频器应用电路设计以及将变频器与 PLC 之间连接构成控制系统	20				
变频器参数设置	能根据控制工艺要求、实际负荷或运行规格等对变频器的相关参数进行正确设置	30				
软件设计与调试	能根据控制要求设计 PLC 控制变频器的程序，对 PLC 控制程序进行编辑、仿真调试，最后对变频器与 PLC 进行联机调试，并能解决调试过程中的实际问题	30				
文档撰写	能根据任务要求撰写硬件选型报告，包括摘要、报告正文，图表等符合规范性要求	10				
职业素养	符合 7S（整理、整顿、清扫、清洁、素养、安全、节约）管理要求，树立认真、仔细、高效的工作态度以及为国家为人民多做贡献的价值观	10				

3.2.6　拓展提高——变频器与 PLC 构成多种速度控制系统设计

在多种电动机速度的 PLC 控制系统中，一般采用变频器来驱动电动机。第一种方法，使用连接宏 Cn004（二进制模式下的固定转速），通过 PLC 数字量输出控制 V20 的数字量输入端子 DI1、DI2、DI3、DI4 这 4 个端子，可以选择 16 个不同的固定频率数值（0Hz、P1001、P1002、…、P1015）。在变频器参数设置时，先进行工厂复位（P0003=3，P0010=30，P0970=1），将连接宏 Cn004 设置为当前的连接宏，将 15 个不同的固定频率数值分别设置到参数 P1001、P1002、…、P1015 中，再根据电动机铭牌上数据设置电动机数据参数。第二种方法，使用连接宏 Cn005（模拟量输入与固定频率），通过 PLC 模拟量扩展模块 EM AQ002 输出 ±10V，控制 V20 的模拟量输入端子 AI1、0V 端子。由 PLC 的开关量输出分别控制 V20 的 DI1、DI2、DI3 的端子。其中，DI1 为 ON/OFF1 命令；如果未选择固定转速设定值，设定值通道连接至模拟量输入，可以选择不同的输出频率数值 0～50Hz（对应 0～10V 输入电压）；当选择固定转速时，模拟量附加设定值通道禁止，DI2 为 ON 时，选择输出频率为 10Hz（由 P1001 确定）；当 DI3 为 ON 时，选择输出频率为 15Hz（由 P1002 确定）。请读者根据这两种控制方法的要求，设计硬件电路、PLC 控制程序、变频器参数设置以及系统联机调试工作。

▶任务 3.3　风力发电 PLC 控制仿真平台设计

3.3.1　任务目标

1）能根据任务要求选择合适的 PLC、触摸屏与变频器。
2）能正确编写 PLC、触摸屏程序并正确配置通信参数。
3）能搭建风力发电 PLC 控制仿真平台并完成接线工作。
4）能根据风力发电的控制要求正确设置变频器参数。

3.3.2　任务描述

风力发电具有清洁、环境效益好、可再生、装机规模灵活、运维成本低等优点，受到广泛应用。风力发电是新能源开发利用的重要组成部分之一。根据国家能源局公开数据，2020 年我国风力发电装机容量达到 70MW，占电力新增装机容量的 37.5%，累计装机突破 280MW。就目前风力发电机组单机容量方面来看，已经从最初的 600kW 提升到 10MW。2021 年我国风电发电量达到 5222 亿 kW·h，风力发电量占全社会用电量的比例达到 7.3%。

风能是一种无污染的可再生能源，它取之不尽，用之不竭，且没有常规能源（如煤电、油电）与核电会造成环境污染的问题。风力发电的经济性日益提高，发电成本已接近煤电，低于油电与核电，若计及煤电的环境保护与交通运输的间接投资，则风电经济性将优于煤电。根据相关资料统计，全球可利用的风能可达 20 万亿 kW，比地球上可开发利用的水能总量还要大 10 倍。我国风能资源丰富，可开发利用的风能储量约 10 亿 kW，其中，陆地上风能储量约 2.53 亿 kW（陆地上离地 10m 高度资料计算），海上可开发和利用的风能储量约 7.5 亿 kW，共计 10 亿 kW。对于缺水、缺燃料和交通不便的沿海岛屿、草原牧区、山区和高原地带，因地制宜地利用风力发电，非常适合，大有可为。

风力发电 PLC 控制仿真平台是一个模拟真实风力发电过程的仿真平台。它是通过触摸屏改变 PLC 内部参数，使 PLC 输出变化的模拟信号控制变频器输出的电流频率，再由变频器驱动轴流风机旋转而产生风能，进而模拟可变风场。在正常风力推动下，风力发电机发电，并在发电机的输出端串接电流表以及与负载并联的电压表，以观察风力发电机在不同强度风场作用下输出的电能参数。学生通过仿真平台的学习与训练，掌握风力发电所需的关键控制技术，更好地为风力发电事业做贡献。要完成风力发电PLC控制仿真平台设计，必须熟悉风力发电的工作原理；熟悉风力发电仿真平台的构成及工作过程；能应用触摸屏设计风力发电仿真平台的操作界面；掌握应用PLC的模拟量输出模块控制变频器输出频率的方法。

3.3.3　任务准备——模拟量模块及数据处理指令

1. 风力等级

风力发电的原理是利用风力带动风车叶片旋转，再透过增速机将旋转的速度提升，来促使发电机发电。依据目前的风车技术，大约3m/s的微风速度（微风的程度），便可以开始发电。风力等级简称风级，是风力强度的一种表示方法。国际上采用的是英国人弗朗西斯·蒲福（Francis Beaufort）于1805年根据风对地面物体或海面的影响程度而定出的风力等级，称为蒲福风级，从静风到飓风可分为13级，即目前世界气象组织所建议的分级。后来到20世纪50年代，人类的测风仪器的发展进度，使量度到自然界的风实际上可以大大地超出了12级，于是就把风级扩展到17级，即共18个等级。不过，世界气象组织航海气象服务手册采用的分级只是0～12级，见表3-10。

表 3-10　蒲福风级表

风力等级	名称	相当于地面10m高处的风速/（m/s）	陆上地物征象
0	静风	0.0～0.2	静，烟直上
1	软风	0.3～1.5	烟能表示风向，树叶略有摇动
2	软风	1.6～3.3	人面感觉有风，树叶略有摇动
3	微风	3.3～5.4	树叶及小枝摇动不息，旗子展开，高的摇动不息
4	和风	5.5～7.9	能吹起地面灰尘和纸张，树枝动摇，高的草呈波浪起伏
5	清劲风	8.0～10.7	有叶子的小树摇摆，内陆的水面有小波，高的草波浪起伏明显
6	强风	10.8～13.8	大树枝摇动，电缆线呼呼有声，撑伞困难
7	疾风	13.9～17.1	全树摇动，大树枝弯下来，迎风前行感觉阻力大
8	大风	17.2～20.7	可折毁小树枝，人迎风前行感觉阻力大
9	烈风	20.8～24.4	草房遭受破坏，屋瓦被掀起，大树枝可折断
10	狂风	24.5～28.4	树木可被吹倒，一般建筑物遭破坏
11	暴风	28.5～32.6	大树可被吹倒，一般建筑物遭破坏
12	飓风	＞32.6	陆上少见，其摧毁力极大

2. 风力发电机的工作原理

风力发电机组由旋转叶片、旋转毂和叶片校正装置、齿轮箱、制动闸、发电机、风力风向传感系统、塔身、电力供应系统和基座等组成，如图3-28所示。每一部分都很重要，各组成部分均发挥各自功能。旋转叶片用来接受风力并通过旋转轴将动力传给齿轮箱。旋转毂固定在风力发电机的机轴上并用来支撑旋转叶片，叶片校正装置用来对风叶长短和位置进行校正。齿轮箱用来将较低的风轮转速（19～30r/min）提高到发电机所需要的额定转速（1500r/min）并带动发电机旋转。制动闸在风力发电机检修时用来制动传输的机械动力。发电机将机械能转换成电能。风力风向传感系统将检测到的风力和风向转化为电信号并送控制器来调整风轮的方向，确保叶片始终对着来风的方向从而获得最大的风能。塔身是支承风轮和发电机的构架，塔身越高，风速越大。现代 600kW 风汽轮机的塔高一般为 40 ～ 60m。电力供应系统是将风力发电机的输出电压转换为并网需要的电压。基座承受竖向荷载、水平荷载、上拔力以及大风所引起的风力发电机的振动，确保风力发电机的安装牢固度，满足狂风天气对塔身固定可靠性要求。

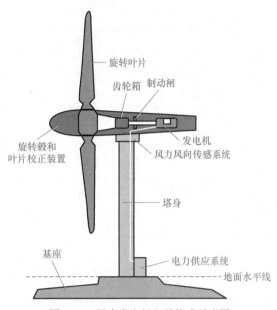

图 3-28 风力发电机组的构成示意图

3. 风力发电机的输出

一般说来，3 级风就有利用的价值，但从经济合理的角度出发，风速大于 4m/s 才适宜发电。据测定，一台 55kW 的风力发电机组，当风速为 9.5m/s 时，机组的输出功率为 55kW；当风速为 8m/s 时，输出功率为 38kW；风速为 6m/s 时，输出功率只有 16kW；而风速为 5m/s 时，输出功率仅为 9.5kW。可见风力越大，经济效益也越大。

风力发电机因风量不稳定，故其输出是 13 ～ 25V 变化的交流电电压，须经充电器整流，再对蓄电池充电，使风力发电机产生的电能变成化学能，然后用有保护电路的逆变电源，把蓄电池里的化学能转变成交流 220V 市电，才能保证稳定使用。

通常人们认为，风力发电的功率完全由风力发电机的功率决定，总想选购大一点功率的风力发电机，这是不正确的。目前的风力发电机只是给蓄电池充电，而由蓄电池把电能储存起来，人们最终使用电功率的大小与蓄电池大小有更密切的关系。输出功率的大小更主要取决于风量的大小，而不仅是发电机功率的大小。例如，一台 200W 风力发电机也可以通过大蓄电池与逆变器的配合使用，获得 500W 甚至 1000W 乃至更大的功率输出。

4. 西门子 EM AM03 扩展模块

（1）主要技术参数

若要控制变频器拖动电动机实现无级调速，需要应用模拟量控制方式，但是 CPU 只能对数字量进行处理，所以若要让 CPU 按预定的流程对模拟量进行运算，必须在被测的模拟量数据进入 CPU 之前转换成为数字量数据。反之，由于大多数执行元件都只能接收模拟信号，而 CPU 只能输出数字信号，为了控制执行元件，经 CPU 处理后的数字量数据还必须再转换成模拟量数据。S7-200 SMART CPU 模块本身没有模拟量通道，要实现对风力发电仿真平台的控制，还需要扩展模拟量通道。根据要实时监视风力发电机的输出电压和输出电流以及对变频器进行无级调速的要求，选用 EM AM03 扩展模块，该模块集成了 2 个模拟量输入通道和 1 个模拟量输出通道，其主要技术参数见表 3-11。

表 3-11 西门子 EM AM03 扩展模块主要技术参数

参数名称	技术数据	参数名称	技术数据
尺寸 $\left(\dfrac{长}{mm}\times\dfrac{宽}{mm}\times\dfrac{高}{mm}\right)$	$45\times100\times81$	输入/输出点数	2点输入,1点输出
输入电压或电流范围(差动)	$\pm10V$、$\pm5V$、$\pm2.5V$ 或 $0\sim20mA$	输出电压或电流范围	$\pm10V$ 或 $0\sim20mA$
满量程输入对应数字量范围	$-27648\sim27648$	满量程输出范围(数字量)	电压:$-27648\sim27648$ 电流:$0\sim27648$
输入电压或电流的分辨率	电压:12位+符号;电流:12位	输出电压或电流的分辨率	电压:11位+符号;电流:11位
最大耐压或耐流	$\pm35V$ 或 $\pm40mA$	输出精度	满量程的 $\pm0.5\%$
模数转换时间	$625\mu s$(400Hz噪声抑制)	输出稳定时间(新值的95%)	电压:$300\mu s$(R),$750\mu s$（$1\mu F$）电流:$600\mu s$（1mH），2ms（10mH）
工作信号范围	信号加共模电压必须小于+12V且大于-12V	负载阻抗	电压输出:$\geq1000\Omega$ 电流输出:$\leq500\Omega$
输入阻抗	电压输入:$\geq1M\Omega$ 电流输入:$\leq290\Omega$	STOP模式下的输出行为	上一个值或替换值（默认值为0）
输入电缆长度的最大值	100m屏蔽双绞线	输出电缆长度的最大值	100m屏蔽双绞线

（2）A/D 与 D/A 对应关系

S7-200 SMART CPU 内部的数字量与外部的模拟量信号之间有一定的数学关系,这个关系就是模拟量/数字量的换算关系。例如,使用一个 $0\sim20mA$ 的模拟量信号输入,在 S7-200 SMART CPU 内部,$0\sim20mA$ 对应的数值范围为 $0\sim27648$;对于 $4\sim20mA$ 的信号,对应的数值范围为 $5530\sim27648$。

（3）连接器接线图

西门子 EM AM03 模拟量扩展模块共有 X10、X11 和 X12 这 3 个连接器,连接器接线如图 3-29 所示。其中,X10 用于连接外部 DC 24V 电源(L+ 接电源正极,M 接电源负极)以及功能性接地(内部屏蔽层接地)。X11 用于模拟量第 0 通道的输入连接(0+ 接模拟信号正极,0- 接模拟信号负极)和模拟量第 1 通道的输入连接(1+ 接模拟信号正极,1- 接模拟信号负极)。X12 用于模拟量第 0 通道输出信号(0 为输出模拟量信号正极,0M 为输出模拟量信号负极)。EM AM03 模拟量扩展模块连接器引脚符号及功能说明见表 3-12。

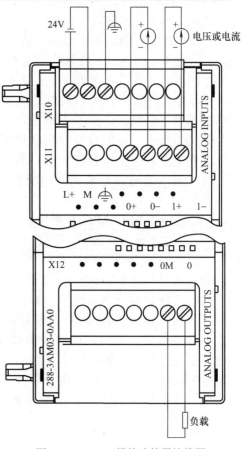

图 3-29 AM03 模块连接器接线图

表 3-12　西门子 EM AM03 扩展模块连接器引脚符号及功能说明

引脚	X10 连接器		X11 连接器		X12 连接器	
	符号	功能说明	符号	功能说明	符号	功能说明
1	L+	外接 DC 24V 正极	●	无连接	●	无连接
2	M	外接 DC 24V 负极	●	无连接	●	无连接
3	⏚	功能性接地	●	无连接	●	无连接
4	●	无连接	0+	0 通道输入正极	●	无连接
5	●	无连接	0−	0 通道输入负极	●	无连接
6	●	无连接	1+	1 通道输入正极	0M	输出信号负极
7	●	无连接	1−	1 通道输入负极	0	输出信号正极

5. PA194I-DK1 电流表与 PZ194U-DK1 电压表

斯菲尔 PA194I-DK1 为单相交流 LED 数字显示电流表，斯菲尔 PZ194U-DK1 为单相交流 LED 数字显示电压表，如图 3-30 所示。该类仪表支持 1 路 RS−485 接口、Modbus-RTU 协议、波特率最高可达 9600bit/s，常用于风力发电系统及光伏发电系统的电能监测。

所有测量数据和状态量都可以通过 RS−485 通信口读出，通信连接类型为异步、半双工，采用国际标准 Modbus-RTU 协议，仪表地址为 1 ～ 247，波特率为 2400bit/s、4800bit/s、9600bit/s。数据格式有 4 种：第 1 种为 N81，即无校验位、8 个数据位、1 个停止位；第 2 种为 O81，即奇校验、8 个数据位、1 个停止位；第 3 种为 E81，即偶校验、8 个数据位、1 个停止位；第 4 种为 N82，即无校验位、8 个数据位、2 个停止位。

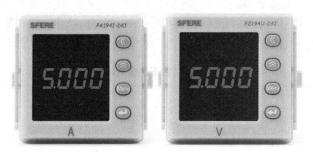

图 3-30　PA194I-DK1 电流表与 PZ194U-DK1 电压表

6. 数据传送指令

数据传送指令有字节、单字、双字和实数的单个数据传送指令，还有字节、单字、双字为单位的数据块传送指令，用来实现各存储单元之间数据的传送和复制。

（1）单个数据传送指令

1）指令格式。单个数据传送指令的格式见表 3-13。

表 3-13　单个数据传送指令

指令类型	语句表	梯形图			
字节传送 单字传送 双字传送 实数传送	MOVB IN，OUT MOVW IN，OUT MOVD IN，OUT MOVR IN，OUT	MOV-B —EN　ENO— —IN　OUT—	MOV-W —EN　ENO— —IN　OUT—	MOV-DW —EN　ENO— —IN　OUT—	MOV-R —EN　ENO— —IN　OUT—

2）指令功能。在使能输入端（EN）有效时，把一个由 IN 指定的单字节无符号数、单字长或双字长符号数、实数传送到 OUT 指定的存储器单元中。IN 指定的单元内容保持不变。如果想让传送指令只在输入端（EN）信号的上升沿传送一次，则应加入（串联）上升沿检测指令。

3）操作数范围。数据传送指令的操作数范围见表 3-14。

表 3-14　数据传送指令的操作数范围

指令	输入或输出	操作数
字节传送	IN	IB、QB、VB、MB、SMB、SB、LB、AC、*VD、*LD、*AC、常数
	OUT	IB、QB、VB、MB、SMB、SB、LB、AC、*VD、*LD、*AC
单字传送	IN	IW、QW、VW、MW、SMW、SW、T、C、LW、AC、AIW、*VD、*LD、*AC、常数
	OUT	IW、QW、VW、MW、SMW、SW、T、C、LW、AC、AIQ、*VD、*LD、*AC
双字传送	IN	ID、QD、VD、MD、SMD、SD、LD、HC、&IB、&QB、&VB、&MB、&SMB、&SB、&T、&C、&AIW、&AQW、AC、*VD、*LD、*AC、常数
	OUT	ID、QD、VD、MD、SMD、SD、LD、AC、*VD、*LD、*AC
实数传送	IN	ID、QD、VD、MD、SMD、SD、LD、AC、*VD、*LD、*AC、常数
	OUT	ID、QD、VD、MD、SMD、SD、LD、AC、*VD、*LD、*AC

（2）数据块传送指令

1）指令格式。数据块传送指令有字节的数据块传送指令、字的数据块传送指令和双字的数据块传送指令，其指令格式见表 3-15。

2）指令功能。使能输入端（EN）有效时，把从 IN 开始的 N 个数据（N 取值范围为 1 ~ 255）传送到 OUT 开始的目的存储器单元中。N 为 BYTE 型数据，可以是 IB、QB、VB、MB、SMB、SB、LB、AC、*VD、*LD、*AC、常数（1 ~ 255）。

表 3-15　数据块传送指令

指令类型	语句表	梯形图		
字节块传送 单字块传送 双字块传送	BMB IN, OUT, N BMW IN, OUT, N BMD IN, OUT, N	BLKMOV-B EN　ENO IN N　OUT	BLKMOV-W EN　ENO IN N　OUT	BLKMOV-D EN　ENO IN N　OUT

7. 数据转换指令

S7-200 SMART PLC 中的数据类型包括字节、整数、双整数和实数，主要数制有 BCD 码、ASCII 码、十进制和十六进制等。不同指令对操作数的类型或数制要求不同，因此在指令使用前需要将操作数转换成相应的类型。数据转换指令的梯形图和语句表见表 3-16。

表 3-16　数据转换指令

梯形图	语句表	指令描述
BCD_I EN　ENO IN　OUT	MOVW IN, OUT BCDI OUT	BCD 码转换成整数。当 EN 为 ON 时，将 IN 输入的 BCD 码转换成整数，并保存到 OUT 指定的变量中。输入 BCD 码的有效范围是 0 ~ 9999。该指令的输入和输出数据类型均为字型

（续）

梯形图	语句表	指令描述
I_BCD EN ENO IN OUT	MOVW IN, OUT IBCD OUT	整数转换成 BCD 码。当 EN 为 ON 时，将 IN 输入的整数转换成 BCD 码，并保存到 OUT 指定的变量中。输入整数的有效范围为 0～9999。该指令的输入和输出数据类型均为字型
B_I EN ENO IN OUT	BTI IN OUT	字节数转换成整数。当 EN 为 ON 时，将 IN 输入的字节数转换成整数，并保存到 OUT 指定的变量中。字节数是无符号数，输入字节数的有效范围是 0～255
I_B EN ENO IN OUT	ITB IN, OUT	整数转换成字节数。当 EN 为 ON 时，将 IN 输入的整数转换成字节数，并保存到 OUT 指定的变量中。只有 0～255 之间的输入整数能正常转换成字节数，超出字节范围会产生溢出
I_DI EN ENO IN OUT	ITD IN, OUT	整数转换成双整数。当 EN 为 ON 时，将 IN 输入的整数转换成双整数，并保存到 OUT 指定的变量中。符号位被扩展到高字节中，即符号位"+"或"−"保持不变
DI_I EN ENO IN OUT	DTI IN, OUT	双整数转换成整数。当 EN 为 ON 时，将 IN 输入的双整数转换成整数，并保存到 OUT 指定的变量中。如果输入的数超出整数范围，则会产生溢出
DI_R EN ENO IN OUT	DTR IN, OUT	双整数转换成实数。当 EN 为 ON 时，将 IN 输入的双整数转换成实数，并保存到 OUT 指定的变量中。说明：如果要把整数转换成实数，则先进行整数到双整数转换，再进行双整数到实数转换
ROUND EN ENO IN OUT	ROUND IN, OUT	对实数按四舍五入取整后再转换成双整数。当 EN 为 ON 时，将 IN 输入的实数按四舍五入原则进行取整后再转换成双整数，并保存到 OUT 指定的变量中。如果输入数的小数部分大于或等于 0.5，则要转换的实数值将进位
TRUNC EN ENO IN OUT	TRUNC IN, OUT	对实数截掉小数部分后再转换成双整数。当 EN 为 ON 时，将 IN 输入的实数截掉小数，只保留整数部分后再转换成双整数，并保存到 OUT 指定的变量中

8. 算术运算指令

算术运算指令有整数、双整数和实数的加、减、乘、除指令，以及字节、字、双字的加 1 和减 1 指令，还有整数乘法产生双整数结果的指令和带余数的整数除法指令。

（1）加法运算指令

1）指令格式。加法运算指令的格式见表 3-17。

2）指令功能。在使能输入端（EN）有效时，整数加法将两个 16 位整数相加后，产生一个 16 位结果并保存在 OUT 指定的存储器单元中；双整数加法将两个 32 位整数相加后，产生一个 32 位结果并保存在 OUT 指定的存储器单元中；实数加法将两个 32 位实数相加后，产生一个 32 位结果并保存在 OUT 指定的存储器单元中。

表 3-17　加法运算指令

指令类型	语句表	梯形图		
整数加法 双整数加法 实数加法	+I IN2, OUT +D IN2, OUT +R IN2, OUT	ADD_I EN ENO IN1 OUT IN2	ADD_DI EN ENO IN1 OUT IN2	ADD_R EN ENO IN1 OUT IN2

（2）减法运算指令

1）指令格式。减法运算指令的格式见表3-18。

2）指令功能。在使能输入端（EN）有效时，整数减法将两个16位整数相减后，产生一个16位结果并保存在OUT指定的存储器单元中；双整数减法将两个32位整数相减后，产生一个32位结果并保存在OUT指定的存储器单元中；实数减法将两个32位实数相减后，产生一个32位结果并保存在OUT指定的存储器单元中。

表 3-18　减法运算指令

指令类型	语句表	梯形图		
整数减法 双整数减法 实数减法	-I IN2, OUT -D IN2, OUT -R IN2, OUT	SUB_I EN　ENO IN1　OUT IN2	SUB_DI EN　ENO IN1　OUT IN2	SUB_R EN　ENO IN1　OUT IN2

（3）乘法运算指令

1）指令格式。乘法运算指令的格式见表3-19。

2）指令功能。在使能输入端（EN）有效时，整数乘法将两个16位整数相乘后，产生一个16位结果并保存在OUT指定的存储器单元中；双整数乘法将两个32位整数相乘后，产生一个32位结果并保存在OUT指定的存储器单元中；实数乘法将两个32位实数相乘后，产生一个32位结果并保存在OUT指定的存储器单元中；MUL乘法是将两个16位整数相乘后，产生一个32位结果并保存在OUT指定的存储器单元中。

表 3-19　乘法运算指令

指令类型	语句表	梯形图			
整数乘法 双整数乘法 实数乘法 MUL 乘法	*I IN2, OUT *D IN2, OUT *R IN2, OUT MUL IN2, OUT	MUL_I EN　ENO IN1　OUT IN2	MUL_DI EN　ENO IN1　OUT IN2	MUL_R EN　ENO IN1　OUT IN2	MUL EN　ENO IN1　OUT IN2

（4）除法运算指令

1）指令格式。除法运算指令的格式见表3-20。

2）指令功能。在使能输入端（EN）有效时，整数除法将两个16位整数相除后，产生一个16位结果并保存在OUT指定的存储器单元中；双整数除法将两个32位整数相除后，产生一个32位结果并保存在OUT指定的存储器单元中；实数除法将两个32位实数相除后，产生一个32位结果并保存在OUT指定的存储器单元中；DIV除法是将两个16位整数相除后，产生一个32位结果，其中，高16位为余数，低16位为商。

表 3-20　除法运算指令

指令类型	语句表	梯形图			
整数除法 双整数除法 实数除法 DIV 除法	/I IN2, OUT /D IN2, OUT /R IN2, OUT DIV IN2, OUT	DIV_I EN　ENO IN1　OUT IN2	DIV_DI EN　ENO IN1　OUT IN2	DIV_R EN　ENO IN1　OUT IN2	DIV EN　ENO IN1　OUT IN2

（5）加 1 运算指令

1）指令格式。加 1 运算指令的格式见表 3-21。

2）指令功能。在使能输入端（EN）有效时，字节加 1 指令将 IN 输入 8 位无符号数加 1 后保存在 OUT 指定的存储器单元中；字加 1 指令是将 IN 输入 16 位有符号数加 1 后保存在 OUT 指定的存储器单元中；双字加 1 指令是将 IN 输入 32 位有符号数加 1 后保存在 OUT 指定的存储器单元中。

表 3-21　加 1 运算指令

指令类型	语句表	梯形图		
字节加 1 字加 1 双字加 1	INCB OUT INCW OUT INCD OUT	INC_B ─┤EN　ENO├─ ─┤IN　OUT├─	INC_W ─┤EN　ENO├─ ─┤IN　OUT├─	INC_DW ─┤EN　ENO├─ ─┤IN　OUT├─

（6）减 1 运算指令

1）指令格式。减 1 运算指令的格式见表 3-22。

2）指令功能。在使能输入端（EN）有效时，字节减 1 指令将 IN 输入 8 位无符号数减 1 后保存在 OUT 指定的存储器单元中；字减 1 指令是将 IN 输入 16 位有符号数减 1 后保存在 OUT 指定的存储器单元中；双字减 1 指令是将 IN 输入 32 位有符号数减 1 后保存在 OUT 指定的存储器单元中。

表 3-22　减 1 运算指令

指令类型	语句表	梯形图		
字节减 1 字减 1 双字减 1	DECB OUT DECW OUT DECD OUT	DEC_B ─┤EN　ENO├─ ─┤IN　OUT├─	DEC_W ─┤EN　ENO├─ ─┤IN　OUT├─	DEC_DW ─┤EN　ENO├─ ─┤IN　OUT├─

3.3.4　任务实施

1. 组成框图设计

风车是一种将风能转换为机械能的动力机械。风力发电就是利用风车接收自然风能，带动风车叶片旋转，再通过增速机将旋转的速度提升，来促使发电机发电。因为自然风是动态变化的，所以使用变频器变速驱动一台电风扇 M1 来模拟自然风场，将电风扇的旋转轴和发电机的转子固定在一起来发电，并用斯菲尔 PA194I-DK1 电流表和 PZ194U-DK1 电压表来检测风力发电机的输出电流和电压。通过操作触摸屏向 PLC 发出起动运行和控制频率的指令，再由 PLC 向变频器输出控制命令，变频器控制电风扇 M1 变速运转，对风力发电过程进行仿真，如图 3-31 所示。

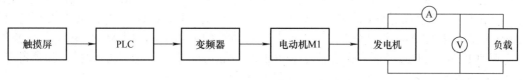

图 3-31　风力发电仿真平台组成框图

2. PLC 控制 V20 模拟风场电路设计

由 PLC 通过变频器 V20 控制电风扇的变速运转，来模拟风力发电所需要的风场，设计的硬件电路如图 3-32 所示。PLC 采用 S7-200 SMART CPU SR40（AC/DC/Relay，交流电源 / 直流输入 / 继电器输出），QF1 为控制 PLC 电源的断路器，CPU 的辅助电源 DC 24V 作为模拟量模块 AM03 的工作电源。FU 为变频器 V20 短路保护的熔断器，QF2 为控制变频器 V20 电源的断路器。PLC 的 Q0.0 输出变频器的起动信号（为 ON 时有效），模拟量扩展模块 AM03 的第 0 通道输出 0 ~ 20mA 的电流信号，作为变频器的模拟量第 2 通道的控制信号，变频器输出 0 ~ 50Hz 的电流信号驱动电风扇 M1 变速转动，再由机械轴带动发电机发电。

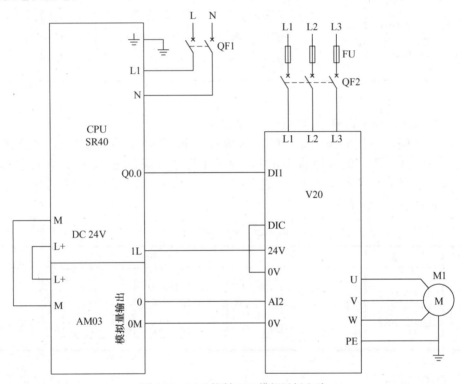

图 3-32　PLC 控制 V20 模拟风场电路

3. 变频器 V20 参数设定

前文已述，变频器 V20 共有 AI1 和 AI2 两个模拟量输入通道。AI1 为单端双极性输入，可设置为 0 ~ 10V 电压输入、-10 ~ 10V 电压输入和 0 ~ 20mA 电流输入 3 种输入模式。AI2 为单端单极性输入，可设置为 0 ~ 10V 电压输入和 0 ~ 20mA 电流输入 2 种输入模式。与模拟量输入相关的参数有 12 个（从 r0751 到 P0762），参数且有 in000 和 in001 两个下标，其中下标 000 代表 AI1，下标 001 代表 AI2。

风力发电仿真平台使用变频器 AI2 模拟量输入通道，输入 0 ~ 20mA 电流，需要设置电动机数据参数、控制命令源参数和模拟量定标参数。首先，根据 V20 驱动风扇电动机铭牌上的数据设置电动机数据参数，如电动机额定电压 P0304（V）、电动机额定电流 P0305（A）、电动机额定功率 P0307（kW）、电动机额定功率因数 P0308（cosφ）、电动机额定频率 P0310（Hz）、电动机额定转速 P0311（r/min）。其次，还需要设置变频器部分参数（见表 3-23），未列出的参数采用变频器默认设置。

表 3-23　风力发电仿真平台部分参数设置

地址	默认值	设定值	说明
P0700[0]	1（操作面板）	2	起动命令为端子
P0701[0]	0（禁止数字量输入）	10	数字量输入 1 端子功能为正向点动
P0756[1]	0（0 ~ 10V）	2	模拟量输入类型为 0 ~ 20mA
P0757[1]	0	0	模拟量输入定标直线上第一个点的横坐标 X1 为 0mA
P0758[1]	0.0	0.0	模拟量输入定标直线上第一个点的纵坐标 Y1 为 0.0%（对应 0.0Hz）
P0759[1]	10.0	20.0	模拟量输入定标直线上第二个点的横坐标 X2 为 20mA
P0760[1]	100.0	100.0	模拟量输入定标直线上第二个点的纵坐标 Y2 为 100%（对应 50Hz）
P0761[1]	0	0	模拟量输入死区宽度为 0mA
P1000[0]	1（MOP 设定值）	7	频率设定通道为模拟信号 2（即 AI2 通道设定值）
P2000[0]	50.0	50.0	基准频率设置为 50Hz

4. PLC 硬件系统配置

风力发电仿真平台使用标准型 CPU 模块（CPU SR40）和模拟量扩展模块 AM03，需要对 PLC 硬件系统进行配置。在编程软件的项目树上，将光标移到"系统块"双击，在 CPU 模块选择"CPU SR40（AC/DC/Relay）"，在 EM 0 模块选择"EM AM03（2AI/1AQ）"，如图 3-33 所示。将光标移到"EM AM03（2AI/1AQ）"上单击，再把光标移到"模拟量输出"→"通道 0"上单击，在输出"类型"下方选择"电流"，输出"范围"默认为 0 ~ 20mA，再单击"确定"按钮保存设置。

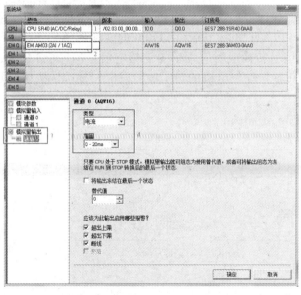

图 3-33　PLC 硬件系统配置图

5. 触摸屏界面设计

根据风力发电仿真平台的控制要求，用组态软件设计的触摸屏操作界面如图 3-34 所示。其中，"起动"与"停止"按钮是用来改变 PLC 程序中 M0.0 闭合与断开状态的，进而改变 Q0.0 输出状态。当 Q0.0 输出为"1"状态时，变频器端子 DI1 和 DIC 之间被加上 DC 24V 电压，由于 DI1 端子被定义为正转起动功能，所以此时变频器正转点动被使能，但是变频器不会有脉冲输出，因为频率给定通道没有得到信号。当操作触摸屏上频率设定滑杆并向右滑动时，此时会改变 PLC 中 VD0 寄存器内的数值（在 0.0 ～ 50.0 之间变化），经过程序执行后由模拟量模块向变频器输出 0 ～ 20mA 的电流信号。变频器中频率给定通道接收到模拟电流信号后，将相应频率的电能输出并加到风机上，改变了风机运行速度，模拟了风力发电所需要的风场。

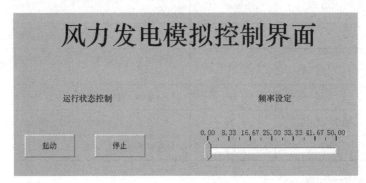

图 3-34 风力发电仿真平台操作界面

6. PLC 程序设计

PLC 控制程序的主要功能是读取触摸屏的控制指令，再转化为变频器的控制信号，再由变频器输出风机的能量控制信号，设计的风力发电仿真平台的 PLC 梯形图如图 3-35 所示。第 1 阶梯，将触摸屏送来的 0.0 ～ 50.0Hz 的频率控制指令（保存在 PLC 的 VD0 中），转换成模拟量模块第 0 通道输出所需的实数值（保存在 VD8 中）。第 2 阶梯，将实数值先转化为双整数后再转化为整数值，并保存到模拟量模块的输出通道（AQW16）中，由模拟量模块向变频器输出 0 ～ 20mA 的电流信号。第 3 阶梯，将触摸屏送来的起动或停止控制指令（保存在 PLC 的 M0.0 中），由 Q0.0 向变频器输出正向点动运行信号。变频器将 0 ～ 20mA 的输入信号转换成对应频率的三相电信号向风机 M1 输出，控制风机 M1 变速运行。风机 M1 的转轴带动发电机的转子旋转发电，模拟风力发电过程。

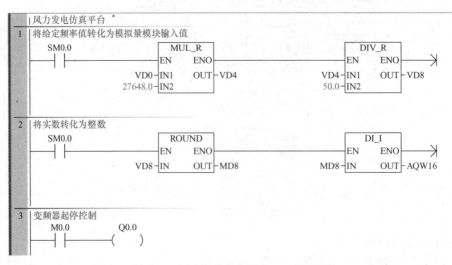

图 3-35 风力发电仿真平台 PLC 梯形图

7. 联机调试

用以太网电缆将触摸屏和计算机相连，打开 WinCC flexible SMART V3 组态软件，创建"风力发电仿真项目"，组态形成图 3-34 所示的操作界面。设置以太网端口的通信参数，可以将计算机 IP 地址设置为 192.168.2.12 网段，触摸屏的 IP 地址设置为 192.168.2.5。接通触摸屏电源后，按下控制面板"Transfer"图标。从组态 PC 传送新的项目到触摸屏，单击"选择设备进行传送"对话框中的"传送"按钮，首先自动编译项目，如果没有编译错误和通信错误，该项目将被传送到触摸屏。下载成功后，触摸屏自动返回运行状态，显示下载项目的初始画面。关闭触摸屏电源。

用以太网电缆将 PC 和 PLC 相连，打开 PC 和 PLC 的电源。双击 STEP 7-Micro/WIN SMART 编程软件图标，编辑图 3-35 所示的梯形图，在"文件名"栏对该文件进行命名，在此命名为"风力发电仿真控制"，然后单击"保存"按钮即可。双击"项目树"的"系统块"，打开"系统块"对话框，单击"启动"图标，在"CPU 模式"→"选择 CPU 启动后的模式"，选中"RUN"并单击"确定"按钮。单击"通信"图标，在"以太网端口"下方，勾选"IP 地址数据固定为下面的值，不能通过其他方式更改"，将 PLC 的 IP 地址设为 192.168.2.1，子网掩码为 255.255.255.0。单击工具栏上的"下载"按钮，成功建立了编程计算机与 S7-200 SMART CPU 的连接后，将会出现"下载"对话框，用户可以用复选框选择是否下载程序块、数据块、系统块或者是选择下载全部内容。选好下载内容选项和"下载成功后关闭对话框"选项后，单击"下载"按钮，开始下载，将"风力发电仿真控制"程序和系统块下载到 S7-200 SMART 中。关闭 PLC 的电源。

用以太网电缆将触摸屏和 PLC 连接，再根据图 3-32 连接变频器和风机 M1。接通变频器 V20 的电源，变频器屏幕上显示"50?"，单击 M 键，进入显示菜单，再单击 M 键，进入参数菜单，按照表 3-23 所列的参数要求设置好参数。另外，还要根据风机 M1 铭牌上数据设置电动机参数 P0304（V）、P0305（A）、P0307（kW）、P0308（$\cos\varphi$）、P0310（Hz）、P0311（r/min）。

分别接通触摸屏和 PLC 的电源，PLC 进入运行后，通过操作触摸屏上的起动按钮、停止按钮以及移动频率设置滑杆，观察风机 M1 运行状态和发电机的输出情况是否正确。如果发现运行不正确，应查明故障原因，并进行相应修正直至风力发电仿真平台工作正常为止。

3.3.5 任务评价

在完成风力发电 PLC 控制仿真平台设计任务后，对学生的评价主要从主动学习、高效工作、认真实践的态度，团队协作、互帮互学的作风，触摸屏与 PC 及 PLC 的连接、PLC 的变频器的硬件连接、变频器参数设置、触摸屏画面设计、以太网通信参数设置、以太网通信调试及过程中遇到问题的解决能力，以及树立为国家为人民多做贡献的价值观等方面进行，并采用学生自评、小组互评、教师评价来综合评定每一位学生的学习成绩，评定指标详见表 3-24。

表 3-24　风力发电 PLC 控制仿真平台设计任务评价表

评价指标	评价要素	分值	学生自评（10%）	小组互评（20%）	教师评价（70%）	得分
硬件电路设计与连接	能阅读触摸屏使用手册，并根据控制任务要求，选择适合控制系统使用的触摸屏、变频器，并能进行触摸屏与 PC 及 PLC 之间的连接、变频器与 PLC 之间的连接	30				

（续）

评价指标	评价要素	分值	学生自评（10%）	小组互评（20%）	教师评价（70%）	得分
软件设计与调试	能根据控制要求设计触摸屏上的触控画面以及 PLC 控制程序，对 PLC 控制程序进行编辑、调试，最后对触摸屏、PLC、变频器进行联机调试，并解决调试过程中的实际问题	50				
文档撰写	能根据任务要求撰写硬件选型报告，包括摘要、报告正文，图表等符合规范性要求	10				
职业素养	符合 7S（整理、整顿、清扫、清洁、素养、安全、节约）管理要求，树立认真、仔细、高效的工作态度以及为国家为人民多做贡献的价值观	10				

3.3.6　拓展提高——多速段风力发电系统设计

在实际风力发电控制系统中，往往会对模拟风场进行分时段控制，进一步观察风力发电机在不同强度风场下的电能输出。例如，在触摸屏上按下"起动"按钮后，PLC 输出数字量控制变频器运行使能，并自动输出模拟信号，控制变频器以 10Hz 运行；持续 20s 后，PLC 改变模拟信号，控制变频器以 25Hz 运行；持续 15s 后，PLC 改变模拟信号，控制变频器以 45Hz 运行；持续 30s 后，自动断开使能信号，控制变频器停机。请读者根据这些控制要求，设计硬件电路、PLC 控制程序并完成变频器参数设置以及系统联机调试工作。

▶任务 3.4　三层电梯变频 PLC 控制系统设计

3.4.1　任务目标

1）能根据任务要求选择合适的 PLC 与变频器。
2）能设计与连接三层电梯的控制电路。
3）能完成三层电梯 PLC 控制程序的设计与调试工作。
4）能进行三层电梯 PLC 控制系统的联机调试工作。

3.4.2　任务描述

电梯是宾馆、商店、住宅、办公楼、仓库、机场、车站等建筑不可缺少的交通工具。由于房地产、城市公共基础设施建设等产业发展迅速，中国新装电梯市场一直保持着高速增长，全球 70% 的电梯生产于中国，全球 60% ~ 65% 的电梯在中国市场销售。截至 2020 年年底，我国在用电梯数量已达 786.55 万台，在方便人们日常生活的同时也引起了一些安全事故。发生电梯事故的主要原因是违章作业或操作不当，设备缺陷或安全部件失效或保护装置失灵，应急救援（自救）不当，安全管理、维护保养不到位。为此，市场监管部门持续推进电梯安全监管改革，全面启动电梯按需维保和检验检测改革试点工作，积极推进智慧监管。常见电梯是以电动机为动力的垂直升降机，装有箱状吊舱，用于多层建筑乘人或载运货物。也有台阶式电梯，即踏步板装在履带上连续运行的载人电梯。按用途划分，电梯可分为乘客电梯、载货电梯、医用电梯、住宅电梯、杂物电梯、观光电梯、车辆电梯、船舶电梯和建筑施工电梯等。

电梯是集机电为一体的复杂系统,不仅涉及机械传动、电气控制和土建等工程领域,还要考虑可靠性、舒适感和美学等问题。随着人们生活水平不断提高,人们对电梯的调速精度、调速范围等静态和动态特性提出了更高的要求。传统的电梯曳引机采用接触器来实现电动机工作状态的改变,双速异步电动机在定子回路中串电抗器与电阻来实现电动机的调速,满足不了乘客的舒适感要求。采用 PLC 控制的电梯可靠性高、维护方便、开发周期短,并具有很大的灵活性,已成为电梯控制的发展方向。同时,随着交流变频调速技术的发展,电梯的拖动方式已由原来直流调速逐渐过渡到了交流变频调速,不仅能满足乘客的舒适感和保证平层的精度,还可以降低能耗,节约能源,减少运行费用。因此,PLC控制技术加变频调速已成为现代电梯行业的一个热点。

学生要完成三层电梯变频 PLC 控制系统设计,必须熟悉电梯运行工作原理;掌握电梯控制系统的构成要素及连接方法;应用 S7-200 SMART PLC 及变频器完成电梯运行控制电路设计,以及相应的应用程序设计和联机调试工作。在综合分析电梯运行控制任务要求的基础上,还应考虑编码器、位置传感器、数显报警装置等的选购要求,提出控制系统的设计方案,上报技术主管部门领导审核与批准后实施。

要完成三层电梯变频 PLC 控制程序设计,一般要经历程序设计前的准备工作、设计程序框图、编写程序、程序调试和编写程序说明书 5 个步骤。第一步,程序设计前的准备工作就是要了解电梯运行控制的全部功能以及 PLC 的输入 / 输出信号种类和数量。第二步,要按程序设计标准绘制出程序结构框图。第三步,根据设计出的程序框图编写控制程序,在必要的地方加上程序注释。第四步,将编写的程序进行联机调试,直到控制功能正确为止。第五步,在完成全部程序调试工作后,要编写程序说明书。

3.4.3 任务准备——电梯原理及高速计数器应用

1. 我国电梯发展情况

1907 年,奥的斯公司在上海的汇中饭店(今和平饭店南楼)安装了 2 台电梯,这是我国最早使用的电梯。100 多年来,我国电梯行业发展经历了以下几个阶段:第一阶段(1900—1949 年),对进口电梯的销售、安装、维保阶段;第二阶段(1950—1979 年),独立自主,艰苦研制、生产阶段;第三阶段(1980 年至今),行业快速发展阶段。我国兴旺的电梯市场吸引了全世界的知名电梯公司,如美国奥的斯,瑞士迅达,芬兰通力,德国蒂森,日本三菱、日立、东芝、富士达等 13 家大型外商投资公司在国内市场份额达到了 74%。上海三菱、天津 OTIS、中国迅达、苏州迅达、广州日立、西子 OTIS 等一批中外合资企业可与国际上最先进的电梯公司相媲美;民族品牌如苏州江南、常州飞达、上海华立、浙江巨人、天津利通、山东百斯特等在市场上也很活跃,并有一定量的出口。

对现代化电梯性能的衡量,主要着重于可靠性、安全性、快捷性和舒适性等。此外,对经济性、能耗、噪声等级和电磁干扰程度等方面也有相应要求。按电梯运行速度分类,可以将电梯分为低速电梯(1m/s 以下)、中速电梯(1～2m/s)、高速电梯(2～5m/s)和超高速电梯(5m/s 以上)4 种。世界上速度最快且运行距离最长的电梯是迪拜哈利法塔电梯,速度最高达到 17.4 m/s。我国速度最快且运行距离最长的电梯在台北 101 大楼,速度最高达到 16.8m/s。近年来,随着双轿厢技术、变速技术、储能技术、双 PWM 变换技术、目的选层群控技术等在电梯中的应用,使电梯性能达到了一个新的高度;未来电梯技术将朝着更加环保、节能、高效及节省建筑面积等方向发展,同时更加注重电梯系统运行的安全性。

2. 电梯的主要部件及作用

电梯主要由曳引系统、门系统、楼层指示灯、呼梯盒、操纵箱、平层及开门装置、电梯控制柜、轿厢、重量平衡系统、导向系统、安全保护系统等组成，如图 3-36 所示。

1）曳引系统：主要功能是输出与传递动力，使电梯运行。曳引系统主要由曳引机、曳引钢丝绳、导向轮、反绳轮组成。其中，曳引机主要由驱动电动机、电磁制动器（电磁抱闸）、减速器牵引轮等组成。曳引机的作用有 3 个：一是调速，二是驱动曳引钢丝绳，三是电梯停车时实施制动。驱动电动机的功率选择如下：例如有齿轮电梯，钢丝绳为半绕式 1∶1 绕法，额定载重量 Q=1000kg，额定速度 v=1.0m/s，平衡系数 K_p=0.45，电动机安全系数 K_D=1.05，电梯机械总效率 η=0.55，则电动机功率 $N=Q（1-K_p）vK_D／（102\eta）$ $=[1000×（1-0.45）×1×1.05/（102×0.55）]kW=10.3kW$，取整为 11 kW，即该电梯所需电动机功率为 11kW。又如，采用

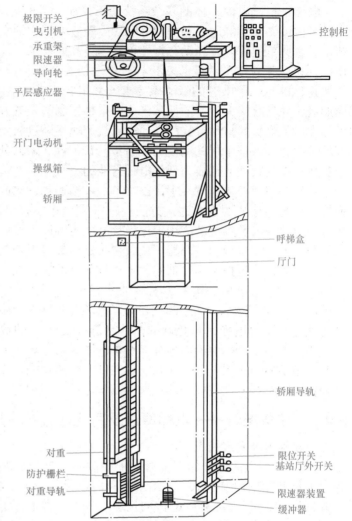

图 3-36　电梯主要部件安装位置示意图

（图中标注：极限开关、曳引机、承重架、限速器、导向轮、平层感应器、开门电动机、操纵箱、轿厢、控制柜、呼梯盒、厅门、轿厢导轨、对重、防护栅栏、对重导轨、限位开关、基站厅外开关、限速器装置、缓冲器）

有齿曳引机的电梯，设定电梯平衡系数为 0.45，电梯额定载重量为 1500kg，电梯额定运行速度为 1m/s，曳引机传动总效率为 0.55，可以算出电动机的功率为 $P=[（1-0.45）×1500/（102×0.55）]kW=14.71kW$，曳引机选型时功率应该大于 14.71kW，可以选取 15kW。

2）门系统：由轿门、厅门、开门机、门锁装置等组成，主要功能是封住层站入口和轿厢入口。电梯的门分为厅门（每层站一个）与轿门（只有一个）。只有当电梯停靠在某层站时，此层厅门才允许开启（由门机拖动轿门，轿门带动厅门完成）；只有当厅门、轿门全部关闭后才允许电梯起动运行。

3）楼层指示灯：安装在每层站厅门的上方和轿厢内轿门的上方，用以指示电梯的运行方向及电梯所处的位置。一般由数码管组成，且与呼梯盒做成一体结构。

4）呼梯盒：用以产生呼叫信号。常安装在厅门外，离地面 1m 左右的墙壁上。基站与底站只有一只按钮，中间层站由上呼叫与下呼叫两个按钮组成。

5）操纵箱：安装在轿厢内，供乘客对电梯发布动作命令。其上面设有与电梯层站数相同的内选层按钮。

6）平层及开门装置：由平层感应器及楼层感应器组成。上行时，上磁铁板先触发楼层感应器，发出减速停车信号；电梯开始减速，至平层信号发出时，发出停车及开门信号，使电动机停转，抱闸抱死。下行时，下磁铁板先触发楼层感应器，发出减速停车信号，电梯开始减速，至平层信号发出时，发出停车及开门信号。

7）电梯控制柜：用于控制电梯运行的装置，它把各种电气元器件安装在一个有安全防护作用的柜形结构内，一般放置在电梯机房内，无机房的电梯的控制柜放置在井道内。

8）轿厢：运送乘客和货物的组件，由轿厢架和轿厢体组成。轿厢内设有轿门、门机机构、门刀机构、门锁机构、门机供电电路及轿顶照明、轿顶接线箱，轿门上方设有楼层显示，轿门右侧设有内选按钮及指示、开关门按钮、警铃、超载、满载指示。

9）重量平衡系统：主要功能是相对平衡轿厢重量，在电梯工作中能使轿厢与对重间的重量差保持在限额之内，保证电梯的曳引传动正常。对重的重量 =（载重量 /2+ 轿厢自重）× 45%。

10）导向系统：主要功能是限制轿厢和对重的活动自由度，使轿厢和对重只能沿着导轨做升降运动。导向系统主要由导轨、导靴和导轨架组成。

11）安全保护系统：主要功能是保证电梯安全使用，防止一切危及人身安全的事故发生。由电梯限速器、安全钳、夹绳器、缓冲器、安全触板、厅门门锁、电梯安全窗、电梯超载限制装置、限位开关装置组成。

3. 电梯工作原理

通过曳引绳将对重和轿厢连接起来，分别缠绕在导向轮和曳引轮上，如图 3-37 所示。PLC 根据开关门指令对门机电动机进行正反转控制，实现轿门和厅门的开门与关门控制。PLC 根据呼梯指令和平层信号，对曳引机进行变速控制并通过减速器带动曳引轮转动，通过曳引轮与曳引绳的摩擦力实现对重和轿厢的升降运动，以实现运输目的。

4. 旋转编码器

在以往电梯控制中，在井道中不同位置设置干簧感应器来检测减速与平层位置，不但会使 PLC 的输入点数增加，还会增加在井道中的安装作业强度。现在利用旋转编码器将电梯的运行位置转化为脉冲，PLC 对此脉冲进行高速计数，通过相应的计算自动生成电梯位置的有关数据，控制电梯的增减速及平层停车，层站数越多的电梯，就越能体现出利用旋转编码器的优点。因此，利用旋转编码器来检测电梯的位置，不但能简化电梯的硬件电路，还提高了电梯运行的可靠性。

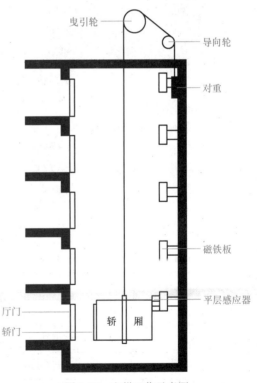

图 3-37 电梯工作示意图

旋转编码器是一种光电式旋转测量装置，它将被测的角位移直接转换成数字信号（高速脉冲信号）。将旋转编码器安装在曳引机齿轮减速箱输出轴的轴端上，它随着曳引机的旋转而旋转，这样就可以将电梯在井道中的移动距离转化为旋转编码器的脉冲输出个数，将此脉冲信号直接输入 PLC，利用 PLC 的高速计数器对其脉冲信号进行计数，以获得电梯位置测量结果。编码器有增量型编码器和绝对型编码器之分，它们的主要区别在于：增量型编码器输出的是脉冲信号，且不受转数限制；而绝对型编码器输出的是一组二进制的数值，断电后数据可以保存，但不能超过转数的量程。电梯中常用的是增量型编码器。

旋转编码器一般有 5 条引出线，其中 3 条是 A、B、Z 三相脉冲输出线，1 条是 COM 端线，1 条是电源线，它与 PLC 之间的连接关系如图 3-38 所示。其中，编码器的电源可以直接使用 PLC 的 DC 24V 电源，L+ 端与编码器的电源端相连，M 端与编码器的 COM 端连接。编码器输出的 A、B 两相脉冲与 PLC 高速脉冲输入端相连，用于正反向脉冲计数。当 A 相脉冲超前 B 相脉冲 90° 时，表示编码器正转（从轴端看编码器顺时针旋转）；反之，当 B 相脉冲超前 A 相脉冲 90° 时，表示编码器反转。Z 相信号是零位信号，编码器旋转一圈只输出一个脉冲，可以作为一个起始位标记使用，或者用来测量编码器的转速。旋转编码器还有一条屏蔽线，使用时要将屏蔽线接地，以提高抗干扰性。

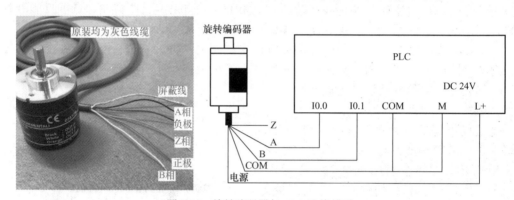

图 3-38　旋转编码器与 PLC 连接关系

5. 中断指令

（1）中断功能与中断事件

中断功能是用中断程序及时处理中断事件，处理完中断事件后再返回原来中止的程序处并继续执行。中断事件与用户程序的执行时序无关，有的中断事件不能事先预测何时发生。中断程序不是由用户程序调用，而是在中断事件发生时由操作系统调用。中断程序是用户编写的。西门子 S7-200 SMART CPU 最多支持 39 个中断事件，分成通信中断、I/O 中断和定时中断 3 大类，按照中断优先级从高到低排列见表 3-25。

表 3-25　按中断优先级排列的中断事件

优先级	事件号	中断描述	优先级	事件号	中断描述
通信中断（最高优先级）	8	端口 0：接收字符	I/O 中断（中等优先级）	38*	信号板输入 I7.1 的下降沿
	9	端口 0：发送完成		12	HSC0 的当前值等于预设值
	23	端口 0：接收消息完成		27	HSC0 输入方向改变
	24*	端口 1：接收消息完成		28	HSC0 外部复位
	25*	端口 1：接收字符		13	HSC1 的当前值等于预设值
	26*	端口 1：发送完成		16	HSC2 的当前值等于预设值

（续）

优先级	事件号	中断描述	优先级	事件号	中断描述
	19	脉冲串输出 PTO0 脉冲计数完成		17	HSC2 输入方向改变
	20	脉冲串输出 PTO1 脉冲计数完成		18	HSC2 外部复位
	34	脉冲串输出 PTO2 脉冲计数完成		32	HSC3 的当前值等于预设值
	0	I0.0 的上升沿		29*	HSC4 的当前值等于预设值
	2	I0.1 的上升沿	I/O 中断（中等优先级）	30*	HSC4 输入方向改变
	4	I0.2 的上升沿		31*	HSC4 外部复位
	6	I0.3 的上升沿		33*	HSC5 的当前值等于预设值
I/O 中断（中等优先级）	35*	信号板输入 I7.0 的上升沿		43*	HSC5 输入方向改变
	37*	信号板输入 I7.1 的上升沿		44*	HSC5 外部复位
	1	I0.0 的下降沿		10	定时器中断 0，使用 SMB34
	3	I0.1 的下降沿	定时中断（最低优先级）	11	定时器中断 1，使用 SMB35
	5	I0.2 的下降沿		21	T32 的当前值等于预设值
	7	I0.3 的下降沿		22	T96 的当前值等于预设值
	36*	信号板输入 I7.0 的下降沿			

注：CPU CR20S、CR30S、CR40S、CR60S、CR40、CR60 不支持带"*"的中断事件。

通信中断的优先级最高，I/O 中断的优先级居中，定时中断的优先级最低。在同类中断中，排在前面的事件优先级较高。多个中断事件同时发生时，根据优先级组以及组内优先权来确定首先处理哪一个中断事件。优先级相同时，CPU 按照先来先服务的原则处理中断。任何时刻 CPU 只能执行一个中断程序。一旦一个中断程序开始执行，它要一直执行到完成为止，即使有更高优先级的中断事件发生，也不能中断正在执行的中断程序。正在处理另一个中断时发生的中断会进行排队等待处理。每一个优先级组分别设立相应的队列，产生的中断事件分别在各自的队列排队，先到先处理，其中通信中断最多只能排队 4个，I/O 中断最多只能排列 16 个，定时中断最多只能排队 8 个。

定时中断可以用来进行一个周期性的操作，以 1ms 为增量，周期时间可以取 1～255ms。定时器中断 0 和定时器中断 1 的时间间隔分别写入特殊寄存器字节 SMB34 和 SMB35 中。通常可以使用定时器中断来采集模拟量或定时执行 PID 控制程序。定时器中断 T32 和 T96 允许及时响应一个给定时间间隔的结束，T32 和 T96 支持分辨率为 1ms 的 TON 和 TOF 定时器指令，启用中断后当定时器的当前值等于预设值时，在 CPU 的 1ms 定时刷新中执行被连接的中断程序。

（2）中断指令

S7-200 SMART 的中断管理是通过指令完成的，中断指令包括中断允许、中断禁止、有条件返回、中断连接、中断分离和清除中断事件指令，见表 3-26。

表 3-26 中断指令

梯形图	语句表	功能描述
—(ENI)	ENI	中断允许指令全局性地允许所有被连接的中断事件，允许 CPU 接收所有中断事件的中断请求。当 CPU 进入 RUN 模式时，自动禁止所有中断请求
—(DISI)	DISI	中断禁止指令全局性地禁止所有被连接的中断事件，禁止 CPU 接收所有中断事件的请求。但激活的中断事件将继续排队等待 CPU 响应，直至中断队列溢出为止
—(RETI)	CRETI	中断程序有条件返回指令，在控制它的逻辑条件满足时从中断程序提前返回。在中断程序结束后会自动返回主程序。中断程序不允许嵌套
ATCH EN ENO INT EVNT	ATCH INT, EVNT	中断连接指令用来建立中断事件号 EVNT（见表 3-25）与中断程序编号之间的联系，并自动允许该中断事件进入相应队列排队，能否执行处理还要看禁止情况。多个中断事件允许与同一个中断程序相关联，但同一个中断事件不允许与多个中断程序相连
DTCH EN ENO EVNT	DTCH INT, EVNT	中断分离指令是解除中断事件 EVNT 与所有中断程序的关联，所指定的中断事件不再进入中断队列，从而禁止这个中断事件的请求
CLR_EVNT EN ENO EVNT	CEVENT EVNT	清除中断事件指令是从中断队列中清除所有编号为 EVNT 的中断事件。该指令可以用来清除不需要的且在队列中已经排队的中断事件。如果该指令用于清除假的中断事件，则应在从队列清除之前分离事件。否则，在执行该清除事件指令后，将向队列中添加新的事件

6. 高速计数器及指令

（1）高速计数器简介

在工业控制中有很多场合需要对高速脉冲信号进行处理，而 PLC 普通计数器的最短计数周期为程序的扫描周期，一般只适用于 50Hz 以下频率的计数。随着系统程序增加，则计数周期也将随之增加，这样 PLC 就无法检测到比程序扫描周期更短的脉冲信号，也会造成系统出错。为此，生产厂家为 PLC 增加了处理高速脉冲的功能，即增加了高速计数器指令，利用产生的中断事件来完成预定的操作，其响应时间不受 CPU 扫描时间影响。S7-200 SMART 有 HDEF 和 HSC 两条高速计数器指令，可以对高频输入脉冲信号进行计数，必须确保对其输入进行正确接线和输入滤波时间设置。

（2）设置输入滤波时间与脉冲捕捉方式

在 S7-200 SMART CPU 中，所有高速计数器输入均连接至内部输入滤波电路。S7-200 SMART PLC 的默认输入滤波时间为 6.4ms，这样便将最大计数速率限定为 78Hz。如需以更高频率计数，必须更改数字量输入滤波时间设置。在编程软件的项目树中，双击打开"系统块"，选中系统块上面的 CPU 模块，单击某个左侧数字量输入字节，可以在右侧设置该字节输入点的属性（滤波时间和脉冲捕捉），如图 3-39 所示。输入滤波时间可在 0.2μs ～ 12.8ms 之间根据输入脉冲频率来设置具体的数值。例如要计数最大频率为 200kHz 的脉冲时，应将输入滤波时间设置为 0.2μs。设置了脉冲捕捉功能（左侧复选框打钩）就可以捕捉持续时间很短的高电平脉冲或低电平脉冲。如果没有勾选脉冲捕捉功能（默认状态），那么就检测不到宽度小于一个扫描周期的脉冲。

（3）高速计数器编号及数量

S7-200 SMART PLC 共有 6 种高速计数器 HSC0 ～ HSC5，但是每种 CPU 能使用高

速计数器的编号及最大计数脉冲频率是不同的，见表 3-27。S 型 CPU 是指 SR20、ST20、SR30、ST30、SR40、ST40、SR60 和 ST60。C 型 CPU 是 指 CR20S、CR30S、CR40S 和 CR60S。计数倍率 1× 表示每输入一个脉冲计一个数；计数倍率 4×（仅适用于 AB 正交输入计数模式）表示每输入一个脉冲计 4 个数（即两个输入时钟的上升沿和下降沿都要计一次数，因此每个时钟周期要计 4 次数）。

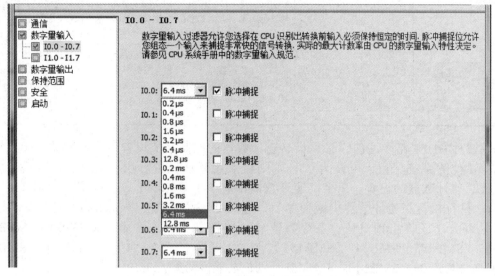

图 3-39　数字量输入点的属性设置

表 3-27　高速计数器编号及最大计数脉冲频率

编号	时钟 A	方向 / 时钟 B	复位	单相 / 双相输入的最大计数脉冲频率	A/B 相正交输入的最大计数脉冲频率
HSC0	I0.0	I0.1	I0.4		100kHz（S 型、1×），400kHz（S 型、4×）50kHz（C 型、1×），200kHz（C 型、4×）
HSC1	I0.1			200kHz（S 型 CPU）；100kHz（C 型 CPU）	
HSC2	I0.2	I0.3	I0.5		100kHz（S 型、1×），400kHz（S 型、4×）50kHz（C 型、1×），200kHz（C 型、4×）
HSC3	I0.3				
HSC4	I0.6	I0.7	I1.2	200kHz（SR30、ST30）；30kHz（SR20、ST20、SR40、ST40、SR60、ST60）	100kHz（SR30、ST30，1×）；20kHz（SR20、ST20、SR40、ST40、SR60、ST60，1×）
HSC5	I1.0	I1.1	I1.3	30 kHz（S 型 CPU）	20kHz（S 型 CPU，1×）；80kHz（S 型 CPU，4×）

（4）高速计数器指令

S7-200 SMART PLC 有高速计数器定义（HDEF）指令和高速计数器（HSC）指令两条指令，指令格式见表 3-28。S 型 CPU 是指 SR20、ST20、SR30、ST30、SR40、ST40、SR60 和 ST60，C 型 CPU 是指 CR20S、CR30S、CR40S 和 CR60S。

表 3-28 高速计数器指令

梯形图	语句表	功能描述
HDEF EN ENO HSC MODE	HDEF HSC, MODE	高速计数器定义（HDEF）指令用输入参数 HSC 指定高速计数器编号（S 型 CPU 可使用 0～5，而 C 型 CPU 只能使用 0～3），用输入参数 MODE 设置工作模式。其中，HSC0、HSC2、HSC4 和 HSC5 支持全部 8 种工作模式（0、1、3、4、6、7、9、10 中任选）；而 HSC1 和 HSC3 只支持工作模式 0（设置为 0）。工作模式选择定义了高速计数器的时钟、方向和复位功能。在 HDEF 指令执行之前，必须对高速计数器控制字节进行正确的设置，否则将采取默认设置
HSC EN ENO N	HSC N	高速计数器（HSC）指令用于启动编号为 N 的高速计数器工作。每个高速计数器都有一个 32 位当前值寄存器和一个 32 位预设值寄存器，可用双字传输指令来设置它们的数值。在用双字传输指令设置高速计数器当前值和预设值之前，必须先用字节传输指令设置高速计数器的控制字节

在编写 HDEF 指令之前，必须将高速计数器的控制字节设置成需要的数值（控制字节的第 1 位为系统保留，可设为 0），否则将采用默认设置。执行 HDEF 指令后，就不能更改高速计数器的设置。每个高速计数器都有一个状态字节（状态字节的第 0～4 位不用），只有执行高速计数器中断程序后，它的状态位才能正确表示当前计数方向、当前值是否大于或等于预设值。各个高速计数器控制字节（分别对应 SMB37、SMB47、SMB57、SMB137、SMB147、SMB157）与状态字节（分别对应 SMB36、SMB46、SMB56、SMB136、SMB146、SMB156）的位功能说明见表 3-29。

表 3-29 高速计数器控制字节与状态字节的位功能说明

HSC0	HSC1	HSC2	HSC3	HSC4	HSC5	功能说明
SM37.0	不支持	SM57.0	不支持	SM147.0	SM157.0	复位的有效电平控制：0= 高电平有效；1= 低电平有效
SM37.2	不支持	SM57.2	不支持	SM147.2	SM157.2	AB 相正交计数器的计数倍率选择：0=4×；1=1×
SM37.3	SM47.3	SM57.3	SM137.3	SM147.3	SM157.3	计数方向控制：0= 减计数；1= 加计数
SM37.4	SM47.4	SM57.4	SM137.4	SM147.4	SM157.4	向 HSC 写入计数方向：0= 不更新；1= 更新计数方向
SM37.5	SM47.5	SM57.5	SM137.5	SM147.5	SM157.5	向 HSC 写入新预设值：0= 不更新；1= 更新预设值
SM37.6	SM47.6	SM57.6	SM137.6	SM147.6	SM157.6	向 HSC 写入新当前值：0= 不更新；1= 更新当前值
SM37.7	SM47.7	SM57.7	SM137.7	SM147.7	SM157.7	启禁 HSC 控制：0= 禁用 HSC；1= 启用 HSC
SM36.5	SM46.5	SM56.5	SM136.5	SM146.5	SM156.5	当前计数方向：0= 减计数；1= 加计数
SM36.6	SM46.6	SM56.6	SM136.6	SM146.6	SM156.6	当前值等于预设值：0= 不相等；1= 相等
SM36.7	SM46.7	SM56.7	SM136.7	SM146.7	SM156.7	当前值大于预设值：0= 小于或等于；1= 大于

在编写 HSC 指令之前，除了正确设置高速计数器的控制字节外，还必须使用双字传输指令设置高速计数器的当前值（初值）和预设值。同时，还可以用指令来读取每个高速计数值的当前值。各个高速计数器要写入当前值和预设值以及读取当前值的地址见表 3-30。

表 3-30 高速计数器当前值与预设值读写地址

读写操作	HSC0	HSC1	HSC2	HSC3	HSC4	HSC5
写入当前值（初值）	SMD38	SMD48	SMD58	SMD138	SMD148	SMD158
写入预设值	SMD42	SMD52	SMD62	SMD142	SMD152	SMD162
读取当前值	HC0	HC1	HC2	HC3	HC4	HC5

（5）高速计数器的工作模式

S7-200 SMART PLC 的高速计数器有 8 种工作模式（模式编号常数：0、1、3、4、6、7、9 或 10）。其中，HSC0、HSC2、HSC4 和 HSC5 支持全部 8 种工作模式，而 HSC1 和 HSC3 只支持一种工作模式 0（模式编号：0）。

1）具有内部方向控制功能的单相时钟计数器（模式 0、1）。用高速计数器控制字节的第 3 位来控制加计数或者减计数。控制字节的第 3 位为 1 时为加计数，为 0 时为减计数。模式 0 和模式 1 的区别是：模式 0 没有外部复位功能，模式 1 有外部复位功能。

2）具有外部方向控制功能的单相时钟计数器（模式 3、4）。方向输入信号为 1 时为加计数，为 0 时为减计数。模式 3 和模式 4 的区别是：模式 3 没有外部复位功能，模式 4 有外部复位功能。

3）具有加、减时钟脉冲输入的双相时钟计数器（模式 6、7）。如果加计数脉冲和减计数脉冲的上升沿出现的时间间隔不到 0.3μs，高速计数器认为这两个事件是同时发生的，当前值不变，也不会有计数方向变化的指示。反之，高速计数器能捕捉到每一个独立事件。模式 6 和模式 7 的区别是：模式 6 没有外部复位功能，模式 7 有外部复位功能。

4）A/B 相正交计数器（模式 9、10）。A 相超前 B 相 90° 时为加计数，A 相滞后 B 相 90° 时为减计数。模式 9 和模式 10 的区别是：模式 9 没有外部复位功能，模式 10 有外部复位功能。A/B 相正交计数器可以选择 4 倍率计数（控制字节第 2 位为 0）或者 1 倍率计数（控制字节第 2 位为 1）。

高速计数器对应的输入点在不同工作模式下的功能定义见表 3-31。

表 3-31 高速计数器输入点在不同工作模式下的功能定义

工作模式	描述	输入点		
	HSC0	I0.0	I0.1	I0.4
	HSC1	I0.1	×	×
	HSC2	I0.2	I0.3	I0.5
	HSC3	I0.3	×	×
	HSC4	I0.6	I0.7	I1.2
	HSC5	I1.0	I1.1	I1.3
0	具有内部方向控制的单相计数器	时钟	×	×
1	具有内部方向控制的单相计数器	时钟	×	复位
3	具有外部方向控制的单相计数器	时钟	方向	×
4	具有外部方向控制的单相计数器	时钟	方向	复位
6	具有 2 个时钟输入的双相计数器	加时钟	减时钟	×
7	具有 2 个时钟输入的双相计数器	加时钟	减时钟	复位
9	A/B 相正交计数器	时钟 A	时钟 B	×
10	A/B 相正交计数器	时钟 A	时钟 B	复位

注：表中有 "×" 标记的栏是没有相应功能的。

（6）高速计数器的程序设计

高速计数器主要用于高速脉冲（如旋转编码器的输出脉冲）的计数，它与普通计数器的使用方法不同，当计数完成（当前值等于预设值）或输入方向改变或外部复位时会发出中断请求信号，如果允许中断又没有更高优先级的中断事件发生，则在响应的中断程序中进行相应处理。

要使用高速计数器，设计程序必须包括以下基本任务：

1）使用字节传输指令，在相应的 SM 存储器中设置控制字节。

2）使用双字传输指令，在相应的 SM 存储器中设置当前值（起始值）。

3）使用双字传输指令，在相应的 SM 存储器中设置预设值（目标值）。

4）使用 HDEF 指令定义高速计数器编号和工作模式。

5）使用连接中断事件并且允许中断指令，分配并启用相应的中断程序。

6）使用 HSC 启用指令，激活高速计数器工作。

7）根据任务要求设计中断服务程序。

HDEF 指令分配 HSC 计数器编号和工作模式，也规定了相应物理输入点的功能。应注意，同一个物理输入点无法用于两个不同的功能，但是其高速计数器的当前模式未使用的任何输入点均可用于其他用途。

7. 比较指令

（1）比较数值指令

比较数值指令可以对两个数据类型相同的数值 IN1 和 IN2 进行比较。可以比较无符号字节、有符号整数、有符号双整数和有符号实数，且有等于（==）、不等于（<>）、大于或等于（>=）、小于或等于（<=）、大于（>）和小于（<）6 种比较类型。在梯形图中，比较数 IN1 在指令触点的上面，比较数 IN2 在指令触点的下面，中间是比较关系符，B 表示字节，I 表示整数，D 表示双整数，R 表示实数，当比较关系式满足时，比较触点闭合。以比较相等指令为例，给出了梯形图和语句表，见表 3-32。

表 3-32　比较相等指令

梯形图	语句表	功能描述
IN1 — ==B — IN2	LDB= IN1, IN2 AB= IN1, IN2 OB= IN1, IN2	与左母线相连的字节比较指令，当 IN1=IN2 时，梯形图中的比较触点闭合 与左程序块串联的字节比较指令，当 IN1=IN2 时，梯形图中的比较触点闭合 与上方程序块并联的字节比较指令，当 IN1=IN2 时，梯形图中的比较触点闭合
IN1 — ==I — IN2	LDW= IN1, IN2 AW= IN1, IN2 OW= IN1, IN2	与左母线相连的整数比较指令，当 IN1=IN2 时，梯形图中的比较触点闭合 与左程序块串联的整数比较指令，当 IN1=IN2 时，梯形图中的比较触点闭合 与上方程序块并联的整数比较指令，当 IN1=IN2 时，梯形图中的比较触点闭合
IN1 — ==D — IN2	LDD= IN1, IN2 AD= IN1, IN2 OD= IN1, IN2	与左母线相连的双整数比较指令，当 IN1=IN2 时，梯形图中的比较触点闭合 与左程序块串联的双整数比较指令，当 IN1=IN2 时，梯形图中的比较触点闭合 与上方程序块并联双整数比较指令，当 IN1=IN2 时，梯形图中的比较触点闭合

（续）

梯形图	语句表	功能描述
IN1 —| == R |— IN2	LDR= IN1, IN2 AR= IN1, IN2 OR= IN1, IN2	与左母线相连的实数比较指令，当 IN1=IN2 时，梯形图中的比较触点闭合 与左程序块串联的实数比较指令，当 IN1=IN2 时，梯形图中的比较触点闭合 与上方程序块并联的实数比较指令，当 IN1=IN2 时，梯形图中的比较触点闭合

（2）比较字符串指令

比较字符串指令用于比较两个 ASCII 字符串相等或者不相等。可以在两个变量或一个常数和一个变量之间进行比较。如果比较中使用了常数，则它必须为顶部参数 IN1。在程序编辑器中，常数字符串参数赋值必须是以双引号开始和结束的字符串。常数字符串条目的最大长度是 126 个字符（字节）。相反，变量字符串由初始长度字节的字节地址引用，字符字节存储在下一个字节地址处。变量字符串的最大长度为 254 个字符（字节），并且可在数据块编辑器进行初始化（前后带双引号的字符串）。比较字符串指令（相等、不等）的梯形图和语句表见表 3-33。

表 3-33   比较字符串指令

梯形图	语句表	功能描述
IN1 —| == S |— IN2	LDS= IN1, IN2 AS= IN1, IN2 OS= IN1, IN2	与左母线相连字符串相等比较指令，当 IN1=IN2 时，梯形图比较触点闭合 与左程序块串联字符串相等比较指令，当 IN1=IN2 时，梯形图比较触点闭合 与上程序块并联字符串相等比较指令，当 IN1=IN2 时，梯形图比较触点闭合
IN1 —| <>S |— IN2	LDS<> IN1, IN2 AS<> IN1, IN2 OS<> IN1, IN2	与左母线相连字符串不等比较指令，当 IN1 ≠ IN2 时，梯形图比较触点闭合 与左程序块串联字符串不等比较指令，当 IN1 ≠ IN2 时，梯形图比较触点闭合 与上程序块并联字符串不等比较指令，当 IN1 ≠ IN2 时，梯形图比较触点闭合

8. 数码管及七段显示器编码指令

显示器件的种类很多，在电梯系统中最常用的显示器是 LED 显示器和 LCD。LED 字符型显示器主要用于显示数字、字母和工作状态，LCD 点阵型显示器可以显示数字、字母、文字和图形等。七段 LED 数码显示器俗称数码管。其工作原理是将要显示的数码分成 7 段，每段为一个发光二极管，利用不同发光段组合来显示不同的数字与字符。按发光二极管单元连接方式可分为共阳极数码管和共阴极数码管。共阳极数码管是指将所有发光二极管的阳极接到一起形成公共阳极（COM）的数码管，共阳极数码管在应用时应将公共极 COM 接到直流电源的正极，当某一字段发光二极管的阴极为低电平时，相应字段就点亮，当某一字段的阴极为高电平时，相应字段就不亮。共阴极数码管是指将所有发光二极管的阴极接到一起形成公共阴极（COM）的数码管，共阴极数码管在应用时应将公共极 COM 接到直流电源的地线 GND 上，当某一字段发光二极管的阳极为高电平时，相应字段就点亮，当某一字段的阳极为低电平时，相应字段就不亮。数码管外形及内部两种接法如图 3-40 所示。

数码管共有 10 个引脚，其中，第 3、8 脚为公共引脚，可以接电源正极（共阳极接法）或电源负极（共阴极接法）；a、b、c、d、e、f、g 7 个引脚分别控制七段码，h 引脚控制小数点。不同颜色发光二极管的正向导通电压是不一样的，红色和黄色 LED 的正向导通电压一般为 1.8 ～ 2.2V，蓝色、绿色、白色 LED 的正向导通电压一般为 3.0 ～ 3.6V。小功率 LED 的工作电流一般控制在 20mA 左右，指示用的 LED 大多选择 10mA，一般工作电流 5mA 就较亮了。如果电源电压为 24V，段电流取 10mA，段电压为 V_d=2.5V，则段限流电阻 $R=(V_{cc}-V_d)/I_d=(24-2.5)$ V/0.01A=2150Ω，可选取 R=2kΩ 的电阻。

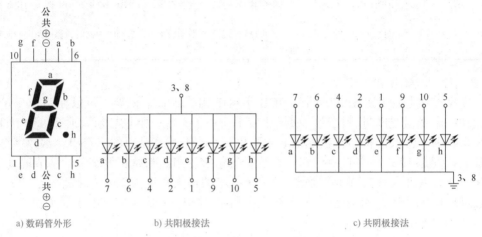

a) 数码管外形 b) 共阳极接法 c) 共阴极接法

图 3-40　数码管外形及内部两种接法

数码管要正常显示，就要用驱动电路来驱动数码管的各个段码，从而显示人们需要的数字或字符。根据数码管的驱动方式不同，可以分为静态驱动和动态驱动两种方式。选用 S7-200 SMART CPU ST30（DC/DC/DC）直接驱动共阴极数码管显示数字信息，工作电源使用 PLC 输出的 DC 24V 传感器电源，各段限流电阻取 2kΩ 电阻，驱动电路如图 3-41 所示。其中，Q0.0 ~ Q0.6 输出段码控制信号，Q1.0 输出小数点控制信号，Q1.1 输出数码管是否点亮信号。

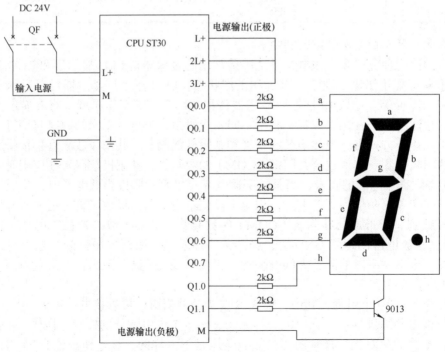

图 3-41　PLC 驱动共阴极数码管电路

S7–200 SMART PLC 使用七段显示器编码指令（SEG 指令），把要显示的数字（0～F）转换成数码管的显示的七段编码，见表 3-34。

表 3-34　七段显示器编码指令（SEG）的输入和输出对应关系

要显示数字	七段编码	要显示数字	七段编码	要显示数字	七段编码	要显示数字	七段编码
0	3F	4	66	8	7F	C	39
1	06	5	6D	9	6F	D	5E
2	5B	6	7D	A	77	E	79
3	4F	7	07	B	7C	F	71

七段显示器编码指令的梯形图如图 3-42 所示。在使能输入 EN 有效时，将字节型输入数据 IN 的低 4 位有效数字（0000 ～ 1111）产生相应的七段显示码，并将其输出到 OUT 指定的字节单元中。

9. 编码与解码指令

编码与解码指令的梯形图如图 3-43 所示。编码指令（ENCO）可用于查找字中为 "1" 的位，它将输入字 IN 中的最低有效位（为 "1" 位）的位编号（2#1111 ～ 0000）写入输出字节 OUT 的最低 4 位；如果 IN 中没有为 "1" 的位，则 ENCO 指令的 ENO 端为 OFF。解码指令（DECO）可用于将字中某一位置 "1"，它根据输入字节 IN 中的最低 4 位表示的位号，将该位号在输出字 OUT 中所对应的位置 "1"，其余位均清零。

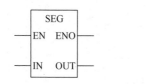

图 3-42　七段显示器编码指令的梯形图

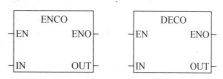

图 3-43　编码与解码指令的梯形图

3.4.4　任务实施

1. 电梯变频 PLC 控制系统电路图设计

电梯变频 PLC 控制系统的硬件电路主要由西门子 S7–200 SMART PLC、变频器、曳引机、门机及相关电器组成，如图 3-44 所示。三相交流电源 380V 经过断路器 QF1，加到变频器；变频器驱动曳引机 M1 工作。PLC 经过接触器 KM1 和 KM2 输出门机 M2 控制信号，实现轿门与厅门的开关控制。系统还配置了与曳引机同轴连接的旋转编码器，完成位置信号反馈，实现位置闭环控制。电梯制动器是一种双向推力制动器，通电时产生双向电磁推力，使制动机构与曳引机旋转部分脱离，允许曳引机旋转。制动器断电时电磁力消失，在外加制动弹簧压力的作用下，使制动瓦块将制动轮抱住，电梯轿厢停止运动。

2. PLC 硬件系统组态

三层电梯变频控制共有 21 个输入数字量、22 个输出数字量和 1 个速度信号输出模拟量，从优化角度考虑，PLC 由 CPU SR40 模块、8 点数字量输出模块 DT08 和模拟输入 / 输出模块 AM03 组成。数字量输出模块 DT08 的地址为 Q8.0 ～ Q8.7。AM03 模块的模拟量输出为 0 通道（地址为 AQW32），输出类型为电压，输出电压范围为 –10 ～ 10V。设计 PLC 硬件组态如图 3-45 所示。

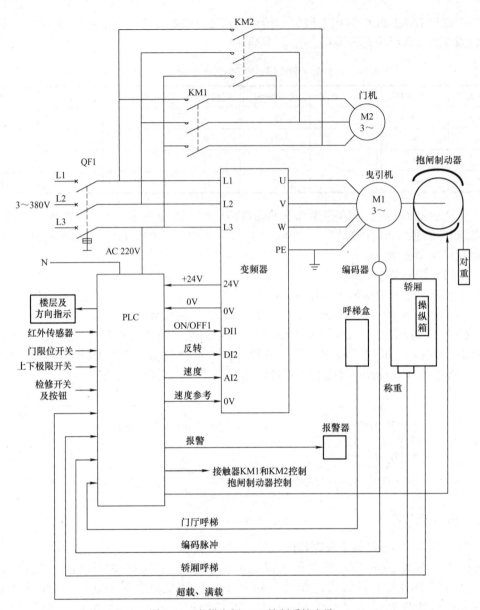

图 3-44　电梯变频 PLC 控制系统电路

图 3-45　PLC 硬件组态

3. 电梯控制 PLC 接口电路

根据三层电梯的电气控制要求，结合 PLC 硬件系统组态，设计电梯控制 PLC 接口电路如图 3-46 所示。数码管用于显示电梯楼层数字，由 8 点数字量输出模块 DT08 控制显示段码，由 Q1.7 控制数码管亮灭。模拟输入 / 输出模块 AM03 用于输出速度控制的模拟电压，加到变频器 V20 后实现曳引机的调速控制。报警器用于电梯满载报警。旋转编码器用于输出电梯位置脉冲。只有当红外传感器在轿厢门口没有检测到物体时才能关闭轿门；轿厢上行极限位置由 SQ1 检测，轿厢下行极限位置由 SQ2 检测；轿门打开与关闭位置由限位开关 SQ3 和 SQ4 检测；满载和超载信号由 SP1 和 SP2 检测；门厅呼梯盒的呼梯按钮信号由按钮 SB1 ～ SB4 操控；轿厢内操纵箱的呼梯信号由按钮 SB5 ～ SB9 操控；电梯运行方向由指示灯 HL1 和 HL2 显示；轿厢目标楼层由指示灯 HL3 ～ HL5 显示，门厅按钮状态由指示灯 HL6 ～ HL9 显示。电梯检修时，必须闭合安装在机房的检修开关 S，然后再操作电梯检修上行点动按钮 SB10、下行点动按钮 SB11、开门按钮 SB8、关门按钮 SB9 等进行电梯检修与调试工作。

根据三层电梯变频控制要求，综合考虑 PLC 的数字量输入信号、数字量输出信号和模拟量输出信号，设计 I/O 地址分配见表 3-35。

表 3-35 三层电梯变频控制的 I/O 地址分配表

输入			输出		
输入地址	输入元件	名称或作用	输出地址	输出元件	名称或作用
I0.0	A	旋转编码器 A 相脉冲	Q0.0	KA	抱闸制动器
I0.1	B	旋转编码器 B 相脉冲	Q0.1	KM1	轿门打开接触器
I0.2	红外传感器	轿厢门口物体感应测量	Q0.2	KM2	轿门关闭接触器
I0.3	SQ1	轿厢上行极限行程开关	Q0.3	HL1	电梯上行指示灯
I0.4	SQ2	轿厢下行极限行程开关	Q0.4	HL2	电梯下行指示灯
I0.5	SQ3	轿门打开限位开关	Q0.5	HL3	轿厢一层目标指示灯
I0.6	SQ4	轿门关闭限位开关	Q0.6	HL4	轿厢二层目标指示灯
I0.7	SP1	电梯满载（开关信号）	Q0.7	HL5	轿厢三层目标指示灯
I1.0	SP2	电梯超载（开关信号）	Q1.0	HL6	一层门厅上行指示灯
I1.1	SB1	一层门厅上行按钮	Q1.1	HL7	二层门厅上行指示灯
I1.2	SB2	二层门厅上行按钮	Q1.2	HL8	二层门厅下行指示灯
I1.3	SB3	二层门厅下行按钮	Q1.3	HL9	三层门厅下行指示灯
I1.4	SB4	三层门厅下行按钮	Q1.4	DI1	变频器 ON/OFF1
I1.5	SB5	轿厢目标一层按钮	Q1.5	DI2	变频器反转
I1.6	SB6	轿厢目标二层按钮	Q1.6	HZ	报警器
I1.7	SB7	轿厢目标三层按钮	Q1.7	9013 基极驱动	数码管亮灭控制
I2.0	SB8	轿门打开按钮	Q8.0	a	共阴数码管 a 段
I2.1	SB9	轿门关闭按钮	Q8.1	b	共阴数码管 b 段
I2.2	S	电梯检修开关	Q8.2	c	共阴数码管 c 段
I2.3	SB10	检修上行点动按钮	Q8.3	d	共阴数码管 d 段
I2.4	SB11	检修下行点动按钮	Q8.4	e	共阴数码管 e 段
			Q8.5	f	共阴数码管 f 段
			Q8.6	g	共阴数码管 g 段
			模拟量 AQW32	AQ 0 通道	变频器模拟量输入 AI 2
			模拟量公共端	AQ 0M	变频器模拟量输入 0V

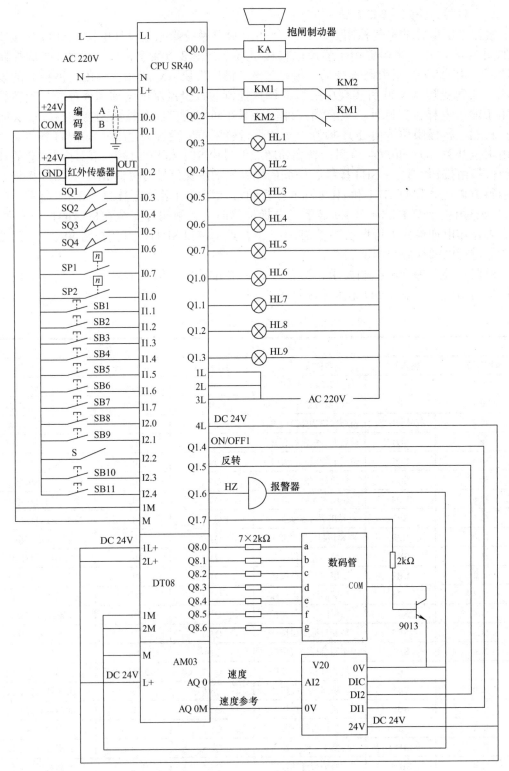

图 3-46 电梯控制 PLC 接口电路

4. 三层电梯控制要求

用 PLC、变频器设计 1 个三层电梯的控制系统，其控制要求如下：

1）电梯有正常运行和检修两种工作方式。当检修开关 S 闭合时，则电梯处于检修与调试状态，可以手动操作电梯上行、下行、开门、关门等。当检修开关 S 断开后，电梯处于正常运行状态。

2）当操作任意呼梯按钮时，则自动保存呼梯信号，直至目标到达才清除。

3）当有呼梯信号时，先将呼梯信号进行上呼信号和下呼信号的划分，并与电梯当前位置进行比较。如果上呼信号高于当前位置，则设置上行标志；如果下呼信号低于当前位置，则设置下行标志。

4）实施"同向截车、反向不截车"原则。当电梯上行且没有满载时，如果二层上行有呼梯信号，则停靠二层；如果二层下行有呼梯信号，则二层不停靠。同样，当电梯下行且没有满载时，如果二层上行有呼梯信号，则二层不停靠；如果二层下行有呼梯信号，则停靠二层。

5）电梯正在上升或下降时，只有执行完上升时的最高呼梯层任务或者下降时的最低呼梯层任务后，才能执行反向运行任务。

6）当轿厢门口探测到物体或者电梯超载时，均不能关闭轿门。

7）当电梯满载时，同向呼梯不响应，不能打开轿门。

8）当电梯超载时，发出报警声，也不能关闭轿门。

9）在开门状态下，门口无物体，又不超载时，则延时 5s 后自动关门。

10）只有轿门关闭好之后，有上行标志或下行标志时，电梯才能上行或者下行。

11）电梯停在某层，又无任何操作，则延时 3s 后自动开门。

12）电梯处于任意一层时，如果 10min 内没有呼梯操作，则电梯将自动回到一层。

13）轿厢位置要求用七段数码管显示，上行、下行用上下箭头指示灯显示，楼层呼梯用指示灯显示。

14）电梯起动之初或者即将到达目标层时，以较低速度（电流频率为 10Hz）运行，在起始层和目标层的中间位置，以较高速度（电流频率为 25Hz）运行。

15）电梯有上行极限和下行极限位置保护，停车或断电时有抱闸保护，满载时同向不截车保护，超载时报警且不能关闭轿门保护等功能。

5. 三层电梯 PLC 控制程序设计

根据三层电梯的控制要求，设计 PLC 控制程序流程图，如图 3-47 所示。控制程序可分为几个模块程序。其中，上电初始化程序主要对显示控制数据存储器清零和电梯位置数据存储器清零。检修与呼梯信号处理程序，负责电梯检修及呼梯信号处理。当检修开关 S 闭合时，调用检修子程序，对电梯进行检修处理，同时调用 HSC0 初始化子程序，对高速计数器 HSC0 进行初始化处理。呼梯信号处理部分主要判断有无呼梯信号，如果在 10min 之内没有呼梯信号，电梯将返回（或停在）一层；如果有呼梯信号，则把呼梯信号进行划分并进行分类保存处理。平层判断与显示模块是用高速计数器对旋转编码器输出的脉冲进行计数，来判断电梯的平层位置，再将电梯的楼层位置在数码管上显示出来。电梯运行方向处理模块，主要将电梯当前位置和呼梯信号进行比较后确定电梯上行或者下行标志。电梯运行处理模块，主要进行开门与关门处理、低速运行与高速运行处理以及上行与下行运行处理。下面介绍各模块程序的设计。

1）上电初始化程序。利用上电初始化脉冲 SM0.1，对呼梯及控制信号（Q0.0 ～ Q0.7，Q1.0 ～ Q1.7）清零，对楼层显示信息 QB8（Q8.0 ～ Q8.7）清零，对中间寄存器 MB0、平层数据寄存器 MB1 和楼层数据寄存器 MB2 进行清零操作，如图 3-48 所示。

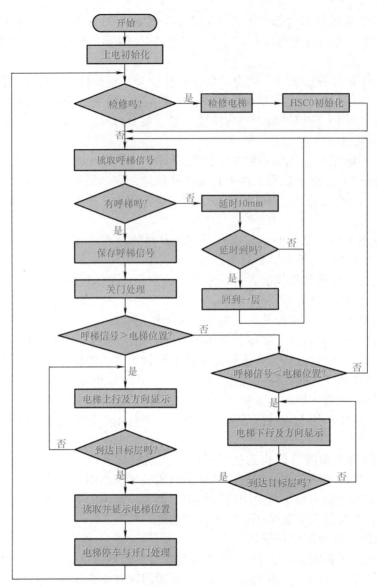

图 3-47 PLC 控制程序流程图

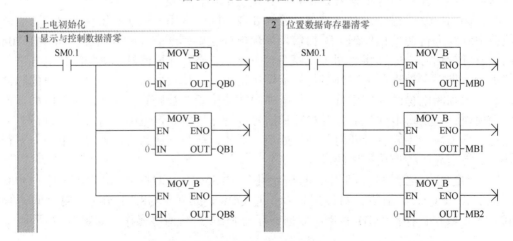

图 3-48 上电初始化程序

2）检修与呼梯信号处理程序。检修与呼梯信号处理程序如图 3-49 所示。M1.1～M1.3 用于保存电梯平层位置，在一层平层时 M1.1 为 ON，在二层平层时 M1.2 为 ON，在三层平层时 M1.3 为 ON；M0.0 和 M0.1 用于保存电梯上行和下行标志，要求上行时 M0.0 为 ON，要求下行时 M0.1 为 ON。

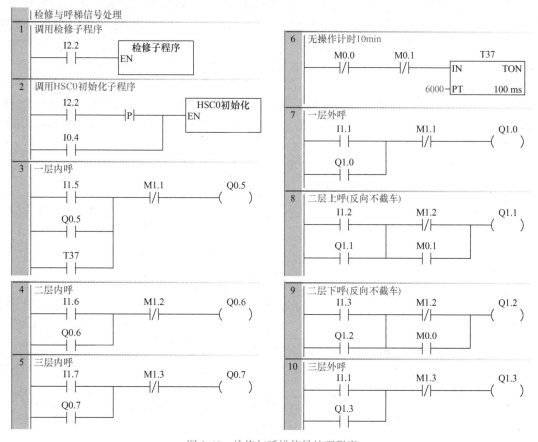

图 3-49 检修与呼梯信号处理程序

当检修开关 S（I2.2）闭合时，则电梯处于检修状态，调用检修子程序，首次进入检修模式或者处于一层时调用 HSC0 初始化子程序，对高速计数器 HSC0 的控制字节、当前初始值、预置值、工作模式等进行设置。

当检修开关 S（I2.2）断开后，则电梯处于运行状态，执行呼梯信号处理程序。此时按下轿厢目标一层按钮 SB5（I1.5 为 ON）时，或者在 10min 之内没有呼梯信号，且电梯不在一层（电梯在一层时使 M1.1 为 ON）时，则轿厢一层目标指示灯 HL3（Q0.5）点亮；当按下轿厢目标二层按钮 SB6（I1.6 为 ON），且电梯不在二层（电梯在二层时使 M1.2 为 ON）时，则轿厢二层目标指示灯 HL4（Q0.6）点亮；当按下轿厢目标三层按钮 SB7（I1.7 为 ON），且电梯不在三层（电梯在三层时使 M1.3 为 ON）时，则轿厢三层目标指示灯 HL5（Q0.7）点亮。当按下一层门厅上行按钮 SB1（I1.1 为 ON），且电梯不在一层（电梯在一层时使 M1.1 为 ON）时，则一层门厅上行指示灯 HL6（Q1.0）点亮；当按下二层门厅上行按钮 SB2（I1.2 为 ON），且电梯不在二层（电梯在 2 层时使 M1.2 为 ON）时，则二层门厅上行指示灯 HL7（Q1.1）点亮，当电梯下行经过二层（下行标志 M0.1 为 ON）时，不会清除二层上行按钮的情况；当按下二层门厅下行按钮 SB3（I1.3 为 ON），且电梯不在二层时，则二层门厅下行指示灯 HL8（Q1.2）点亮，电梯上行经过二层（上行标志 M0.0

为 ON）时，不会清除二层下行按钮的情况；当按下三层门厅下行按钮 SB4（I.4 为 ON），且电梯不在三层（电梯在三层时使 M1.3 为 ON）时，则三层门厅下行指示灯 HL9（Q1.3）点亮。

3）检修子程序。当检修开关 S 闭合（I2.2 为 ON）时，该子程序对电梯的上行、下行、开门、关门等进行手动操作处理，如图 3-50 所示。通过模拟量模块输出模拟电压，控制变频器以 10Hz 输出频率进行低速运行。在松开检修上行点动按钮 SB10（I2.3）或者电梯到达三层（I0.3 为 ON）时，电梯停止上行；在松开检修下行点动按钮 SB11（I2.4）或者电梯到达一层（I0.4 为 ON）时，电梯停止下行。当压下检修上行点动按钮 SB10（I2.3）并且电梯未到达三层时，电梯上行；当压下检修下行点动按钮 SB11（I2.4）并且电梯未到达一层时，电梯下行。操作轿门打开按钮 SB8（I2.0）且没有开好门（即 I0.5 为 OFF）时，打开轿门；操作轿门关闭按钮 SB9（I2.1）且没有关好门（即 I0.6 为 OFF）时，关闭轿门。

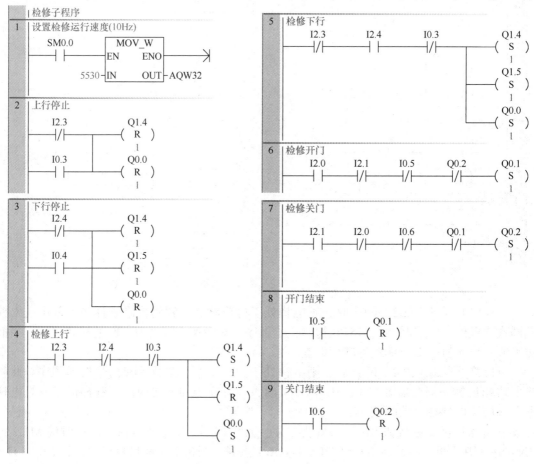

图 3-50　检修子程序

4）HSC0 初始化子程序。高速计数器 HSC0 初始化子程序如图 3-51 所示。SM0.0 为常 ON 触点，向 SMB37 写入控制字节 16#E4（启用 HSC、更新当前初始值、更新预置值、1× 倍率、外部高电平复位），向 SMD38 写入初始值 0、向 SMD42 写入预置值 0、定义 HSC0 的工作模式 10、启用 HSC0 工作。

5）平层判断与显示程序。旋转编码器的输出脉冲用作电梯平层定位，用高速计数器

HSC0 来统计编码器的输出脉冲，轿厢位于一层的行程开关 SQ2 压合（即 I0.4 为 ON）时使计数器 HSC0 复位。电梯上行时，A 相脉冲超前 B 相脉冲一次，使 HSC0 增 1；电梯下行时，A 相脉冲滞后 B 相脉冲一次，使 HSC0 减 1，由 HSC0 初始化子程序实现控制功能。脉冲定位是在检修模式下正反向各测量 5 次得到楼层高度脉冲值后，再用平均值法计算得到楼层高度脉冲值，假定楼层高度脉冲值为 4216，平层位置允许 ±40 个脉冲。根据计数器 HSC0 的值来确定楼层位置：0≤HC0≤40，为一层，使 M1.1 为 ON；4176≤HC0≤4256，为二层，使 M1.2 为 ON；8392≤HC0≤8472，为三层，使 M1.3 为 ON。当电梯检修时，先关闭数码管显示，等到电梯达到一层之后才打开数码管显示。并且，当 M1.1 为 ON 时，数码管显示 "1"；当 M1.2 为 ON 时，数码管显示 "2"；当 M1.3 为 ON 时，数码管显示 "3"。电梯超重时输出报警信号。平层判断与显示程序如图 3-52 所示。

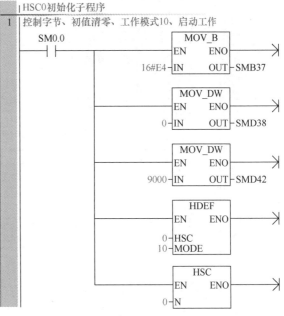

图 3-51　HSC0 初始化子程序

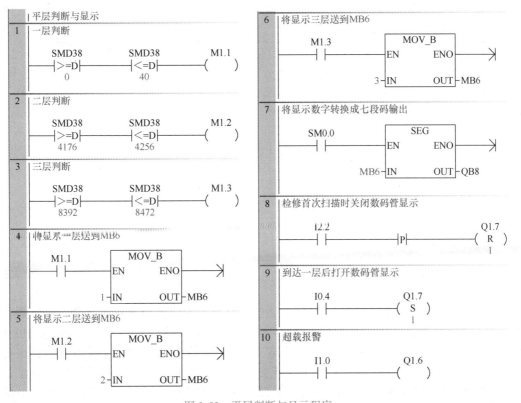

图 3-52　平层判断与显示程序

6）电梯运行方向处理程序。电梯运行方向处理程序如图 3-53 所示。

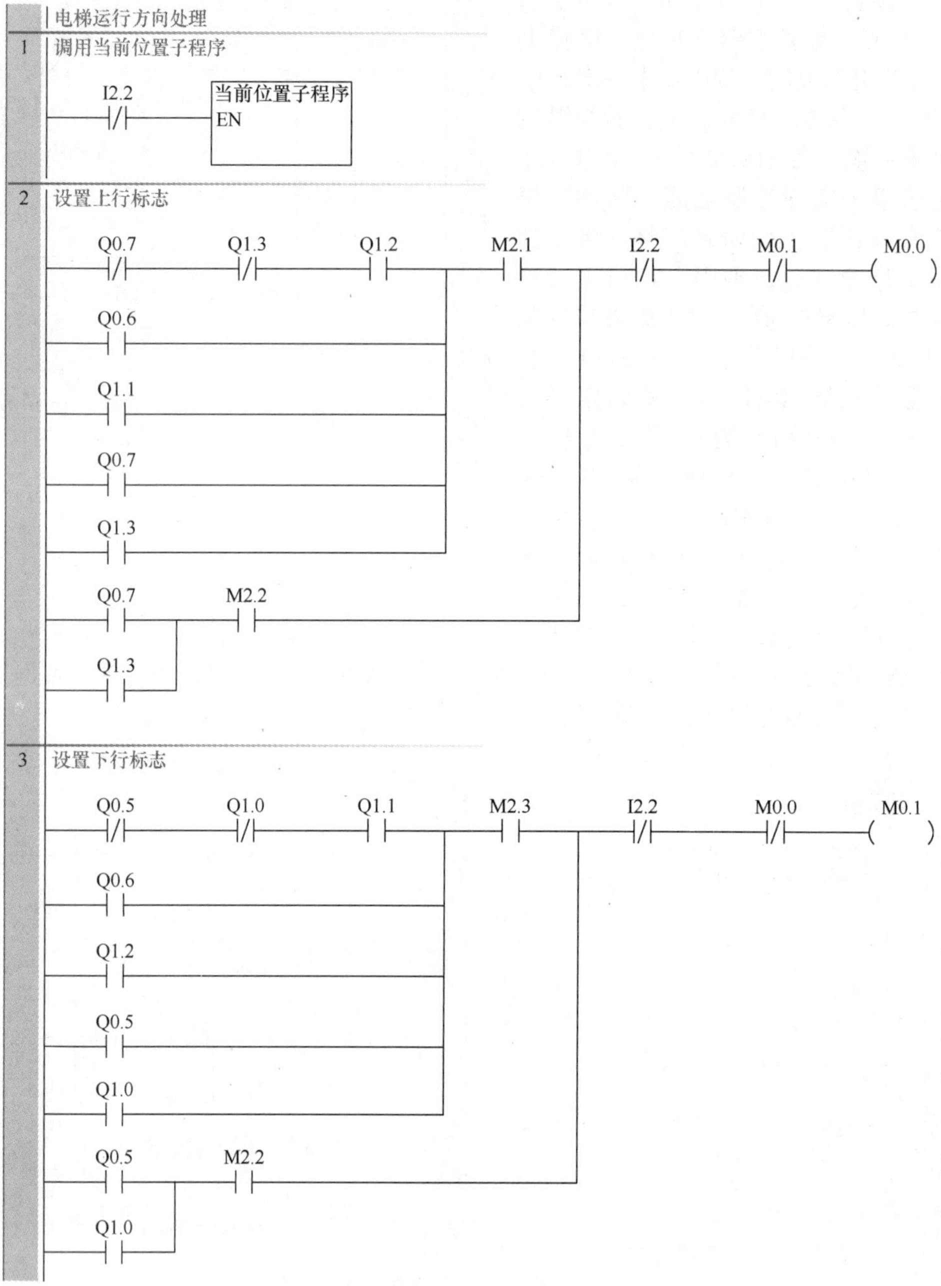

图 3-53　电梯运行方向处理程序

　　首先要调用当前位置子程序，根据平层信号对电梯的位置数据进行处理。电梯运行前位于一层时，只要有三层内呼、三层外呼、二层内呼或二层上呼，设置上行标志 M0.0 为 ON；电梯运行前位于一层并且三层内呼与三层外呼均没有，但存在二层下呼时，也要设置上行标志 M0.0 为 ON；电梯运行前位于二层时，只要有三层内呼或三层外呼，也要设置上行标志 M0.0 为 ON。电梯运行前位于三层时，只要有二层内呼、二层下呼、一层内呼或一层外呼，则设置下行标志 M0.1 为 ON；电梯运行前位于三层并且一层内呼与一层外呼均没有时，但存在二层上呼，也要设置下行标志 M0.1 为 ON；电梯运行前位于二层时，只要有一层内呼或一层外呼，也要设置下行标志 M0.1 为 ON。

7）当前位置子程序。电梯运行前的位置数据保存在 MB2 中，根据平层信号进行电梯运行之前的位置数据处理。在一层平层（M1.1 为 ON）时，使 M2.1 为 ON，到达二层（M1.2 为 ON）时，使 M2.1 为 OFF。在二层平层（M1.2 为 ON）时，使 M2.2 为 ON，到达一层（M1.1 为 ON）或三层（M1.3 为 ON）时，使 M2.2 为 OFF。在三层平层（M1.3 为 ON）时，使 M2.3 为 ON，到达二层（M1.2 为 ON）时，使 M2.3 为 OFF。当前位置子程序如图 3-54 所示。

8）电梯运行处理程序。首先，调用开门关门子程序，在电梯运行之前进

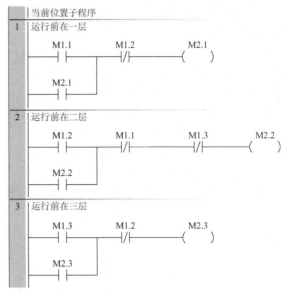

图 3-54　当前位置子程序

行关门处理，在电梯停车后进行开门处理。其次，调用高速低速子程序，在电梯起动之初或者即将达到目标层时，电梯以较低速度运行；在起始层和目标层的中间位置，电梯以较高的速度运行，既可以提高乘客乘坐的舒适度，又能缩短乘坐的时间。在电梯运行状态下（I2.2 为 OFF），电梯关门到位（I0.6 为 ON），上行标志 M0.0 为 ON、未到上行极限（I0.3 为 OFF）时，电梯上行（Q1.4 为 ON、Q1.5 为 OFF、Q0.0 为 ON），电梯上行指示灯 Q0.3 为 ON；当上行标志 M0.0 变为 OFF 或者到达上行极限位置（I0.3 为 ON）时，电梯上行停车。在电梯运行状态下，电梯关门到位，下行标志 M0.1 为 ON、未到下行极限（I0.4 为 OFF）时，电梯下行（Q1.4 为 ON、Q1.5 为 ON、Q0.0 为 ON），电梯下行指示灯 Q0.4 为 ON；当下行标志 M0.1 变为 OFF 或者到达下行极限位置（I0.4 为 ON）时，电梯下行停车。电梯运行处理程序如图 3-55 所示。

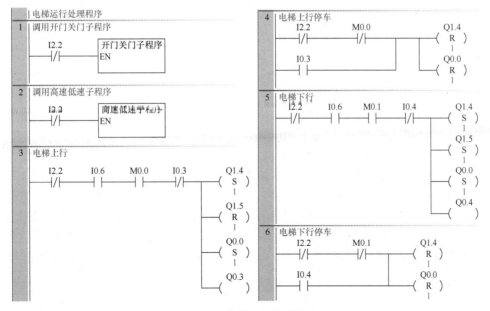

图 3-55　电梯运行处理程序

9）开门关门子程序。在轿厢门口没有探测到物体时，可以进行手动关门或者延时关门，以及停车时手动开门、停车延时开门、同向截车开门等，开门关门子程序如图 3-56 所示。在开门状态下，如果红外传感器探测到门口有物体（即 I0.2 为 ON）或者超重（即 I1.0 为 ON）时，则电梯不会关门。当轿门完全打开后，轿门打开限位开关 SQ3 被压合（即 I0.5 为 ON），门口没有物体且不超载时，定时器 T38 开始定时，定时延时 5s 后，会自动关门；同时，在电梯开门状态下，如果按下轿厢内的轿门关闭按钮 SB9（I2.1 为 ON），门口也没有物体时，则轿门立即关闭。产生电梯开门信号有 3 种情况：一是电梯停止运行后，由定时器 T39 定时 3s 后，自动开门；二是电梯停在某层，且电梯不满载（即 I0.7 为 OFF）时，该层厅外有同向呼梯信号，电梯开门；三是电梯停车时，按下轿厢内的轿门打开按钮 SB8（即 I2.0 为 ON），电梯立即开门。

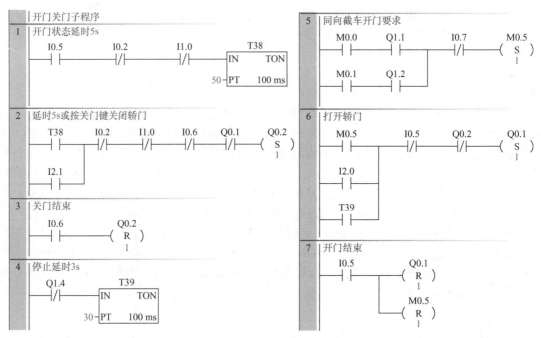

图 3-56　开门关门子程序

10）高速低速子程序。电梯运行有高速和低速两种运行速度，通过变频器输出 25Hz 和 10Hz 的信号驱动曳引机变速运行。在电梯刚起动或者快要到达目标层时采用低速（10Hz）运行，而在相邻两层的中间位置采用高速（25Hz）运行。根据 HC0 的当前值对高低速的区域进行划分：$0 \leqslant HC0 \leqslant 400$ 为低速区；$400 < HC0 \leqslant 3816$ 为高速区；当二层停靠时，$3816 < HC0 \leqslant 4616$ 为低速区，当二层不停靠时，$3816 < HC0 \leqslant 4616$ 为高速区；$4616 < HC0 \leqslant 8032$ 为高速区；$8032 < HC0 \leqslant 8432$ 为低速区。电梯停靠二层有以下 6 种情况：原来在一层时，如果有二层内呼、二层上呼，或者在三层没有呼梯信号下有二层下呼信号时，则停靠二层；原来在三层时，如果有二层内呼、二层下呼，或者在一层没有呼梯信号下有二层上呼信号时，则停靠二层。停靠二层的要求用 M0.7 来表示，当 M0.7 为 ON 时表示要停靠二层，当 M0.7 为 OFF 时表示不停靠二层。高速低速子程序如图 3-57 所示。

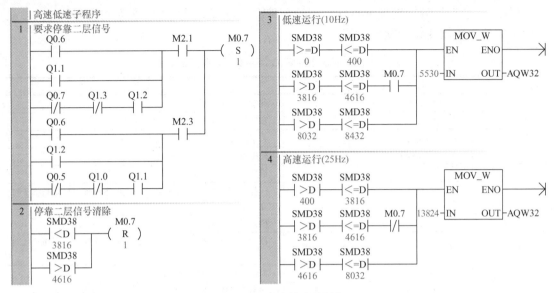

图 3-57　高速低速子程序

6. 联机调试

（1）编辑梯形图

用以太网电缆将 PC 和 PLC 相连，打开 PC 和 PLC 的电源。双击 STEP 7-Micro/WIN SMART 编程软件图标，编辑图 3-48 ～图 3-57 所示的梯形图，在"文件名"栏对该文件进行命名，在此命名为"三层电梯控制程序"，然后单击"保存"按钮即可。

（2）组态模拟量输出

双击"项目树"的"系统块"，打开"系统块"对话框，在 CPU 模块栏选择"CPU SR40（AC/DC/Relay）模块，在 EM 0 模块栏选择"EM DT08"（8DQ Transistor）模块，在 EM 1 模块栏选择"EM AM03（2AI/1AQ）"模块。单击"模拟量输出"的"通道 0（AQW32）"对话框，在通道 0（AQW32）的类型栏，选择"电压"，在通道 0（AQW32）的范围栏，选择"+/- 10V"；替代值为 0，在超出上限、超出下限、短路的左侧的单选框打"√"，再单击"确定"按钮保存结果。

（3）将程序和系统块下载到 CPU 模块

选择 CPU 启动后的模式：双击项目树的"系统块"，在系统块对话框中单击"启动"图标，在"CPU 模式"→"选择 CPU 启动后的模式"，选中"RUN"并按下"确定"按钮。在系统块对话框中单击"通信"图标，勾选"IP 地址数据固定为下面的值，不能通过其他方式更改"，将 PLC 的 IP 地址设为 192.168.2.1，子网掩码为 255.255.255.0，默认网关 0.0.0.0。单击工具栏上的"下载"按钮，选择"全部"，成功建立了编程计算机与 S7-200 SMART CPU 的连接后，将会出现"下载"对话框。在程序块、数据块、系统块的左侧的单选框打"√"，在"选项"的成功后关闭对话框的左选框打"√"，单击"下载"按钮，开始下载，下载结束后，关闭 PLC 电源。

（4）变频器参数设定

三层电梯控制使用变频器 AI2 模拟量输入通道，输入 0 ～ 10V 电压，需要设置电动机数据参数、控制命令源参数和模拟量定标参数。首先，根据变频器驱动电梯曳引机铭牌上数据设置电动机数据参数，如电动机额定电压 P0304（V）、电动机额定电流 P0305（A）、电动机额定功率 P0307（kW）、电动机额定功率因数 P0308（cosφ）、电动机额定频率

P0310(Hz)、电动机额定转速 P0311(r/min)。其次，还需要设置变频器部分参数见表 3-36，未列出的参数采用变频器默认设置。

表 3-36　三层电梯 PLC 控制变频器参数设置

地址	默认值	设定值	说明
P0700[0]	1（操作面板）	2	起动命令为端子
P0701[0]	0（禁止数字量输入）	1	数字量输入 1 端子功能为 ON/OFF1 命令
P0702[0]	0（禁止数字量输入）	12	数字量输入 2 端子功能为反向
P0756[1]	0（0～10V）	0	模拟量输入类型为 0～10V
P0757[1]	0	0	模拟量输入定标直线上第一个点的横坐标 X1 为 0V
P0758[1]	0.0	0.0	模拟量输入定标直线上第一个点的纵坐标 Y1 为 0.0%（对应 0.0Hz）
P0759[1]	10.0	10.0	模拟量输入定标直线上第二个点的横坐标 X2 为 10V
P0760[1]	100.0	100.0	模拟量输入定标直线上第二个点的纵坐标 Y2 为 100%（对应 50Hz）
P0761[1]	0	0	模拟量输入死区宽度为 0V
P1000[0]	1（MOP 设定值）	7	频率设定通道为模拟信号 2（即 AI2 通道设定值）
P2000[0]	50.0	50.0	基准频率设置为 50Hz

（5）三层电梯控制系统联机调试

根据图 3-46 连接 PLC、变频器和外围电器。接通变频器 V20 的电源，变频器屏幕上显示"50？"，单击 M 键，进入显示菜单，再单击 M 键，进入参数菜单，按照表 3-36 所列的参数要求设置好参数。另外，还要根据曳引机铭牌上数据设置电动机参数 P0304(V)、P0305（A）、P0307（kW）、P0308（cosφ）、P0310（Hz）、P0311（r/min）。

分别接通变频器和 PLC 的电源，让 PLC 进入运行后，通过操作相关按钮、设置一些必要的参数来监控和调试程序。当程序调试正常后，再进行三层电梯控制的调试工作，通过操作电梯上有关按钮，观察电梯运行状态、指示灯、数码管的显示是否正确。如果发现运行不正确，应查明故障原因，并进行相应修正直至电梯控制工作正常为止。

3.4.5　任务评价

在完成三层电梯变频 PLC 控制系统设计任务之后，对学生的评价主要从主动学习、高效工作、认真实践的态度，团队协作、互帮互学的作风，PLC、变频器与电梯电控器件的连接、PLC 接口电路设计、模拟量模块的组态、变频器的参数设置及过程中遇到问题的解决能力，以及树立为国家为人民多做贡献的价值观等方面进行，并采用学生自评、小组互评、教师评价来综合评定每一位学生的学习成绩，评定指标详见表 3-37。

表 3-37　三层电梯变频 PLC 控制系统设计任务评价表

评价指标	评价要素	分值	学生自评（10%）	小组互评（20%）	教师评价（70%）	得分
硬件电路设计与连接	能阅读变频器与 PLC 使用手册，并根据控制任务要求，选择适合控制系统使用的变频器和相关电器，并能完成三层电梯控制系统的连接工作	20				
软件设计与调试	能根据控制要求设计电梯控制程序流程图，分别对控制程序的各个模块进行编辑与调试，最后对 PLC、变频器与相关电器进行联机调试，并解决调试过程中的实际问题	60				

（续）

评价指标	评价要素	分值	学生自评（10%）	小组互评（20%）	教师评价（70%）	得分
文档撰写	能根据任务要求撰写硬件选型报告，包括摘要、报告正文，图表等符合规范性要求	10				
职业素养	符合 7S（整理、整顿、清扫、清洁、素养、安全、节约）管理要求，树立认真、仔细、高效的工作态度以及为国家为人民多做贡献的价值观	10				

3.4.6　拓展提高——四层电梯变频 PLC 控制程序设计

单台电梯控制楼层数有几层到几十层，它们的工作原理相同，所不同的是随着楼层数的增多，其操作按钮和指示灯数量会随之增大，相应的控制程序也会变得复杂一些。以四层电梯为例，轿厢内的楼层选择数字键 1 ～ 4，各层门厅按钮除了一层只设上升按钮、四层只设下降按钮外，其他楼层均设置上升和下降两个按钮。实际上，电梯是根据外部呼叫信号以及自身控制规律来运行的，而呼叫是随机的，因此，电梯控制应该采用随机逻辑控制方式。在电梯运行过程中，电梯上升（或下降）途中，任何反方向下降（或上升）的外呼梯信号均不响应，但是如果反向外呼梯信号的前方向无其他内、外呼梯信号时，则电梯响应这个外呼梯信号。同时，在四层电梯控制中，如果电梯正在上升且四层没有任何呼梯信号时，则电梯可以响应三层向下外呼梯信号。电梯应具有最远外呼梯响应功能，例如，电梯在一楼，而且同时有二层向下外呼梯、三层向下外呼梯、四层向下外呼梯时，则电梯先去四楼响应四层向下外呼梯信号。请读者根据四层电梯的控制要求，设计硬件电路、PLC 控制程序、变频器参数设置以及系统联机调试工作。

复习思考题 3

1. 简述触摸屏的工作原理。

2. 触摸屏有哪些类型？请读者自行上网查询几种典型触摸屏的型号。

3. 简述西门子 SMART 700 IE V3 和 SMART 1000 IE V3 触摸屏的主要特点。

4. 简述用西门子 WinCC flexible SMART V3 软件设计电动机正转（M1）、反转（M2）和停止（M0）位开关画面的过程。

5. 西门子 SINAMICS V20 变频器的主电路有哪些接线端子？

6. 西门子 SINAMICS V20 变频器的控制电路有哪些接线端子？

7. 西门子 SINAMICS V20 变频器的参数有什么特点？

8. 西门子 SINAMICS V20 变频器有哪些连接宏？

9. 用 V20 变频器实现三段速（50Hz、40Hz、20Hz）运行，请完成相关电路设计及变频器参数的设置过程。

10. 简述电梯制动器的作用与工作过程。

11. 描述三层电梯控制变频器参数的设置过程。

12. 简述旋转编码器在电梯中实现位置控制的方法。

13. 分析电梯检修时的操作流程以及对应程序的工作过程。

项目 4

PLC 通信网络系统设计

在生产现场进行高效率生产和适当的质量管理的同时，为了达到省力、省配线、设备小型化和降低成本的目的，根据用途和生产目的建立一个网络系统是很重要的。PLC 和各种智能设备（如工业控制计算机、PLC、变频器、机器人、柔性制造系统等）组成通信网络，以实现信息的交换，各台 PLC 或远程 I/O 模块放置在各个生产现场进行分散控制，然后通过网络连接起来，构成集中管理的分布式网络系统。通过以太网、控制网络还可以与 MIS（管理信息系统）融合，形成管理控制一体化网络，能大大提高企业的生产管理水平。

PLC 通信是指 PLC 与计算机、PLC 与 PLC、PLC 与人机界面（触摸屏）、PLC 与变频器、PLC 与其他智能设备之间的数据传递，具有通信方式灵活多样、控制功能扩展方便、容易满足更多用户需求、系统运行可靠性高、联机调试方便快捷等优点，因而得到了广泛的应用。

▶任务 4.1　PLC 通信基础知识学习

4.1.1　任务目标

1）能根据任务要求选择合适的通信方式。
2）能用标准串行接口进行通信连接。
3）能选择合适的网络结构和通信介质。
4）能选择合适的通信协议进行串行通信。

4.1.2　任务描述

PLC 通信网络系统应用 PLC 联网通信及工业以太网技术，可以将现场自动化设备信息集成到企业信息系统中，从而在企业内部建立起从底层设备到高层管理的无缝连接，提高企业的自动化与信息化水平，具有环境要求低、抗干扰能力强等优点，同时也吸取了集散控制技术的"分散控制、集中管理"的长处，在工业控制、远程医疗、智能电网、建筑自动化、智能汽车系统、航空及航天等复杂的工业控制领域得到了广泛应用。

为了切实发挥 PLC 控制网络的积极作用，应细致分析具体的监控任务特征及要求，评估 PLC 控制网络运行期间的技术可行性与经济实用性，确保所制定出的 PLC 控制方案能够从根本上保障生产质量及生产效率，获得最佳网络控制效果。在进行 PLC 网络系统设计之前，学生必须熟悉网络通信原理，掌握 S7-200 SMART PLC 网络系统的通信功能、构成要素、连接方法与通信协议，能应用标准串行接口完成对串行通信系统的电路设计，以及相应的通信程序设计和联机调试工作。

4.1.3　任务准备——通信基础知识

1. 通信方式

通信方式是指通信双方之间的工作方式或信号传输方式。按照通信介质划分，通信方式可分为有线通信和无线通信；按照信号特征划分，通信系统可分为模拟通信和数字通信；按照数据传输方式划分，通信方式可分为并行通信和串行通信。按照消息传输的方向与时间划分，串行通信又可分为单工通信、半双工通信和全双工通信；按照收发双方同步方式的不同，串行通信又可分为异步通信和同步通信。

有线通信是指以导线、电缆、光缆以及纳米材料等看得见的材料为传输媒质的通信。无线通信是指传输媒质看不见、摸不着的一种通信形式（如电磁波通信），常见的无线通信有微波通信、短波通信、移动通信、卫星通信等。

2. 传输方式

（1）并行传输

并行传输是指数据的各个位同时传输的通信方式，以字节或字为单位进行传输，除了8 根或 16 根数据线、一根公共线（信号地线）外，还需要通信双方联络用的控制线，其特点是数据传输速度快，但是所需传输线的根数多、成本高，一般只用于近距离的数据传输。如计算机或 PLC 内部各种总线就是以并行方式传送数据的。

（2）串行传输

串行传输是指数据以二进制位（bit）为单位一位接一位进行传输的通信方式，其特点是数据传输速度慢，但是所需传输线的根数少、成本低，适合远距离的数据通信。PLC与计算机、PLC 与 PLC、PLC 与人机界面、PLC 与变频器之间的通信均采用串行通信。

3. 单工、半双工、全双工通信制式

在串行通信中，根据数据的传输方向不同，串行数据通信又可分为单工通信、半双工通信和全双工通信 3 种串行数据通信制式。

单工通信，顾名思义，数据只能往一个方向传送的通信，即只能由发送端传输给接收端的通信，又称为单向通信。如无线电广播和电视广播都是单工通信制式。

半双工通信，数据可以双向传送，但在同一时间内，只能往一个方向传送。它实际上是一种可切换方向的单工通信。半双工通信适用于会话式通信，例如警察使用的"对讲机"和军队使用的"步话机"均采用半双工通信制式。

全双工通信，数据可以同时沿两个方向传送，通信的双方都有发送器和接收器，双方可以同时进行发送和接收。如 PLC 通信网络、现代电话网均使用全双工通信制式。

4. 异步通信与同步通信

在单工、半双工、全双工的串行通信中，接收方和发送方应使用相同的传输速率，但是实际的发送速率与接收速率之间总是有一些微小的差别。在连续传送大量数据时，将会因为积累误差造成发送和接收的数据错位，使接收方收到错误的信息。为了解决这一问题，需要使发送过程和接收过程同步。按同步方式的不同，串行通信又可分为异步通信和同步通信。

（1）异步通信

在异步通信中，采用字符同步方式，数据是一个字符接一个字符传送的。发送的字符由 1 个起始位、7 个或 8 个数据位、1 个奇偶校验位（可以没有）、1 个或 2 个停止位组成。通信双方需要对采用的字符格式、数据传输速率、定位时钟做相同的约定。接收方检测到停止位和起始位之间的下降沿后，将它作为接收的起始点，在每一位的中点接收信息。这样，即使收发双方的传送速率（包括定位时钟）略有不同，也不会导致信息发送和接收的

错位。如果使用了奇偶校验位，接收方还可以通过判断校验位是否满足设定要求来判断传送数据是否出错。PLC与其他设备通信主要采用异步串行通信方式。

（2）同步通信

同步通信采用位（码元）同步方式，以数据帧为单位进行传送。在同步通信中，用1个或2个同步字符表示传输过程的开始，接着是 n 个字符的数据帧，最后是校验字符。同步通信时，先发送同步字符，接收方检测到同步字符后，开始接收数据，并按约定的长度拼成一个个数据字节，直到整个数据接收完毕，经校验无传送错误则结束一帧信息的传送。同步通信时，字符之间不允许有间隙，发送和接收双方要保持完全的同步，因此要求接收和发送设备必须使用完全同步的时钟。在近距离通信时，可以在传输线中增加一根时钟信号线来解决；在远距离通信时，可以采用锁相环技术，使接收方得到和发送方时钟频率完全相同的时钟信号。同步通信不加起始位、停止位信号，传输效率较高，适用于2400 bit/s 以上数据传输，但技术比较复杂。

异步通信和同步通信的区别如下：异步通信是按照收发双方约定好的固定格式，一个字符接一个字符传送。由于每个字符都要用起始位和停止位作为字符开始和结束的标志，因而传送效率较低，但硬件设备相对简单，主要用于中低速通信的场合。在PLC网络中，通常采用异步串行通信方式。同步通信的一帧信息中，多个要传送的字符放在同步字符后面，这样，每个字符的起始位和停止位就不需要了，额外开销大大减少，故数据传输效率高于异步通信，但硬件设备比异步通信复杂，常用于高速通信的场合。

5. 通信网络常用传输介质

连接网络必须使用传输线，它是所有网络的最小要求。常见的传输线有4种基本类型，分别是同轴电缆、双绞线、光缆和无线电波。每种类型都满足了一定的网络要求，都解决了一定的网络问题。目前常用的有线通信传输介质有双绞线、多股屏蔽电缆、同轴电缆和光缆。双绞线把两根导线扭在一起，可以减少外部电磁干扰，如果用金属织网加以屏蔽，抗干扰能力更强。双绞线成本低，安装简单，在RS-485接口连接通信中应用较多。多股屏蔽电缆把多股导线捆在一起，外加屏蔽层而成，在RS-232C和RS-422接口连接通信中应用。同轴电缆由中心导体层、绝缘层、屏蔽层和保护层组成，可用于基带传输（50Ω），也可用于宽带传输（75Ω）。与双绞线相比，同轴电缆的传输速度高、传输距离远，但成本相对要高。光缆由光纤、包层和保护层构成。与电缆相比，光缆的价格较高、维修复杂，但抗干扰能力更强，传送距离更远，在计算机网络中得到应用。

PLC通信网络中常用传输介质的性能比较见表4-1。

表 4-1　PLC 通信网络中常用传输介质性能比较

性能指标	双绞线	同轴电缆	光缆
传输速率 / (Mbit/s)	0.0096～2	1～450	10～500
连接方法	点对点；多点 1.5km 不用中继站	点对点；多点 10km 不用中继站（宽带） 1～3km 不用中继站（基带）	点对点 50km 不用中继站
传输信号	数字调制信号； 纯模拟信号（基带）	调制信号；数字（基带） 数字、图像、声音（宽带）	调制信号（基带） 数字、图像、声音（宽带）
支持网络	星形、环形、小型交换机	总线型、环形	总线型、环形
抗干扰能力	好（需外加屏蔽）	很好	极好
抗恶劣环境能力	好（需外加保护层）	好，但必须将电缆与腐蚀物隔开	极好，能耐高温和其他恶劣环境

6. 网络拓扑结构

网络拓扑结构是指用传输媒体互连各种设备的物理布局，就是用什么方式把网络中的计算机等设备连接起来。常用的网络拓扑结构有总线型结构、环形结构、星形结构、扩展星形结构、树形结构和网状结构，如图 4-1 所示。

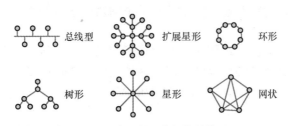

图 4-1　常用的网络拓扑结构

（1）总线型结构

网络中通过传输线互连的设备称为节点。在总线型结构中，所有节点都通过硬件接口连接到一条公共总线上。任何节点都可以在总线上传送数据，并且能被总线上任一节点所接收。这种结构简单灵活，容易扩充新节点，甚至可用中继器连接多个总线。节点通过总线直接通信，具有速度快、延迟小、可靠性高等优点。但由于所有节点共用一条总线，容易发生数据冲突、争用总线控制权、降低传输效率等问题。目前的 PLC 通信模块普遍支持总线型网络结构。

（2）环形结构

在环形结构中，各个节点通过硬件接口连接在一条闭合的环形通信线路上。数据传输只能按照事先规定好的方向从一个节点传到下一个节点，如果下一个节点不是目的节点，则再往下传送，直到被目的节点接收为止。这种结构路径选择控制方式简单，但是如果某个节点发生故障，就会阻塞信息通路，故可靠性较差。

（3）星形结构

在星形结构中，各站点通过点到点链路接到中央节点。通过中心设备实现许多点到点连接。在数据网络中，这种设备是主机或集线器。在星形网络中，可以在不影响系统其他设备工作的情况下，非常容易地增加和减少设备。星形结构的优点是：利用中央节点可方便地提供服务和重新配置网络；单个连接点的故障只影响一个设备，不会影响全网，容易检测和隔离故障，便于维护；任何一个连接只涉及中央节点和一个站点，因此控制介质访问的方法很简单，从而访问协议也十分简单。星形结构的缺点是：每个站点直接与中央节点相连，需要大量电缆，因此费用较高；如果中央节点产生故障，则全网不能工作，所以对中央节点的可靠性和冗余度要求很高。

星形结构是目前在局域网应用中最为普遍的一种，企业网络几乎都采用这一方式。星形网络几乎是以太网网络专用，网络中各工作站点设备通过一个网络集中设备（如集线器或者交换机）连接在一起，各节点呈星状分布而得名。这类网络目前用得最多的传输介质是双绞线，如常见的五类线、超五类双绞线等。

（4）扩展星形结构

如果星形网络扩展到与主网络设备相连的其他网络设备，这种拓扑就称为扩展星形拓扑。它可以满足更多、不同地理位置分布的用户连接和不同端口带宽需求。例如，一个包含两级交换机结构的星形网络，其中的两层交换机通常为不同档次的，可以满足不同需求，核心（或骨干层）交换机要选择档次较高的，用于连接下级交换机、服务器和高性能需求的工作站用户等，下面各级则可以依次降低要求，以便于最大限度地节省投资。

（5）树形结构

在树形结构中，采用分级的集中控制式网络，由多个层次的星形结构纵向连接而成，树形网络树的每个节点都是计算机或转接设备。一般来说，越靠近树的根部，节点设备的性能就越好。与星形网络相比，树形网络总长度短，成本较低，节点易于扩充，但是树形网络复杂，与节点相连的链路有故障时，对整个网络的影响较大。

（6）网状结构

在网状结构中，各节点通过传输线互相连接起来，并且每一个节点至少与其他两个节点相连。网状结构具有较高的可靠性，但其结构复杂，实现起来费用较高，不易管理和维护，主要在广域网中应用，而在局域网中应用较少。

7. 网络通信协议

在通信网络中，各网络节点、各用户主机为了进行通信，就必须共同遵守一套事先制定的规则，对数据格式、同步方式、传输速率、纠错方式、控制字符等进行规定，称为协议。1979 年国际标准化组织（ISO）提出了开放系统互连（Open System Interconnection，OSI）参考模型，该模型定义了各设备连接在一起进行通信的结构框架。所谓开放，就是指只要遵守这个参考模型的有关规定，任何两个系统都可以连接并实现通信。网络通信协议共分 7 层，从低到高分别是物理层、数据链路层、网络层、传输层、会话层、表示层和应用层。PLC 网络很少完全使用上述 7 层协议，一般只是采用其中的一部分，由 PLC 制造厂商自己制定专用的通信协议，或者使用无协议通信。在 PLC 控制系统中，习惯上将仅需要对传输的数据格式、传输速率等参数进行简单设定即可以实现数据交换的通信，称为"无协议通信"，又称自由口通信。而将需要安装专用通信工具软件，通过工具软件中的程序对数据进行专门处理的通信，称为"专用协议通信"，如西门子的 PPI 协议、S7 协议、PROFIBUS-DP 协议等。

1）专用协议通信。专用协议通信是指通过在外部设备上安装 PLC 专用通信工具软件，在 PLC 与外部设备之间进行数据交换的通信方式。专用协议通信的优点是可以直接使用外部设备进行 PLC 程序、PLC 的编程元件状态的读出、写入、编辑，特殊功能模块的缓冲存储器读写等；还可以通过远程指令控制 PLC 的运行与停止，或者进行 PLC 运行状态的监控等。但是外部设备应保证能够安装，且必须安装 PLC 通信所需要的专用工具软件。一般而言，在安装了专用的工具软件后，外部设备可以自动创建通信应用程序，无需 PLC 编程就可直接进行通信。

2）无协议通信（无顺序协议）。无协议通信是指仅需要对数据格式、传输速率、起始 / 停止码等进行简单设定，PLC 就可以与外部设备间进行直接数据发送与接收的通信方式。无协议通信一般需要专门的 PLC 应用指令才能进行通信。在数据传输过程中，可以通过应用指令的控制进行数据格式的转换，如 ASCII 码与 HEX（十六进制）的转换、帧格式的转换等。无协议通信的优点是外部设备不需要安装专用通信软件，因此，可以用于很多简单外设（如打印机、条形码阅读器等）的通信。

3）双向协议通信。双向协议通信是指通过通信接口，使用 PLC 通信模块的信息格式与外部设备进行数据发送与接收的通信方式。双向协议通信一般只能用于 1：1 连接方式，并且需要专门的 PLC 应用指令才能进行通信。在数据传输过程中，可以通过应用指令的控制进行数据格式的转换，如 ASCII 码与 HEX（十六进制）的转换、帧格式的转换等。双向协议通信在数据发送与接收时，一般需要进行"和"校验。双向协议通信的外部设备如果能够按照通信模块的信息格式发送 / 接收数据，则不需要安装专用的通信软件。在通信过程中，需要通过数据传送响应信息 ASK、NAK 等进行应答。

4）TCP/IP（传输控制协议 / 互联网协议）通信。在 PLC 控制系统中，PLC 与各个操作站之间通信普遍使用 TCP/IP 通信。TCP/IP 是网络通信协议的一种，TCP 对应 OSI 参考模型的传输层。IP 对应 OSI 参考模型的网络层。在以 TCP/IP 为通信协议的网络上，每个节点都有一个唯一的地址标识，即 IP 地址。IP 地址不但可以用来辨识每一个节点，其中也隐含着网络间的路由信息。IP 地址为 32 个二进制位长，一般是以 4 个十进制数字表示，并且每个数字间以点隔开，如 203.35.88.7。IP 地址分为 A、B、C、D、E 5 类，地址格式的最左边一个或多个二进制位用来指定网络类型。

PLC 控制系统中的网络系统属于局域网，故可采用 C 类 IP 地址。C 类网络的 IP 范围是 192.0.0.0 ～ 223.0.0.0。这个范围中 192.168.0.0 ～ 192.168.255.255 地址是留给用户自定义的。在实际应用中，有些厂家的 PLC 只能使用这个网段的 IP 地址，而且必须用前面 24 位表示网段。子网掩码也是一个 32 位二进制值，格式与 IP 地址相同。子网掩码的功能是用来区分 IP 地址中的网段地址和节点地址以及用来将网络分割为多个子网。故将子网掩码定为 255.255.255.0。

4.1.4　任务实施

1. 串行通信的端口标准

在计算机中，接口是计算机系统中两个独立的部件进行信息交换的共享边界。根据电气标准和协议，串行通信接口包括 RS-232C、RS-422、RS-485、USB 等。RS-232C、RS-422、RS-485 标准仅指定接口的电气特性，并不涉及连接器、电缆或协议。USB 是一种通用串行总线接口，具有即插即用和热插拔功能，用于规范计算机与外部设备的连接和通信。

（1）RS-232C 串行通信接口

RS-232C 是 1969 年由美国电子工业协会（EIA）公布的串行通信接口，它定义了数据终端设备（DTE）与数据通信设备（DCE）之间的物理接口标准，普遍用于计算机之间及计算机与外部设备之间的串行通信，计算机和 PLC 一般使用 9 针连接器，距离较近不使用传输控制信号时，只需要 3 根线（RXD、TXD、GND）就能进行串行通信，如图 4-2 所示。

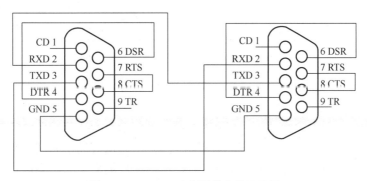

图 4-2　RS-232C 串行通信电缆连接图

RS-232C 接口具有以下特点：

1）采用负逻辑，规定 DC -15 ～ -5V 为逻辑"1"，规定 DC 5 ～ 15V 为逻辑"0"。

2）数据传送速率较低，可以设置为 300bit/s、600bit/s、1.2kbit/s、2.4kbit/s、4.8kbit/s、9.6kbit/s、19.2kbit/s。

3）采用单端驱动、单端接收方式，抗干扰能力差，传输距离一般不超过 15m。

由于 PC 默认只带有 RS-232C 接口，有两种方法可以得到 PC 上的 RS-485 电路。方法一是通过 RS-232/RS-485 转换电路，将 PC 的 RS-232 串口信号转换成 RS-485 信号，对于情况比较复杂的工业环境，最好选用防浪涌和隔离栅的产品。方法二是通过 PCI 多串口卡，也可以直接选用输出信号为 RS-485 类型的扩展卡。

（2）RS-422 串行通信接口

1977 年，EIA 针对 RS-232C 存在最高传输速率为 20kbit/s 和最远传输距离仅为 15m 的缺点，提出了 RS-422 串行通信接口。RS-422 是利用差分传输方式提高通信距离和可靠性的一种通信标准。在发送端使用两根信号线发送同一信号（两根线的极性相反），接收端对这两根线上的电压信号相减得到实际信号，逻辑"1"以两线间的电压差为 2 ~ 6V 表示；逻辑"0"以两线间的电压差为 -6 ~ -2V 表示。在较短的传输距离时传输速率可达 10Mbit/s（此时最大传输距离为 12m）；在通信速率低于 100kbit/s 时，最大通信距离为 1200m。

RS-422 是一种单机发送、多机接收、全双工、平衡传输的规范，并且允许在一条平衡总线上连接最多 10 个接收器。由 RS-485/422 收发器 MAX3490 芯片构成的 RS-422 通信网络如图 4-3 所示。在接收使能端 $\overline{RE}$ 为低电平有效，且当 $V_A - V_B > 0.2V$ 时，接收端 RO 为高电平；当 $V_A - V_B < 0.2V$ 时，接收端 RO 为低电平；在使能端 $\overline{RE}$ 为高电平无效时，RO 为高阻态。在发送使能端 DE 为高电平有效时，如果 DI 为高电平，则输出 Y 为高电平且输出 Z 为低电平；如果 DI 为低电平，则输出 Y 为低电平且输出 Z 为高电平；在发送使能端 DE 为低电平无效时，则输出 Y 和 Z 均为高阻态。

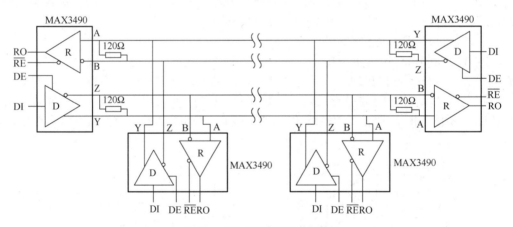

图 4-3　RS-422 串行通信网络

（3）RS-485 串行通信接口

1983 年，EIA 在 RS-422 基础上制定了 RS-485 标准，它是 RS-422 接口的变形，采用了半双工通信方式，增加了发送器的驱动能力，使通信线路上最多可以使用 32 对差分驱动器/接收器，可以自行定义协议以及传输线成本低的特性，而成为工业应用中数据传输的首选标准。RS-485 电气标准与 RS-422 完全相同，但当 RS-485 线路空闲（即不传送信号）时，线路处于高阻（或挂起）状态，这时 RS-485 线路就可以允许被其他设备占用，也就是说具有 RS-485 通信接口的设备可以方便地连成网络。在 RS-485 网络中只允许有一个设备是主设备，其余全部是从设备；或者无主设备，各个设备之间通过传递令牌获得总线控制权。

RS-485 多采用两线制接线方式，这种接线方式为总线拓扑结构，在同一总线上最多可以挂接 32 个节点。由 RS-485/422 收发器 MAX3485 芯片构成的 RS-485 串行通信网络如图 4-4 所示。在低速、短距离、无干扰的场合，RS-485 通信可以采用普通的双绞线；反之，在高速、长线传输时，则必须采用阻抗匹配（一般为 120Ω）的 RS-485 专用电缆（STP-120Ω），而在干扰恶劣的环境下还应采用铠装型双绞屏蔽电缆（ASTP-120Ω）。当接收端的差分电压大于 200mV 时，输出正逻辑电平（数字"1"）；差分电压小于 –200mV 时，输出负逻辑电平（数字"0"）。RS-485 接口采用双绞线连接时，只有在很短的距离（12m）下才能获得最高传输速率 10Mbit/s，一般 100m 长双绞线最大传输速率仅为 1Mbit/s。

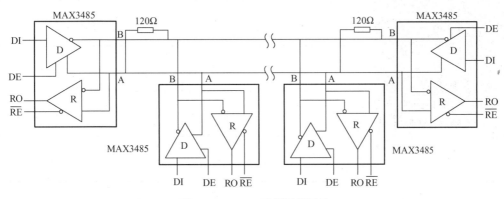

图 4-4　RS-485 串行通信网络

2. S7-200 SMART CPU 的串行通信接口

每个 S7-200 SMART CPU 都提供一个以太网接口和一个 RS-485 接口（接口 0），标准型 CPU 额外支持 SB CM01 信号板（接口 1），信号板可通过 STEP 7-Micro/WIN SMART 软件组态为 RS-232C 通信接口或 RS-485 通信接口。

（1）RS-485 通信接口（接口 0）

S7-200 SMART CPU 使用与 RS-485 兼容的 9 针 D 形连接器，其引脚分配见表 4-2。

（2）RS-485/ RS-232 通信接口（接口 1）

标准型 CPU 额外支持 SB CM01 信号板，通过 STEP 7-Micro/WIN SMART 软件组态为 RS-485 通信接口或者 RS-232 通信接口。表 4-3 给出了 SB CM01 信号板接口引脚分配。

表 4-2　RS-485 接口（接口 0）的引脚分配

连接器（母头）	引脚标号	信号	引脚定义
	1	屏蔽	机壳接地
	2	24V 返回	逻辑公共端
	3	RS-485 信号 B	RS-485 信号 B
	4	发送请求	RTS（TTL）
	5	5V 返回	逻辑公共端
	6	+ 5V	+5V，100Ω 串联电阻
	7	+24V	+24V
	8	RS-485 信号 A	RS-485 信号 A
	9	不适用	10 位协议选择（输入）
	外壳	屏蔽	机壳接地

表 4-3　SB CM01 信号板接口（接口 1）的引脚分配

信号板接口	端口引脚标号	信号	引脚定义
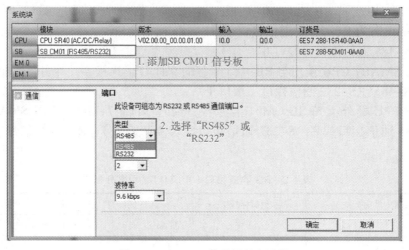	1	接地	机壳接地
	2	Tx/B	RS–232–Tx/RS–485–B
	3	发送请求	RTS（TTL）
	4	M 接地	逻辑公共端
	5	Rx/A	RS–232–Rx/RS–485–A
	6	+5V	+5V，100Ω 串联电阻

使用 STEP 7–Micro/WIN SMART 软件组态 SB CM01 信号板为 RS–485 通信接口或者 RS–232 通信接口的过程如图 4-5 所示。

图 4-5　SB CM01 信号板组态过程

（3）EM DP01 扩展模块的通信接口

使用西门子 S7–200 SMART PLC 的通信模块 EM DP01，可以将 S7–200 SMART PLC 连接为 PROFIBUS-DP 从站，支持 PROFIBUS-DP 和 MPI（消息传递接口）两种通信协议，数据传输率为 9.6kbit/s ～ 12 Mbit/s。可将 EM DP01 作为扩展模块连接到 S7-200 SMART CPU，再通过该模块的通信接口与 PROFIBUS 网络相连接。

EM DP01 模块上的 RS–485 串行通信接口是 9 针小型 D 形插口，与欧洲标准 EN50170 规定的 PROFIBUS 标准一致，引脚分配见表 4-4。

表 4-4　EM DP01 模块接口（RS-485）引脚分配

连接器（母头）	引脚标号	信号	引脚定义
	1	屏蔽	机壳接地
	2	24V 返回	逻辑公共端
	3	RS-485 信号 B	RS-485 信号 B
	4	发送请求	RTS（TTL）
	5	5V 返回	逻辑公共端
	6	+5V	+5V（隔离）
	7	+24V	+24V
	8	RS-485 信号 A	RS-485 信号 A
	9	NC	不连接

3. S7-200 SMART PLC 的通信功能

S7-200 SMART PLC 是西门子 S7-200 PLC 的加强版，与 S7-200 PLC 相比，它在性能、硬件配置和软件组态方面都有提高，也得到了用户的广泛认可。S7-200 SMART PLC 标准型 CPU 为用户提供一个以太网接口和一个 RS-485 接口（接口 0），标准型 CPU 还额外支持 SB CM01 信号板，信号板可通过 STEP 7-Micro/WIN SMART 软件组态配置为 RS-232 通信接口或 RS-485 通信接口（接口 1）。S7-200 SMART 可实现 CPU、编程设备、HMI、其他设备之间的多种通信。根据所用通信标准接口不同，将 S7-200 SMART CPU 的通信分为以下 4 种类型。

（1）基于以太网的通信

基于以太网的通信是一种工业以太网络，它是由国际标准 IEEE 802.3 定义的，采用屏蔽双绞线或光纤连接而成，支持 S7 协议、TCP/IP、UDP（用户数据报协议），可用于 S7-200 SMART PLC 之间的以太网通信，也可用于 S7-200 SMART PLC 和 PC、HMI、S7-300/400/1200/1500 PLC 之间的以太网通信。S7-200 SMART PLC 基于以太网的通信可以实现以下功能：

1）编程设备与 CPU 之间的数据交换。

2）HMI 与 CPU 之间的数据交换。

3）S7 控制器与其他 S7-200 SMART CPU 的对等通信。

4）与其他具有以太网功能的设备之间的开放式用户通信（OUC）。

5）使用 PROFINET 设备的 PROFINET 通信。

需要注意的是，型号为 CPU CR20s、CPU CR30s、CPU CR40s 和 CPU CR60s 的 PLC 无以太网接口，不支持与使用以太网通信相关的所有功能。

（2）基于 EM DP01 模块的 PROFIBUS 通信

PROFIBUS（Process Field Bus）是一种用于工厂自动化车间级监控和现场设备层数据通信与控制的现场总线技术，于 1989 年正式成为现场总线的国际标准。其中，分散型外部设备的现场总线 PROFIBUS-DP（Decentralized Periphery，分散型外部设备）是一种高速低成本的通信技术，使用 PROFIBUS-DP 协议和接口以及屏蔽双绞线或光纤进行连接，用于设备级控制系统与分散式 I/O 之间的通信，广泛适用于制造业自动化、流程工业自动化和楼宇自动化、交通电力等领域。S7-200 SMART PLC 采用 PROFIBUS 通信可以实现以下功能：

1）适用于分布式 I/O 的高速通信（高达 12 Mbit/s）。

2）一个总线控制器连接许多 I/O 设备（支持 126 个可寻址设备）。

3）主站和 I/O 设备之间的数据交换。

4）EM DP01 模块是 PROFIBUS I/O 设备。也就是说，使用 EM DP01 扩展模块可以将 S7-200 SMART CPU 作为 PROFIBUS-DP 从站（或 MPI 从站）连接到 PROFIBUS 通信网络。

（3）基于 RS-485 接口（接口 0 或接口 1）的通信

RS-485 通信采用平衡发送和差分接收，具有抑制共模干扰能力，加上总线收发器具有高灵敏度，能检测低至 200mV 的电压，最大传输距离可达 1200m。RS-485 采用半双工工作方式，任何时候只能有一个站点处于发送状态，因此，发送电路须由使能信号加以控制。RS-485 用于多点互连时非常方便，可以省掉许多信号线。S7-200 SMART PLC 应用 RS-485 通信可以实现以下功能：

1）使用 USB-PPI 电缆时，提供一个适用于编程的 STEP 7-Micro/WIN SMART 连接。

2）总共支持 126 个可寻址设备（每个程序段 32 个设备）。

3）支持 PPI（点对点接口）协议的通信。

4）HMI 与 CPU 之间的数据交换（PPI 协议）。

5）使用自由口在设备与 CPU 之间交换数据（应用 XMT/RCV 指令）。

（4）基于 RS-232 接口（接口 1）的通信

RS-232 通信是计算机领域中最古老、应用最广泛的通信，在一般的双工通信中仅需要几根信号线，如一条发送线 TXD、一条接收线 RXD 和一条地线 GND 就可以实现通信功能，具有硬件实现简单、编程容易等优点，但是由于 RS-232 通信采用了单端驱动、单端接收方式，抗干扰能力较差，传输距离一般不超过 15m，适合于数据传输速率在 0 ～ 20000bit/s 范围内的近距离通信。

USB 作为一种 PC 互连协议，不仅具有快速、即插即用、支持热插拔的特点，还能同时连接多达 127 个设备。习惯使用 RS-232 接口的开发者可以考虑使用 USB/RS-232 转换器，通过 USB 总线传输 RS-232 数据，即 PC 端的应用软件依然是针对 RS-232 串行接口编程，外部设备也是以 RS-232 为数据通信通道，但从 PC 到外部设备之间的物理连接却是 USB，其上的数据通信也是 USB 数据格式。采用这种方式的好处在于，一方面保护原有的软件开发投入，已开发成功的针对 RS-232 外设的应用软件可以不加修改地继续使用；另一方面充分利用了 USB 的优点，通过 USB 接口可连接更多的 RS-232 设备，不仅可获得更高的传输速度，实现真正的即插即用，同时还解决了 USB 接口不能远距离传输的缺点（USB 通信距离在 5m 内）。S7-200 SMART PLC 应用 RS-232 通信可以实现以下功能：

1）支持与一台设备的点对点连接。

2）支持西门子 PPI 协议的通信。

3）HMI 与 CPU 之间的数据交换。

4）使用自由口在设备与 CPU 之间交换数据（应用 XMT/RCV 指令）。

4. 西门子 S7-200 SMART PLC 的通信协议

西门子 S7-200 SMART PLC 支持多种通信协议，基于 RS-485 接口（接口 0 或接口 1）的协议有 Modbus RTU、PPI、自由口、USS、PROFIBUS-DP、MPI 等协议，可以用来连接触摸屏（HMI）、变频器及 Modbus 网络，但不直接支持基于 RS-232 的串口通信。基于以太网接口的协议有 S7 协议、开放以太网通信协议（TCP/IP、ISO、UDP）、Modbus

TCP 协议、PROFINET 协议等。基于 RS-232 接口（接口 1）的通信，可以采用 PPI 协议、自由口协议通信。使用自由口协议进行编程时，在上位机和 PLC 中都要编写数据通信程序。在使用西门子 PPI 协议进行通信时，PLC 可以不用编程，而且可读写所有数据区，快捷方便。但是西门子公司没有公布 PPI 协议的格式。用户如果想使用 PPI 协议监控，必须购买其监控产品或第三方厂家的组态软件，否则用户自行开发的现场设备就不能通过 PPI 协议接入 PLC。

在实际项目中应根据使用需求来选择通信协议。首先考虑成本，应优先选用标配的通信接口完成通信，若标配接口不足以满足需求，才考虑扩展其他通信接口。S7-200 SMART PLC 标配有 RS-485 接口和以太网接口。触摸屏、变频器、传感器、温控仪等设备所配的通信接口通常为 RS-485 接口，所以与这些设备通信时，首先应考虑使用 RS-485 接口进行通信。如果设备标配有以太网接口，由于以太网接口的通信速度快，所以会优先考虑选用以太网通信。其次，通信接口选择好之后，就应该选择通信协议。通信协议是机器通信的语言，即使硬件接口一致了，没有共同的通信协议也是无法实现通信的。要选择适合的通信协议，必须了解这些通信协议的适用范围。

（1）Modbus RTU 协议

Modbus 是 Modicon 公司（现在的施耐德电气）于 1979 年为使用 PLC 通信而发表的一种串行通信协议，是工业领域通信协议的业界标准，也是工业电子设备之间常用连接方式。Modbus 协议包括 RTU、ASCII 和 TCP。其中，Modbus-RTU（Remote Terminal Unit，远程测控终端）是最常用、比较简单的协议，用于监视、控制与数据采集应用。通过此协议可以与很多其他设备进行通信，触摸屏、变频器、仪表等设备都支持此协议，优点是通用性好，缺点是主从协议通信效率比较低，对于数据量不是很大、速度要求没那么高的场合，适合选用 Modbus RTU 通信协议。

（2）PPI 协议

PPI（Point to Point Interface，点对点接口）协议是西门子公司开发的内部通信协议。S7-200 SMART PLC 的接口 0 和接口 1 均支持 PPI 协议。PPI 协议物理上基于 RS-485 接口，通过屏蔽双绞线就可以实现 PPI 通信。西门子编程软件 STEP 7-Micro/WIN 上传和下载程序，西门子人机界面与 PLC 通信，S7-200 SMART 之间通信，西门子 PLC 与变频器、伺服驱动器等均可使用 PPI 协议通信。PPI 协议是一种主从协议，主站设备发送要求，从站设备响应，从站不能主动发出信息。在一个 PPI 网络中，与一个从站通信的主站的个数并没有限制，但是在一个网络中主站的个数不能超过 32 个。主站既可以读写从站的数据，也可以读写主站的数据。也就是说，S7-200 SMART PLC 作为 PPI 主站时，仍然可以作为从站响应其他主站的数据请求。

（3）自由口协议

自由口协议是一种没有标准、用户可以自己规定的协议。自由口协议为计算机或其他有串行通信接口的设备与 S7-200 SMART CPU 之间的通信提供了一种廉价和灵活的方法。自由口协议通信又称无协议通信，即通信双方没有使用标准协议，只能临时根据某一方的协议进行发送和接收数据，以达到交换数据的目的。用户书写通信程序时也没有固定格式，不仅需要掌握通信程序的编写，还要求能快速读懂对方的通信协议。

（4）USS 协议

通用串行通信接口（Universal Serial Interface，USS）协议是西门子专为驱动装置开发的通信协议。USS 协议采用 RS-485 半双工通信方式，支持主从结构的多点通信，一个网络上最多可以有一个主站和多个从站（最多 31 个从站），总线上的每个从站都有一个地址（在从站参数中设置），主站依靠它识别每个从站，每个从站也只能对主站发来的报文做出响应并回送报文，从站之间不能直接进行数据通信。另外，还有一种广播通信方式，主站可以同时给所有从站发送报文，从站在接收到报文并做出相应的回应后可不回送报文。

（5）PROFIBUS-DP 协议

PROFIBUS 是一种用于工厂自动化车间级监控和现场设备层数据通信与控制的现场总线技术。PROFIBUS-DP、PROFIBUS-PA（Process Automation，过程自动化）和 PROFIBUS-FMS（Fieldbus Message Specification，现场总线报文规范）共同组成了 PROFIBUS 标准。其中，PROFIBUS-DP 协议是一种基于 RS–485 的高速度、低成本、用于设备级控制系统与分散式 I/O 设备之间的通信协议，适合加工自动化领域应用。

（6）MPI 协议

MPI（Multi-Point Interface，多点接口）协议是西门子公司开发的用于 PLC 之间通信的保密的协议。MPI 网络的通信速率为 19.2kbit/s ～ 12Mbit/s，最多可以连接 32 个节点，最大通信距离为 50m，但是可以通过中继器来扩展长度。S7–200 SMART PLC 通过 EMDP01 模块支持 MPI 从站应用，S7–300/400 PLC 支持 MPI 协议通信，而 S7–1200/1500 PLC 是不支持 MPI 协议通信的，其实从产品更替可以看出 MPI 协议正在被淘汰，PROFINET 越来越成为主流。MPI 协议用于主站之间通信，而 PPI 协议可以用于多台主站与从站之间通信。

（7）S7 协议

S7 协议是专为西门子控制产品优化设计的通信协议，它是面向连接的协议，在进行数据交换之前，必须与通信伙伴建立连接。面向连接的协议具有较高的安全性。这里的连接是指两个通信伙伴之间为了执行通信服务建立的逻辑链路，而不是指两个站之间用物理媒体（如电缆）实现的连接。S7 连接是需要组态的静态连接，静态连接要占用 CPU 的连接资源。S7 协议主要用于 S7–200 SMART PLC 和 S7–300/400/1200/1500 PLC 之间的以太网通信。

（8）基于以太网的开放式通信协议

基于以太网的开放式用户通信（Open User Communication，OUC）协议，适用于 S7–1500/300/400 PLC 之间通信、S7 PLC 与 S5 PLC 之间通信，以及 PLC 与 PC 或与第三方设备进行通信。开放式用户通信基本包括建立连接、接收数据、发送数据和断开连接 4 个步骤，每个步骤均有相应的功能块（指令）来实现。基于以太网的开放式通信协议包括 TCP、ISO-on-TCP 和 UDP。

TCP 是一个因特网核心协议，提供了可靠、有序并能够进行错误校验的消息发送功能，能保证接收和发送的所有字节内容和顺序完全相同。TCP 在主动设备和被动设备之间创建连接之后，任意一方均可以发送数据和接收数据，或者同时使用发送指令和接收指令。TCP 协议支持 8 个主动连接和 8 个被动连接。

ISO-on-TCP（RFC1006 协议）是西门子将 ISO 映射到 TCP 上实现网络路由功能且通信方式与 ISO 传输协议相同的协议。ISO 传输协议是西门子早期的以太网协议，主要用于 S7 PLC 之间、S7–1500/300/400 PLC 与 SIMATIC S5 之间的工业以太网通信。ISO 传输协议是基于消息的数据传输，允许动态修改数据长度，但是接收区必须大于发送区，最大通信字节数为 64KB，并且站点之间的 ISO 传输不使用 IP 地址，而是基于 MAC 地址，因此数据包不能通过路由器进行传递（不支持路由）。为此，在 ISO 传输协议基础上增加了 TCP 的网络路由功能，构成了 ISO-on-TCP。

UDP 是 OSI 参考模型中一种开销最小的无连接传输层协议。UDP 没有握手机制，协议的可靠性仅取决于底层网络。不能确保对发送、定序或重复消息提供保护，适用于传送少量数据和对可靠性要求不高的应用环境。

（9）Modbus TCP

Modbus 由 Modicon 公司于 1979 年开发，是一种工业现场总线协议标准。Modbus 协议是一项应用层报文传输协议，包括 ASCII、RTU、TCP 3 种报文类型。标准的 Modbus 协议物理层接口有 RS-232、RS-422、RS-485 和以太网接口，采用 Master/Slave 方式通信。1996 年施耐德公司推出基于以太网 TCP/IP 的 Modbus 协议，即 Modbus TCP。Modbus TCP 是 Modbus 协议的以太网形式，继承了 Modbus 协议的通用性，并发挥了以太网传输速度快的优点，当设备支持此协议时可优先选择。

（10）PROFINET 协议

PROFINET 是由 PI（PROFIBUS International，PROFIBUS 国际组织）推出的新一代基于工业以太网技术的自动化总线标准。PROFINET 协议是将成熟的 PROFIBUS 现场总线技术的数据交换技术和基于工业以太网的通信技术整合到一起，是一种开放式的工业以太网标准协议。PROFINET 协议兼容标准以太网以及能够通过代理方式兼容现有的现场总线，可以实现"一网到底"的功能，即工业产业链层级中，管理级的设备能够直接与现场级的设备进行数据交互，并能实现不同层级上的纵向设备集成或相同层级上的横向设备集成，适用于对数据实时性要求很高的通信场合。从 STEP 7-Micro/WIN SMART V2.5 版本开始支持 PROFINET 通信，不但可以作为控制器，控制伺服驱动器、变频器、分布式 I/O 等设备，而且可以作为智能设备与 S7-1200/1500 等 PLC 进行通信。

4.1.5　任务评价

在完成 PLC 通信基础知识学习任务后，对学生的评价主要从主动学习、善于思考、敢于创新、认真实践的态度，团队协作、互帮互学的作风，通信基础知识、串行通信接口标准、S7-200 SMART PLC 的通信功能与通信协议、串行通信接口标准及应用等学习掌握情况，以及树立为国家为人民多做贡献的价值观等方面进行，并采用学生自评、小组互评、教师评价来综合评定每一位学生的学习成绩，评定指标详见表 4-5。

表 4-5　PLC 通信基础知识学习任务评价表

评价指标	评价要素	分值	学生自评（10%）	小组互评（20%）	教师评价（70%）	得分
通信基础知识	能分析常用通信方式、数据传输制式、网络拓扑结构、通信协议的特点及适用范围	20				
串行通信接口标准	能阅读串行通信接口标准手册，根据具体的控制要求，正确选择与连接串行通信网络	20				
S7-200 SMART PLC 的通信功能与通信协议	能阅读 S7-200 SMART PLC 系统手册，并根据具体的应用项目，选择合适的通信功能与通信协议，提出 S7-200 SMART PLC 控制网络方案	40				
文档撰写	能根据任务要求撰写硬件选型报告，包括摘要、报告正文，图表等符合规范性要求	10				
职业素养	符合 7S（整理、整顿、清扫、清洁、素养、安全、节约）管理要求，树立认真、仔细、高效的工作态度以及为国家为人民多做贡献的价值观	10				

4.1.6 拓展提高——选择合适的 S7-200 SMART PLC 通信方案

S7-200 SMART 标准型 CPU 带有一个以太网接口（PROFINET 接口）和一个 RS-485 接口（接口 0）；标准型 CPU 还额外支持 SB CM01 信号板，信号板可通过 STEP 7-Micro/WIN SMART 软件组态配置为 RS-232/RS-485 通信接口（接口 1）；标准型 CPU 还支持两个扩展模块 EM DP01（PROFIBUS 接口）进行 PROFIBUS-DP 与 HMI 通信。请读者总结 S7-200 SMART 标准型 CPU 本身集成的通信接口以及通过信号板或扩展模块增加的通信接口，结合应用项目的具体控制要求，选择合适的 S7-200 SMART PLC 通信方案。

▶任务 4.2　自由口通信系统设计

4.2.1　任务目标

1）能分析判断控制系统能否采用自由口通信。
2）能进行自由口通信系统的连接。
3）能设置自由口通信的参数。
4）能完成自由口通信的编程与调试工作。

4.2.2　任务描述

自由口通信为 S7-200 SMART CPU 与其他有串行通信接口的设备之间进行通信提供了一种廉价和灵活的方法。S7-200 SMART CPU 的自由口通信功能，使用 RS-485 或 RS-232 接口进行串行通信，没有使用专门的通信协议，用户可以通过编写程序来定义通信协议，为 S7-200 SMART CPU 与用户自行开发的现场设备进行通信提供了方便，在 PLC 与打印机、显示器、条形（二维）码阅读器、电子秤等通信领域得到了广泛应用。

为了用好 S7-200 SMART PLC 的自由口通信功能，应当细致分析具体的监控任务特征及要求，评估自由口通信的技术可行性与经济实用性，确保所制定出的 PLC 控制方案能够从根本上保障生产质量及生产效率。在进行自由口通信系统设计之前，学生必须熟悉串行通信原理，掌握 S7-200 SMART PLC 的自由口通信功能、构成要素、连接方法。在书写通信程序时，不仅需要掌握通信程序的编写方法，还要求能快速读懂对方的通信协议，能应用 RS-485/RS-232 串行接口完成自由口通信系统的连接、相应程序设计和联机调试工作。

4.2.3　任务准备——自由口通信及相关指令

1. 自由口通信接口

标准的 S7-200 SMART CPU 只有一个 RS-485 串行接口 0（又称接口 0），还可以扩展一个信号板（SB CM01），这个信号板在编程软件中组态时可以设定为 RS-485 或者 RS-232，称为串行接口 1（又称接口 1）。S7-200 SMART CPU 的自由口通信是基于 RS-485 半双工通信接口，因此发送数据和接收数据需要分时进行。RS-485 半双工通信的数据格式可以包括 1 个起始位、7 个或 8 个数据位、1 个奇偶校验位（或者没有校验位）、1 个停止位。在编程软件中，双击"系统块"按钮，可以设置 CPU 本体集成 RS-485 接口的网络地址（默认值为 2）和波特率（默认值为 9.6kbit/s）。这里的波特率有 9.6kbit/s、19.2kbit/s 和 187.5kbit/s 可选，是为 PC 上的程序设置。

2. 自由口通信参数

在自由口通信中，接口 0 或接口 1 的选择，是由用户程序的 XMT 指令或 RCV 指令控制的。只有当 CPU 处于 RUN 模式时，才能使用自由口通信功能。当 CPU 处于 STOP 模式时，所有自由口通信都会中断，通信接口会按照 CPU 系统块中组态的设置恢复为 PPI 从站模式。自由口通信参数主要包括通信模式、传输速率、校验位、每个字符的位数。S7-200 SMART CPU 正常通信字符格式是 1 个起始位、7 个或 8 个数据位、1 个（或没有）奇偶校验位以及 1 个停止位。CPU 使用 SMB30（对接口 0）和 SMB130（对接口 1）定义部分通信参数，控制字节的定义如图 4-6 所示。

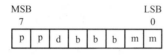

图 4-6　通信接口组态的控制字节

1）通信模式由控制字节的最低两位"mm"决定。

mm=00，选择 PPI 从站模式（默认值）。

mm=01，选择自由口通信模式。

mm=10 或 11，为保留（默认设置为 PPI 从站模式）。

2）传输速率由控制字节的"bbb"3 位决定。

bbb=000，设定波特率为 38400bit/s；bbb=001，设定波特率为 19200bit/s。

bbb=010，设定波特率为 9600bit/s；bbb=011，设定波特率为 4800bit/s。

bbb=100，设定波特率为 2400bit/s；bbb=101，设定波特率为 1200bit/s。

bbb=110，设定波特率为 115.2kbit/s；bbb=111，设定波特率为 57.6kbit/s。

3）每个字符的数据位数由控制字节的第 5 位"d"决定。

d=0，设定每个字符的数据位数是 8 位。

d=1，设定每个字符的数据位数是 7 位。

4）校验位由控制字节的最高两位"pp"决定。

pp=00 或 10，设定为无奇偶校验位。

pp=01，设定为偶校验位。

pp=11，设定为奇校验位。

3. 自由口通信时的中断事件

与自由口通信有关的中断事件有以下 6 种。

1）中断事件 8：接口 0 字符接收中断。

2）中断事件 9：接口 0 发送完成中断。

3）中断事件 23：接口 0 接收完成中断。

4）中断事件 24：接口 1 接收完成中断。

5）中断事件 25：接口 1 字符接收中断。

6）中断事件 26：接口 1 发送完成中断。

4. 数据发送和数据接收指令

用户可以用梯形图程序调用（单）字符接收中断、接收完成中断、发送完成中断、发送指令（XMT）、接收指令（RCV）来控制自由口通信操作。在自由口模式下，通信协议完全由梯形图程序控制。自由口通信数据发送（XMT）指令和数据接收（RCV）指令的格式及说明见表 4-6。

表 4-6　数据发送和数据接收指令

梯形图	语句表	指令描述
XMT —EN　ENO— —TBL —PORT	XMT TBL, PORT	数据发送指令。在自由口通信模式下，当 EN 为 ON 时，通过 PORT 指定通信接口，将 TBL 指定的数据缓冲区中的消息发送出去。参数 PORT 为常数：0 或 1（"0" 表示接口 0，"1" 表示接口 1）。参数 TBL 为字节型变量，可以是 IB、QB、VB、MB、SMB、SB、*VD、*LD、*AC。XMT 指令一次最多可以发送 255 个字符
RCV —EN　ENO— —TBL —PORT	RCV TBL, PORT	数据接收指令。在自由口通信模式下，当 EN 为 ON 时，RCV 指令用于启动或终止接收消息功能。当启动接收时，它将从 PORT 指定的通信接口接收到的消息保存在 TBL 指定的缓冲区中。参数 PORT 为常数：0 或 1（"0" 表示接口 0，"1" 表示接口 1）。参数 TBL 为字节型变量，可以是 IB、QB、VB、MB、SMB、SB、*VD、*LD、*AC

（1）发送（XMT）指令

XMT 指令可以发送 1 ～ 255 个字符，发送字符保存在 TBL+1 ～ TBL+255 的缓冲区中，发送字符（字节）的个数保存在 TBL 中，它本身并不发送出去。TBL 指定数据缓冲区的首地址，其内容是将要发送字符（字节）的个数，从 TBL+1 地址开始的数据缓冲区存放将要发送的字符消息。如果将发送的字符个数（TBL 指向的地址）设置为 0 并且执行 XMT 指令时，则会产生一个以当前波特率传输 16 位数据所需时间的 BREAK（断开）状态。当 BREAK 发送完毕，还会产生发送完成中断事件。

如果有中断程序连接到发送结束事件上，在发送完成后，CPU 集成的 RS-485（接口 0）将会产生中断事件 9，CM01 信号板的 RS-485/RS-232（接口 1）将会产生中断事件 26，可以在中断程序中进行相应处理。当然也可以不使用中断处理，而是通过查询 SM4.5（对接口 0）或 SM4.6（对接口 1）的状态来判断发送是否完成，如果状态为 ON，说明发送完成，否则仍在发送之中。

（2）接收（RCV）指令

RCV 指令可以接收 1 ～ 255 个字符，接收字符保存在 TBL+1 ～ TBL+255 的缓冲区中。TBL 指定的数据缓冲区中的第一个字节用于累计接收到的字节数，它本身不是接收到的。有字符接收中断和接收完成中断两种事件可用于对接收数据的处理。

1）利用字符接收中断控制接收数据。自由口通信模式下接收到的每一个字符都会存入 SMB2（接口 0 和接口 1 共用），奇偶校验状态（若已启用）存入 SM3.0（接口 0 和接口 1 共用）。如果有中断程序连接到字符接收事件上，每当接收完成一个字符，就产生一个中断事件 8（接口 0）或中断事件 25（接口 1），可以在中断程序中进行相应处理。如果在接收到的字符中检测到奇偶校验错误、组帧错误、超限错误或断开错误，则 SM3.0 将置位。可利用 SM3.0 为 1 的信号，将出现错误的字符去掉。

2）利用接收完成中断控制接收数据。如果中断例程连接到接收消息完成事件，CPU 会在接收消息完成后生成中断事件 23（接口 0）或中断事件 24（接口 1），可以在中断例程中进行相应处理。当然也可以不使用中断，而通过监视 SMB86（接口 0）或 SMB186（接口 1）的状态来判断接收是否完成以及消息终止情况。如果该字节不为零，说明接收完成，具体消息终止情况见表 4-7。正在接收消息时，该字节为零。

表 4-7　接收消息终止的状态字节（SMB86 或 SMB186）含义

接口 0	接口 1	控制字节各位取值含义
SMB86.0	SMB186.0	1：接收消息功能终止，奇偶校验错误
SMB86.1	SMB186.1	1：接收消息功能终止，达到最大字符数
SMB86.2	SMB186.2	1：接收消息功能终止，定时时间到
SMB86.3	SMB186.3	0：始终为 0
SMB86.4	SMB186.4	0：始终为 0
SMB86.5	SMB186.5	1：接收消息功能终止，接收到结束字符
SMB86.6	SMB186.6	1：接收消息功能终止，输入参数错误、没有起始条件或结束条件
SMB86.7	SMB186.7	1：用户发出禁止命令（将控制字节的第 7 位设为 0 且执行 RCV 指令），终止接收消息功能

（3）接收指令的消息开始和结束条件

接收指令允许您选择消息开始和结束条件，对于接口 0 使用 SMB87 ～ SMB94，对于接口 1 使用 SMB187 ～ SMB194 来规定相关条件。如果出现组帧错误、奇偶校验错误、超限错误或断开错误，则接收消息功能将自动终止。必须定义开始条件和结束条件（最大字符数），这样接收消息功能才能运行。

接收指令使用接收消息控制字节（SMB87 或 SMB187）中的位来定义消息开始和结束条件，见表 4-8。

表 4-8　接收消息的控制字节（SMB87 或 SMB187）含义

接口 0	接口 1	控制字节各位取值含义
SMB87.0	SMB187.0	0：始终为 0
SMB87.1	SMB187.1	0：忽略 BREAK（断开）条件；1：使用 BREAK 条件来检测消息的开始
SMB87.2	SMB187.2	0：忽略 SMW92 或者 SMW192；1：如果超过 SMW92 或者 SMW192 中的时间（ms），则终止接收
SMB87.3	SMB187.3	0：定时器为字符间定时器；1：定时器为消息定时器
SMB87.4	SMB187.4	0：忽略 SMW90 或者 SMW190；1：使用 SMW90 或者 SMW190 中的空闲线时间检测消息的开始
SMB87.5	SMB187.5	0：忽略 SMB89 或者 SMB189；1：使用 SMB89 或者 SMB189 中的结束字符检测消息的结束
SMB87.6	SMB187.6	0：忽略 SMB88 或者 SMB188；1：使用 SMB88 或者 SMB188 中的起始字符检测消息的开始
SMB87.7	SMB187.7	0：禁用消息接收功能；1：启用消息接收功能，每次执行 RCV 指令时都要检查该位

除了接收消息控制字节外，S7–200 SMART PLC 在接收消息字符时还要使用一些特殊寄存器来存储相关参数，对接口 0 要使用 SMB88 ～ SMB94，对接口 1 要使用 SMB188 ～ SMB194，它们的功能描述见表 4-9。

表 4-9　SMB88 ～ SMB94 和 SMB188 ～ SMB194 的含义

接口 0	接口 1	功能描述
SMB88	SMB188	消息的起始字符
SMB89	SMB189	消息的结束字符
SMW90	SMW190	以 ms 为单位的空闲线时间间隔。空闲线时间过后接收到的第一个字符为新消息的开始
SMW92	SMW192	以 ms 为单位的字符间 / 消息定时器超时值。如果超出该时间段，接收消息功能将终止
SMB94	SMB194	接收的最大字符数（1 ～ 255B）。即使不使用字符计数来终止接收消息，也应按它来设置最大缓冲区

接收（RCV）指令用于启动或终止接收消息功能，在执行该指令之前，必须为要操作的接收功能指定开始和结束条件。接收指令支持多种开始条件，满足以下条件之一，就可启动接收消息功能。

1）检测空闲线条件启动接收消息。当通信线的安静或空闲时间达到在 SMW90 或 SMW190 中指定的毫秒数时，便会开始接收消息。

2）检测起始字符启动接收消息。当收到 SMB88 或 SMB188 中指定的起始字符时，就启动接收消息功能，并将起始字符作为消息的第一个字符存入接收缓冲区。

3）同时满足空闲线和起始字符启动接收消息。执行接收指令时，会搜索空闲线条件。找到空闲线条件后，又接收到指定的起始字符，就将起始字符与所有后续字符一起存入消息缓冲区。

4）满足断开条件后启动消息接收。当接收到的数据保持为零的时间大于完整字符传输的时间时，启动消息接收功能，断开条件之后接收到的任意字符都会存储在消息缓冲区中。完整字符传输时间定义为传输起始位、数据位、奇偶校验位和停止位的时间总和。

5）同时满足断开条件和起始字符后才启动消息接收功能。满足断开条件后，接收消息功能将查找指定的起始字符。如果接收到的字符不是起始字符，接收消息功能将重新搜索断开条件。只有找到起始字符之后，才能将起始字符与所有后续字符一起存入消息缓冲区。

6）接收指令可组态为立即开始接收任意字符和所有字符，并将其存入消息缓冲区。这是空闲线检测的一种特殊情况。在这种情况下，空闲线时间（SMW90 或 SMW190）设为零。这样强制接收指令一经执行便开始接收字符消息。

接收指令支持多种终止消息的方式。终止消息的方式可以是以下任一种方式，也可以是几种方式的组合。

1）使用结束字符终止接收消息。结束字符是用于指示消息结束的任意字符。找到开始条件之后，接收指令将检查接收到的每一个字符，并判断其是否与结束字符匹配。当接收到结束字符时，会将其存入消息缓冲区，并终止接收消息。

2）使用字符间定时器终止消息。如果字符间的时间超出 SMW92 或 SMW192 中指定的毫秒数，则接收消息功能将终止。字符间的时间是指从一个字符结束（停止位）到下一个字符结束（停止位）测得的时间。

3）使用消息定时器终止消息。消息定时器从接收第一个字符就开始计时，经过 SMW92 或 SMW192 中指定的毫秒数后，消息定时器的定时时间到，就终止消息。

4）使用最大字符计数终止消息。接收指令必须获知要接收的最大字符数（通过设置 SMB94 或 SMB194），达到或超出该值后，接收消息功能将终止。即使最大字符计数不被专门用作结束条件，接收指令仍要求用户指定最大字符计数。这是因为接收指令需要知道接收消息的最大长度，这样才能保证消息缓冲区之后的用户数据不被覆盖。

5）使用奇偶校验错误终止消息。当硬件发出信号指示奇偶校验错误、组帧错误或超限错误时，或在消息开始后检测到断开条件时，接收指令自动终止。仅当在通信接口组态字节 SMB30 或 SMB130 中启用了奇偶校验后，才会出现奇偶校验错误。仅当停止位不正确时，才会出现组帧错误。仅当字符进入速度过快以致硬件无法处理时，才会出现超限错误。

6）通过执行接收指令终止消息。用户程序可以通过执行另一条将 SMB87 或 SMB187 中的使能位（SMB87.7 或 SMB187.7）设置为零的接收指令，这样就可以立即终止接收消息功能。

5. 数据块应用

利用数据块可对 V 存储器的字节、字和双字地址分配常数（赋值），以便数据发送指令来发送特定的数据或字符串。上电时 CPU 将数据块中的初始值传送到指定的 V 存储器地址。

双击编程软件中项目树的"数据块"文件夹中的"页面_1"图标，打开数据块。

数据块中的典型行包括起始地址以及一个或多个数据值（或者 ASCII 字符或字符串），双斜线（"//"）之后的注释为可选项。数据块的第一行必须包含明确的 V 地址，以后的行可以不包含明确的地址，由编辑器根据前面的地址和数据长度为赋值数据指定地址。编辑器接收大小写字母，并用逗号、制表符或空格作地址和数据的分隔符号。

下面举一个给数据块赋初值的例子。

```
VB1      12,230        // 给两个字节赋值,VB1=12,VB2=230
VD4      120.56        // 给双字实数变量赋值,VD4=120.56
VW8      -1200,420     // 给整型变量赋值,VW8=-1200,VW10=420
VW20     'A','68'      // 赋字符常量,VB20='A',VB21='6',VB22='8'
V28      ''DEFGH''     // 赋字符串常量,VB28=5,VB29='D',VB30='E',
                       //   VB31='F',VB32='G',VB33='H'
VB100    '中文'        // 给 4 个字节赋值,VB100=16#D6,VB101=16#D0,
                       //   VB102=16#CE,VB103=16#C4
```

6. 字符串指令

在编程软件中，ASCII 字符的有效范围是 ASCII 码 32 ～ 255，不包括 DEL、单引号和双引号。ASCII 字符输入时，用单引号将字符括起来。对于码值小于 32 的 ASCII 字符，存储时自动在码值前面加上特殊字符 $，如 '$07' 字符。由多个字符可以组成字符串，输入时用双引号将字符串括起来。与字符常量不同的是，字符串常量的第一个字节是字符串的长度。字符常量中的每个字符或者字符串常量中的每个字符，均按 1B 空间存储。

字符串指令包括字符串长度、字符串复制与连接指令、从字符串中复制子字符串指令、字符串搜索指令和字符搜索指令，见表 4-10。

表 4-10　字符串指令

梯形图	语句表	指令描述
STR_LEN EN　ENO IN　OUT	3LEN IN, OUT	字符串长度指令。当 EN 为 ON 时，字符串长度指令返回由 IN 指定的字符串的长度值，并保存在 OUT 指定的字节型变量中。IN 参数为：VB、LB、*VD、*LD、*AC、常数字符串；OUT 参数为：IB、QB、VB、MB、SB、AC、*AC、*VD、*LD 注：该指令不能用于返回包含中文符的字符串的长度
STR_CPY EN　ENO IN　OUT	SCPY IN, OUT	字符串复制指令。当 EN 为 ON 时，字符串复制指令将由 IN 指定的字符串复制到由 OUT 指定的字符串 　IN 参数为：VB、LB、*VD、*LD、*AC、常数字符串；OUT 参数为：VB、LB、*AC、*VD、*LD
STR_CAT EN　ENO IN　OUT	SCAT IN, OUT	字符串连接指令。当 EN 为 ON 时，字符串连接指令将由 IN 指定的字符串附加到由 OUT 指定的字符串的末尾 　IN 参数为：VB、LB、*VD、*LD、*AC、常数字符串；OUT 参数为：VB、LB、*AC、*VD、*LD

（续）

梯形图	语句表	指令描述
SSTR_CPY ─EN ENO─ ─IN OUT─ ─INDX ─N	SSCPY IN, INDX, N, OUT	从字符串中复制子字符串指令。当 EN 为 ON 时，该指令从 IN 指定的字符串中将从索引 INDX 开始的指定数目的 N 个字符复制到 OUT 指定的新字符串中。INDX 和 N 均为字节型数据，字符串的第一个字符的索引为 1。IN 参数为：VB、LB、*VD、*LD、*AC、常数字符串；OUT 参数为：VB、LB、*AC、*VD、*LD
STR_FIND ─EN ENO─ ─IN1 OUT─ ─IN2	SFND IN1, IN2, OUT	字符串搜索指令。当 EN 为 ON 时，该指令从 OUT 的初始值指定的起始位置（在执行该指令之前，必须用指令设置位于 1 至 IN1 字符串长度范围内的起始位置）开始在字符串 IN1 中搜索第一次出现的字符串 IN2。如果找到与字符串 IN2 完全匹配的字符序列，则将字符序列中第一个字符在 IN1 字符串中的位置写入 OUT。如果在字符串 IN1 中没有找到 IN2 字符串，则将 OUT 设置为 0
CHR_FIND ─EN ENO─ ─IN1 OUT─ ─IN2	CFND IN1, IN2, OUT	字符搜索指令。当 EN 为 ON 时，该指令在字符串 IN1 中搜索字符串 IN2 包含的第一次出现的任意字符，用字节型变量 OUT 的初始值指定搜索的起始位置（起始位置必须位于 1 至 IN1 字符串长度的范围内）。如果找到匹配字符，则将字符位置写入 OUT。如果没有找到匹配字符，则将 OUT 设置为 0

4.2.4 任务实施

下面以计算机和 S7-200 SMART CPU 之间的串口通信为例，介绍自由口通信模式下计算机与 PLC 之间的通信过程。采用主从通信方式，计算机为主站，主动向 PLC 发送消息。PLC 为从站，先处于接收状态。当 PLC 接收到消息后再返回接收到的数据。由于 PLC 的接口 0 是半双工的 RS-485，接收到数据后需要用定时中断延时一定时间后才能发送数据，延时时间应大于电缆的切换时间。波特率为 9600bit/s 时，电缆的切换时间为 2ms。

1. 硬件连接

要进行自由口通信，需要用电缆将计算机的串口与 PLC 的 RS-485（或 RS-232）接口相连。因为现在的笔记本计算机一般不带串行口，所以需要使用 USB 转串口芯片，把计算机的 USB 口映射为串口来使用。常用的 USB 转串口芯片有 CH340、CP2102、FT232 等。其中，CH340 是南京沁恒微电子股份有限公司生产的芯片，价格便宜，可以满足一般应用要求。

西门子原装的 USB/PPI 编程电缆不支持自由口通信。将 USB 映射为 COM 接口的国产 USB/PPI 电缆支持自由口通信。在安装它的驱动程序之后，在计算机的设备管理器的"接口"文件夹中，就可以看到"USB-SERIAL CH340（COM3）"，计算机的 USB 接口被映射为 RS-232 接口 COM3，就可以进行自由口通信。

2. PLC 自由口通信程序设计

在自由口通信模式下，S7-200 SMART CPU 可以使用 XMT 指令和 RCV 指令来发送数据和接收数据。由于 PLC 处于从站地位，在主程序中设置自由口通信参数并启动接口 0 接收，等待计算机发送消息。当计算机发送消息时，PLC 就接收消息。当 PLC 完成接收消息后，启动接收完成中断程序 INT_0。在中断程序 INT_0 中，对接收到的字符进行转存处理，同时启动 10ms 延时中断程序 INT_1。在中断程序 INT_1 中，通过接口 0 将接收到的消息回送给计算机，并启动发送完成中断程序 INT_2。在中断程序 INT_2 中，启动新的接收，使 PLC 处于接收状态。PLC 自由口通信主程序梯形图如图 4-7 所示。

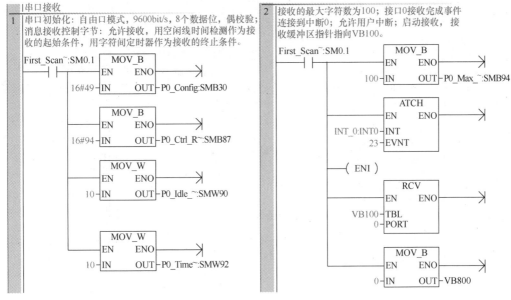

图 4-7　PLC 自由口通信主程序梯形图

在图 4-7 所示的主程序中，以执行用户程序的第一个扫描周期为 ON 的 SM0.1 为条件，将自由口模式的控制字节 SMB30 设置为 16#49（自由口模式、9600bit/s、8 个数据位、1 个偶校验位；PLC 会自动加上 1 个起始位和 1 个停止位）；将消息接收的控制字节 SMB87 设置为 16#94（启用接收功能，不使用起始字符和终止字符，使用 SMW90 中的空闲线时间检测作为接收的起始条件，使用 SMW92 中的字符间定时器作为接收的终止条件）；将空闲线时间 SMW90 设置为 10（单位为 ms）；将字符间定时器 SMW92 设置为 10（单位为 ms）；将接收的最大字符数 SMB94 设置为 100；将接口 0 接收完成事件连接到中断程序 INT_0，允许用户中断；启动接口 0 接收，将接收缓冲区的首地址设置为 VB100；将接收次数寄存器 VB800 清零。

接收数据处理和给计算机回送消息的操作均在中断程序中完成，如图 4-8 所示。当 PLC 完成接收消息时调用中断程序 INT_0，将接收到的消息复制到 VB400 开始的缓冲区中，接收次数寄存器 VB800 加 1，设置定时器 0 的定时中断时间为 10（单位为 ms），并启用定时器中断 INT_1。在中断程序 INT_1 中，断开定时中断 0 与 INT_1 的连接，通过接口 0 向计算机回送接收到的消息，将发送完成事件与 INT_2 的连接。在中断程序 INT_2 中，启动新的接收，使 PLC 处于接收状态。

3. 计算机串口通信程序设计

运行串口调试助手（UartAssist.exe），出现图 4-9 所示的操作界面。串口设置部分：串口号（COM3）、波特率（9600bit/s）、校验位（1 个偶校验位）、数据位（8 位）、停止位（1 位）、流控制（无）、打开 / 关闭串口等。数据日志区显示发送和接收数据的记录。接收设置部分：选择接收 ASCII 字符还是十六进制（HEX）ASCII 码值，是否按日志模式显示，接收区是否自动换行，接收数据是否不显示，接收数据是否保存到文件等。发送设置部分：如果勾选 "ASCII"，则将数据发送区的数据均以 ASCII 字符形式发送出去；如果勾选 "HEX"，则将数据发送区的每个字符都转换为十六进制 ASCII 码值再发送出去；如果勾选 "转义符指令解析"，允许用户在发送字符串中插入非打印字符（如回车符、换行符等）；如果勾选 "自动发送附加位"，则允许发送附加位（先设置好附加位）；如果选中 "打开文件数据源"，则可以选择要传送的数据文件；如果勾选 "循环周期",则进行周期性循环发送字符串。

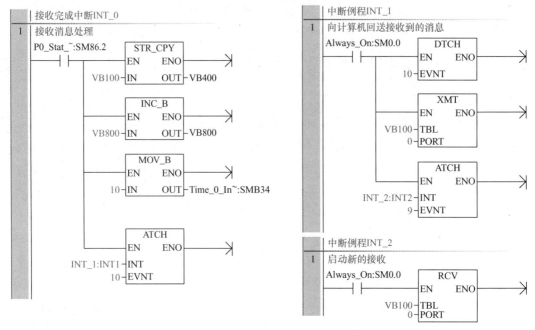

图 4-8   PLC 自由口通信中断程序梯形图

根据 PLC 的通信数据格式要求设置好串口参数、接收参数和发送参数后,单击"打开"按钮使串口运行,把要发送的字符串写入数据发送区,例如将 9 个字符串"FED123456"写入数据发送区,单击"发送"按钮,就将这个字符串发送出去。如果计算机也能正常接收到 PLC 回送的字符串"FED123456",则说明自由口通信正常。

图 4-9   串口调试助手的操作界面

4.2.5　任务评价

在完成 PLC 自由口通信系统设计任务后，对学生的评价主要从主动学习、善于思考、敢于创新、认真实践的态度，团队协作、互帮互学的作风，自由口通信知识掌握情况、串行通信接口连接、S7-200 SMART PLC 的自由口通信参数设置与相关指令应用、接收指令的消息开始和结束条件的设置及过程中遇到问题的解决能力，以及树立为国家为人民多做贡献的价值观等方面进行，并采用学生自评、小组互评、教师评价来综合评定每一位学生的学习成绩，评定指标详见表 4-11。

表 4-11　自由口通信系统设计任务评价表

评价指标	评价要素	分值	学生自评（10%）	小组互评（20%）	教师评价（70%）	得分
自由口通信知识	熟悉自由口通信的适用条件与工作原理，能设置自由口通信协议	10				
串行通信接口连接	能阅读串行接口标准手册，根据具体的控制要求，正确连接串行通信接口	10				
S7-200 SMART PLC 自由口编程与调试	能阅读 S7-200 SMART PLC 系统手册，并根据具体的应用项目，设计自由口通信协议，完成主从机双方自由口通信程序的编写与调试工作	60				
文档撰写	能根据任务要求撰写软件编写报告，包括摘要、报告正文，图表等符合规范性要求	10				
职业素养	符合 7S（整理、整顿、清扫、清洁、素养、安全、节约）管理要求，树立认真、仔细、高效的工作态度以及为国家为人民多做贡献的价值观	10				

4.2.6　拓展提高——两台 S7-200 SMART PLC 之间的自由口通信

S7-200 SMART 标准型 CPU 带有一个 RS-485 接口 0 与 SB CM01 信号板的 RS-232/RS-485 接口 1，通过这两个接口均可以组成自由口通信系统。在两台 S7-200 SMART CPU 之间进行自由口通信，将其中的一台 CPU 作为主机，将另一台 CPU 作为从机，使用 RS-485 电缆线将主机的接口 0 和从机的接口 0 连接起来（线缆两头接口 DB9-3 脚的 B 信号与 DB9-8 脚的 A 信号交叉连接）。从机可以编写与图 4-7 和图 4-8 所示相类似的自由口通信程序，并处于接收状态，等主机发送消息。从机接收完成后调用中断程序，转存接收到的字符串，启动定时中断，并在定时中断程序中将接收到的消息回送到主机。在主机程序中，设置和从机完全相同的通信参数（即将相同数值赋给 SMW30），用数据块编辑器对发送字符串的缓冲区进行赋值，将接口 0 的发送完成事件连接到中断程序 INT_0，允许用户中断，再用 XMT 指令通过接口 0 将字符串发送出去。在发送完成中断程序 INT_0 中，设置字符接收的起始条件和结束条件，再启动接收指令 RCV。最后，通过查看主机和从机传送与接收字符串（如字符串 "FEDCBA123456"）的情况，来验证两台 S7-200 SMART PLC 之间在自由口通信。

▶任务 4.3　以太网通信系统设计

4.3.1　任务目标

1）能分析判断 PLC 控制系统能否采用以太网通信。

2）能进行以太网通信系统的硬件连接。

3）能定义通信设备的逻辑分配以建立通信连接（网络、IP 地址、子网掩码、网关）。

4）能完成工业以太网通信的编程与调试工作。

4.3.2　任务描述

基于以太网的 PLC 通信是一种工业以太网络，采用屏蔽双绞线或光缆连接而成，支持 S7 协议、TCP/IP、UDP、Modbus TCP 协议。以太网是一种差分（多点）网络，最多可有 32 个网段、1024 个节点，可以实现高速（高达 100 Mbit/s 及以上）、长距离（铜缆最远约为 1.5km，光纤最远约为 4.3km）数据传输。以太网通信在 S7-200 SMART PLC 之间、S7-200 SMART PLC 和 PC、HMI、S7-300/400/1200/1500 PLC 之间以及与其他具有以太网功能的设备之间进行开放式用户通信（OUC）等领域均得到了广泛应用。

为了用好 S7-200 SMART PLC 的以太网通信功能，应当细致分析具体的监控任务特征及要求，评估以太网通信的技术可行性与经济实用性，确保所制定出的 PLC 控制方案能够从根本上保障生产质量及生产效率。在进行以太网通信系统设计之前，学生必须熟悉以太网通信原理，掌握 S7-200 SMART PLC 的以太网通信功能、构成要素、连接方法。在书写通信程序时，不仅需要掌握通信程序的编写方法，还要符合通信协议的要求。

4.3.3　任务准备——工业以太网通信及相关指令

1. 工业以太网简介

工业以太网是应用于工业控制领域的以太网技术，在技术上与商用以太网（即 IEEE 802.3 标准）兼容，但是实际产品和应用却又完全不同。这主要表现在普通商用以太网的产品设计在材质的选用、产品的强度、适用性以及实时性、可互操作性、可靠性、抗干扰性、本质安全性等方面不能满足工业现场的需要。故在工业现场控制应用的是与商用以太网不同的工业以太网。工业以太网已经广泛地应用于控制网络的最高层，并且越来越多地在控制网络的中间层和底层（现场设备层）使用。工业以太网技术具有价格低廉、稳定可靠、通信速率高、软硬件产品丰富、应用广泛以及支持技术成熟等优点，已成为最受欢迎的通信网络之一。

2. SIMATIC NET 的特点

西门子的工控产品已经全面"以太网化"，利用工业以太网技术，将工控产品组成工业自动化通信网络（SIMATIC NET），可以将自动化系统连接到企业内部互联网、外部互联网和国际互联网，实现远程数据交换。可以实现管理网络与控制网络的数据共享，通过交换技术可以提供实际上没有限制的通信性能。

为了应用于严酷的工业环境，确保工业应用的安全可靠，SIMATIC NET 为以太网技术补充了不少重要的性能：

1）工业以太网技术上与 IEEE 802.3/802.3u 兼容，使用 ISO 和 TCP/IP 通信协议。

2）10/100Mbit/s 自适应传输速率。

3）冗余 DC 24V 供电。

4）方便地构成星形、总线型和环形拓扑结构。

5）高速冗余的安全网络，最大网络重构时间为 0.3s。

6）用于严酷环境的网络元件，通过 EMC（电磁兼容）测试，可用于严酷的工业环境。

7）简单高效的信号装置不断地监视网络元件。

8）符合 SNMP（简单的网络管理协议），可使用基于 Web 的网络管理。

9）使用 VB/VC 或组态软件即可监控管理网络。

3. SIMATIC NET 的组成

SIMATIC NET 通常分为 4 个层级。最底层的为执行器 / 传感器级，用于智能仪表、阀门等带有通信接口的设备，协议一般用 AS-i、DP、PA 等。第二层为现场级，指 PLC 和 PLC 之间、现场的操作站或触摸屏之间的通信，这部分通常用 PROFIBUS 现场总线。第三层为单元级或称为车间级，这部分通常使用以太网，用于工厂中控室操作员站之间、服务器和操作员站之间、服务器和 PLC 之间的通信。第四层为管理级或称为工厂级，这部分也使用以太网，用于服务器和 MIS、ERP（企业资源计划）系统等的对接，使公司管理层能够进行统一的生产管理。

典型的西门子工业以太网络由以下网络器件组成：

1）连接部件：包括快速连接（FC）插座、工业以太网交换机、电气链接模块（ELM）、光纤交换模块（OSM）、光纤电气转换模块（MC TP11）、中继器和 IE/PB 链接器。

2）通信媒体：可以采用直通或交叉连接的 TP（双绞线）电缆、快速连接双绞线（FC TP）、工业屏蔽双绞线（ITP）、光纤和无线通信。

3）通信处理器：常用的工业以太网通信处理器包括用在 S7 PLC 站上的处理器 CP243-1 系列 CP343-1 系列、CP443-1 系列等。通过 CP 系列模板用户可以很方便地将 S7 系列 PLC 通过以太网进行连接，并且支持使用 STEP 7 软件。同时可以同 PC 上的 OPC 服务器进行通信。

4）PG/PC 工业以太网通信处理器：用于将 PG/PC 连接到工业以太网。

4. S7 协议

西门子的通信协议有十多种，如 MPI、PPI、USS、PROFIBUS、PROFINET、S7 等。其中，S7 以太网协议本身也是 TCP/IP 协议族的一员，主要用于将 PLC 连接到 PC 站（PG/PC-PLC 通信）。

S7 协议是面向连接的协议，在进行数据交换之前，必须与通信伙伴建立连接。这里的连接是指两个通信伙伴（一个主动、一个被动）为了执行通信服务建立的逻辑链路，而不是指两个站之间用物理媒体（如电缆）实现的连接。

通信伙伴设置和建立通信连接时，由主动设备建立连接，被动设备则接收或拒绝来自主动设备的连接请求。S7-200 SMART CPU 既可作为主动设备，又可作为被动设备。主动设备（例如运行 STEP 7-Micro/WIN SMART 的计算机或 HMI）建立连接时，S7-200 SMART CPU 将根据连接类型以及给定连接类型所允许的连接数量来决定是接收还是拒绝连接请求。

S7-200 SMART PLC 的以太网接口有很强的通信功能，除了一个用于编程计算机的连接外，还有 8 个用于 HMI 的连接、8 个用于以太网设备的主动的 GET/PUT 连接和 8 个被动的 GET/PUT 连接。通过使用 7 台（共 28 个接口）以太网交换机 CSM1277，可以同时使用上述的 25 个连接。

5. GET 和 PUT 指令

GET/PUT 连接可以用于 S7-200 SMART PLC 之间的以太网通信，也可用于 S7-200 SMART PLC 与 S7-300/400/1200 PLC 之间的以太网通信。GET/PUT 连接是通过使用以太网通信 GET 指令和 PUT 指令实现的，GET/PUT 指令的梯形图和语句表见表 4-12。GET 和 PUT 指令使用唯一的输入参数 TABLE（数据类型为 BYTE，变量寻址为 IB、QB、VB、MB、SMB、SB、*VD、*LD、*AC）定义 16B 的表格，该表格定义了 3 个状态位、错误代码、远程站的 IP 地址、指向远程站中数据区的指针和数据长度（PUT 指令为 1 ~ 212B，GET 指令为 1 ~ 222B）、指向本地站中数据区的指针，见表 4-13。

表 4-12　以太网通信 GET 和 PUT 指令

梯形图	语句表	指令描述
GET —EN　ENO— —TABLE	GET TABLE	网络读指令。当 EN 为 ON 时，GET 指令启动以太网接口上的通信操作，从远程设备获取数据（参见 TABLE 定义的表格）。GET 指令可从远程站读取最多 222B 的信息
PUT —EN　ENO— —TABLE	PUT TABLE	网络写指令。当 EN 为 ON 时，PUT 指令启动以太网接口上的通信操作，将数据写入远程设备（参见 TABLE 定义的表格）。PUT 指令可向远程站写入最多 212B 的信息

表 4-13　GET 和 PUT 指令 TABLE 参数的定义表格

字节偏移地址	名称	描述
0	状态字节	D7　　　　　　　　　　D0 | D | A | E | 0 | E1 | E2 | E3 | E4 |
1 2 3 4	远程站 IP 地址	被访问的 PLC 远程站 IP 地址（将要访问数据所在远程站 CPU 的 IP 地址）
5	保留 =0	必须设置为零
6	保留 =0	必须设置为零
7 8 9 10	指向远程站 CPU 中数据区的指针	存放被访问远程站的数据区（I、Q、M、V 或 DB1）的首地址（GET 对应读取远程站数据的首地址，PUT 对应写入远程站数据的首地址）
11	数据长度	读写的字节数，远程站中将要访问的数据的字节数（PUT 为 1～212B，GET 为 1～222B）
12 13 14 15	指向本地站 CPU 中数据区的指针	指向本地站中数据区（I、Q、M、V 或 DB1）的首地址（GET 对应本地站存放读取远程站数据的首地址，PUT 对应本地站存放发送到远程站数据的首地址）

表 4-13 中状态字节各位功能的说明如下：

1）D 位是操作完成位：0 表示未完成，1 表示已完成。

2）A 位是操作排队位：0 表示未排队，1 表示已排队。

3）E 位是错误标志位：0 表示无错误，1 表示有错误。

4）E1、E2、E3、E4 位是错误码。如果执行网络读 / 写指令后状态字节中的 E 位为 1，则由这 4 位返回一个错误码。这 4 位构成的错误代码及含义见表 4-14。

当执行 GET 或 PUT 指令时，CPU 与 TABLE 表中的远程 IP 地址指定的设备建立起以太网连接。连接建立后，该连接将一直保持到 CPU 进入 STOP 模式为止。应该注意，该 CPU 可同时保持最多 8 个（8 个 IP 地址）连接。如果尝试创建第 9 个连接（第 9 个 IP 地址），CPU 将在所有连接中搜索，查找处于未激活状态时间最长的一个连接。找到后 CPU 将断开该连接，然后再与新的 IP 地址创建连接。

表 4-14　GET 和 PUT 指令 TABLE 参数的状态字节的错误代码

E1 E2 E3 E4	十六进制值	说明
0000	0	无错误
0001	1	GET/PUT 指令的 TABLE 表中存在以下之一的非法参数： ● 本地区域不包括 I、Q、M 或 V ● 本地区域的大小不足以提供请求的数据长度 ● 对于 GET，数据长度为零或大于 222B；对于 PUT，数据长度大于 212B ● 远程地区域不包括 I、Q、M 或 V ● 远程 IP 地址是非法的（0.0.0.0） ● 远程 IP 地址为广播地址或组播地址 ● 远程 IP 地址与本地 IP 地址相同 ● 远程 IP 地址位于不同的子网
0010	2	当前处于活动状态的 GET/PUT 指令过多（已经超过最大允许值 16 个）
0011	3	无可用连接。当前所有连接都在处理未完成的请求
0100	4	从远程 CPU 返回的错误： ● 请求或发送的数据过多 ● STOP 模式下不允许对 Q 存储器执行写入操作 ● 存储区处于写保护状态（参见系统数据块 SDB 组态。SDB 用来保存用户在组态过程中的信息，由软件自动生成，用户不可以自己建立系统数据块）
0101	5	与远程 CPU 之间无可用连接： ● 远程 CPU 无可用的服务器连接 ● 与远程 CPU 之间的连接丢失（CPU 断电、物理断开）
0110～1001	6～9	未使用（保留以供将来使用）
1010～1111	A～F	

　　程序中可以有任意数量的 GET 和 PUT 指令，但在同一时间最多只能激活共 16 个 GET 和 PUT 指令。例如，在给定的 CPU 中可以同时激活 8 个 GET 和 8 个 PUT 指令，或 6 个 GET 和 10 个 PUT 指令。针对所有与同一 IP 地址直接相连的 GET/PUT 指令，CPU 采用单一连接。例如，远程 IP 地址为 192.168.2.10，如果同时启用 3 个 GET 指令，则会在一个 IP 地址为 192.168.2.10 的以太网连接上按顺序执行这些 GET 指令。

4.3.4　任务实施

1. 硬件连接

　　S7-200 SMART CPU 集成一个以太网端口（支持以太网的 CPU 型号），可以与安装 STEP 7-Micro/WIN SMART 编程软件的计算机、HMI 显示器、Web 服务器（HTTPS）等直接用网线连接通信；通过网线连接与另一个 S7-200 SMART CPU 或者支持 UDP、TCP 或 ISO-on-TCP 的第三方以太网设备进行开放式用户通信（OUC）；以及在 CPU 之间用网线连接后进行 GET/PUT 通信。当以太网通信设备多于两个时，就需要使用以太网交换机来扩充通信接口。

　　西门子非网管型交换机 CSM1277 是一种具有紧凑、模块化设计的工业以太网交换机，可以将以太网接口增加到 4 个，以便 CPU 与操作员面板、编程设备、其他控制器或办公环境同时通信。CSM1277 具有集成自动交叉功能，可使用未交叉的连接电缆；具有 4 个 RJ45 接口（10/100 Mbit/s），用于连接到工业以太网；有 3 针插入式端子排，用于从上面连接外部 DC 24V 电源；具有检测配合使用设备的可用功能，从而对不同设备类型进行自动配置，实现即插即用、无需调试设置以及端口诊断和状态指示等功能；可简便安装到 S7-1200 的安装导轨上，无风扇，低维护。

　　S7-200 SMART PLC 的本地站、远程站、编程计算机和触摸屏通过 CSM1277 交换机组成的以太网通信系统，如图 4-10 所示。

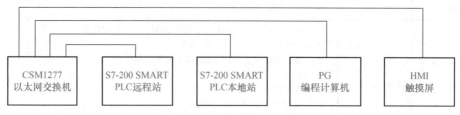

图 4-10　以太网通信连接示意图

2. 配置 IP 地址

（1）配置编程计算机的 IP 信息

　　在万维网环境下，编程设备、网络设备和 IP 路由器可与全世界通信，但必须分配唯一的 IP 地址以避免与其他网络用户冲突。如果编程设备正在使用连接到工厂 LAN 的网络适配器卡，则编程设备和 CPU 必须处于同一子网中。所有 S7-200 SMART CPU 都有默认 IP 地址：192.168.2.1。通过计算机的"控制面板"→"网络和 Internet"→"网络和共享中心"→"查看网络状态（信息）"→"Internet"→"属性"→"Internet 协议版本 4（TCP/IPv4）"，将编程设备 IP 地址设置为具有相同网络 ID 的地址（例如 192.168.2.12），选择子网掩码 255.255.255.0，将默认网关留空。

（2）查找 CPU 上的以太网 MAC 地址

　　MAC（Media Access Control，介质访问控制）地址用来定义网络设备的位置。在 OSI 参考模型中，第三层网络层负责 IP 地址，第二层数据链路层则负责 MAC 地址。MAC 地址用来表示互联网上每一个站点的标识符，采用十六进制数表示，共 6B（48 位），字节之间用连字符（-）或冒号（:）分隔（例如 01-23-45-67-89-ab 或 01:23:45:67:89:ab）。每个 CPU 在出厂时都已装载了一个永久、唯一的 MAC 地址。用户无法更改 CPU 的 MAC 地址。MAC 地址印在 CPU 正面左上角位置。注意，必须打开上面的门才能看到 CPU 的 MAC 地址信息。

（3）为 CPU 配置静态 IP 的方法

　　CPU 中可以有静态或动态 IP 信息。如果已选中"系统块"中的"IP 地址数据固定为下面的值，不能通过其他方式更改"复选框，则用户所输入的以太网网络信息为静态信息。必须将静态 IP 信息下载至 CPU，然后才能在 CPU 中激活。如果用户想更改 IP 信息，则只能在"系统块"对话框中更改 IP 信息并将其再次下载至 CPU。

（4）为 CPU 配置动态 IP 的方法

　　如果未选中"系统块"中的"IP 地址数据固定为下面的值，不能通过其他方式更改"复选框，则可通过其他方式更改 CPU 的 IP 地址，而且此 IP 地址信息被视为动态信息。可以在"通信"对话框中或使用用户程序中的 SIP_ADDR 指令更改 IP 地址信息。通过"通信"对话框进行的 IP 信息更改或者通过 SIP_ADDR 指令进行的 IP 信息更改将立即生效，无须下载项目。对于静态和动态 IP 地址，信息均存储在永久性存储器中。

（5）在"通信"对话框中组态 IP 信息（动态 IP 信息）

　　双击编程软件项目树中的"通信"节点，在弹出的"通信接口"对话框中，在下拉列表中选择合适的"TCP/IP"网络接口卡。在"通信接口"对话框的下方，有"查找 CPU"和"添加 CPU"两个选项。单击"查找 CPU"按钮，将显示本地以太网网络中所有可操作的 CPU，所有 CPU 都有默认 IP 地址。按下"编辑"按钮以更改所选 CPU 的 IP

数据和站名称。按下"闪烁指示灯"按钮，会使 CPU 上的"STOP"-"RUN"-"FAULT"灯持续闪烁，以便目测找到连接的 CPU。最后单击"确认"按钮，完成本地 CPU 动态 IP 信息配置。

在添加 CPU 之前，单击"通信接口"下拉列表，选择正确的"TCP/IP"网络接口卡。单击"添加 CPU"按钮，直接输入位于本地网络或远程网络（通过路由器连接的另一个网络）CPU 的 IP 地址和符号名称（可选），再单击"确认"按钮，完成添加 CPU 的动态 IP 信息配置。S7–200 SMART CPU 将站名限制为最多 63 个字符，可以包括小写字母 a～z、数字 0～9、连字符（减号）和句点。

（6）为以太网通信设备配置 IP 地址

在编程软件中，通过项目树上的"系统块"→"以太网端口"对话框，将本地站 CPU 的 IP 地址设置为 192.168.2.1，子网掩码为 255.255.255.0，默认网关为 0.0.0.0。在编程软件中，通过项目树上的"通信"→"通信接口"对话框，将远程站 CPU 的 IP 地址设置为 192.168.2.2，子网掩码为 255.255.255.0，默认网关为 0.0.0.0。通过计算机操作系统的控制面板，将编程计算机的 IP 地址设为 192.168.2.12。通过进入触摸屏的控制面板，将触摸屏的 IP 地址设为 192.168.2.5。

3. 客户机通信程序设计

在以太网通信中，S7–200 SMART PLC 只有单向连接的通信功能，客户机（本地站 CPU）调用 GET/PUT 指令读、写服务器（远程站 CPU）的存储区。在本例中，通过 GET 指令从远程站 VB100～VB102 读取 3B 的内容，并保存到本地站 VB216～VB218 中。通过 PUT 指令，将读取本地站 VB316、VB317 的 2B 内容写入远程站 VB600、VB601 中。以太网通信例子客户机的梯形图，如图 4-11 和图 4-12 所示。

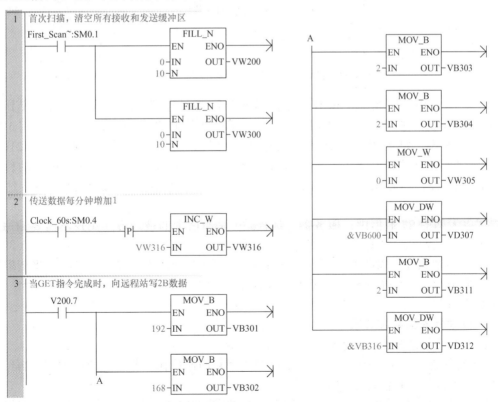

图 4-11　以太网通信客户机的 PUT 指令应用梯形图

在图 4-11 中，用相同字母 A 表示两段梯形图是相连接的。首次扫描时，将本地站 VB200 开始的 10 个字接收缓冲区和 VB300 开始的 10 个字发送缓冲区清零。本站要写入远程站的数据（保存在 VB316 和 VB317 中）每隔 1min 自动增 1。当 GET 指令"完成"位（V200.7）置位（表示已完成）时，在 VB301 ～ VB304 中设置远程站的 IP 地址为 192.168.2.2，将 VB305 和 VB306 清零，将远程站接收数据的存储单位的首地址传送给 VB307 ～ VB310，将写入的字节长度 2 传给 VB311，将本地站存放发送数据的存储单元的首地址传送给 VB312 ～ VB315。最后，通过 PUT 指令将本地站 VB316 和 VB317 的内容传送到远程站的 VB600 和 VB601 单元中。

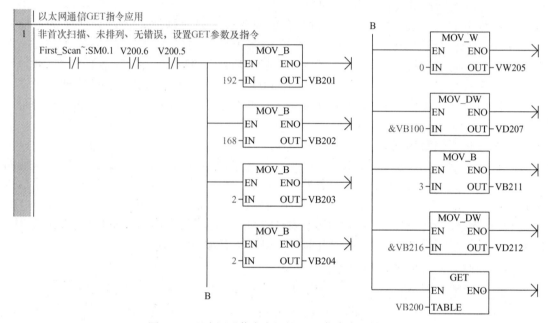

图 4-12　以太网通信客户机的 GET 指令应用梯形图

在图 4-12 中，用相同字母 B 表示两段梯形图是相连接的。非首次扫描、操作未排队且没有错误，在 VB201 ～ VB204 中设置远程站的 IP 地址为 192.168.2.2，将 VB205 和 VB206 清零，将远程站发送数据的存储单位的首地址传送给 VB207 ～ VB210，将从远程站读取的字节长度 3 传给 VB211，将本地站存放接收数据的存储单元的首地址传送给 VB212 ～ VB215。最后，通过 GET 指令从远程站读取 3B 并保存到本地站的 VB316 ～ VB318 单元中。

在以太网的 S7 通信中，服务器（远程站）是通信中的被动方，用户不需要编写服务器的 S7 通信程序，S7 通信是由服务器的操作系统完成的。但是，为了验证以太网通信数据传输的正确性，需要对发送和接收的数据进行适当处理。首次扫描时，将读取数据区赋初值 16#0303，将写入数据区的初值清零，同时 VW101 的内容每隔 1s 自动增 1，如图 4-13 所示。

4. 以太网通信系统调试

以太网通信系统的调试主要有以下几个步骤：

1）硬件连接。按照图 4-10 的要求用网线将它们连接在一起，组成以太网。再给每个设备加上电源，使它们均处于正常工作状态。

2）编辑客户机的通信程序。按照图 4-11 和图 4-12 在计算机的编程软件中编辑好客户机的通信程序。

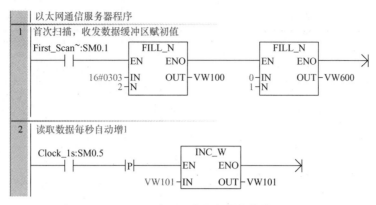

图 4-13 以太网通信服务器的梯形图

3）将客户机的程序块、系统块和数据块下载到本地站 CPU 中。由于 CPU 的 IP 地址与 STEP 7-Micro/WIN SMART 项目不相关联，打开或新建 STEP 7-Micro/WIN SMART 项目不会自动选择 IP 地址或建立与 CPU 的连接。所以，需要正确设置计算机的 IP 地址和客户机的 IP 地址，并在编辑软件的"通信"对话框建立与 CPU 的连接之后，才能将编辑好的程序块、系统块和数据块下载到 CPU 中。

4）编辑服务器程序并下载到远程站 CPU 中。按照图 4-13 在计算机编程软件中编辑好服务器的程序。设置好服务器的 IP 地址，并在编辑软件的"通信"对话框建立与 CPU 的连接，再将程序块、系统块和数据块下载到服务器 CPU 中。

5）客户机和服务器均进入 RUN 模式，双方进行以太网通信。在通常情况下，安装 STEP 7-Micro/WIN SMART 软件的计算机每次只能与一个 CPU 进行通信。为此，先建立计算机和客户机通信，实时监控从服务器读取并保存到客户机的存储单元 VB216 与 VW217。如果发现 VB216=16#03，VW217 的内容每隔 1s 自动增 1，则说明从服务器读取的数据正常。接着，在"通信"对话框选中服务器的 CPU，建立计算机和服务器通信，实时监控从客户机写入服务器的数据存储单元 VW600。如果发现 VW600 的内容每隔 1min 自动增 1，则说明从本地站写入远程站的数据正常。

4.3.5 任务评价

在完成 PLC 以太网通信系统设计任务后，对学生的评价主要从主动学习、善于思考、敢于创新、认真实践的态度，团队协作、互帮互学的作风，工业以太网通信知识掌握情况、以太网组网、S7-200 SMART PLC 的以太网通信参数设置与相关指令应用及过程中解决问题的能力，以及树立为国家为人民多做贡献的价值观等方面进行，并采用学生自评、小组互评、教师评价来综合评定每一位学生的学习成绩，评定指标详见表 4-15。

表 4-15 以太网通信系统设计任务评价表

评价指标	评价要素	分值	学生自评（10%）	小组互评（20%）	教师评价（70%）	得分
以太网通信知识	熟悉以太网通信的适用条件与工作原理，能选择合适的以太网通信协议	10				
以太网通信的连接	能阅读交换机使用手册，根据控制要求，正确连接以太网接口，设置 IP 地址信息	10				

（续）

评价指标	评价要素	分值	学生自评（10%）	小组互评（20%）	教师评价（70%）	得分
S7-200 SMART PLC 以太网通信编程	能阅读 S7-200 SMART PLC 系统手册，并根据应用项目，用 GET 和 PUT 指令设计以太网通信的客户机程序与服务器程序，完成本地站与远程站通信的调试工作	60				
文档撰写	能根据任务要求撰写软件编写报告，包括摘要、报告正文，图表等符合规范性要求	10				
职业素养	符合 7S（整理、整顿、清扫、清洁、素养、安全、节约）管理要求，树立认真、仔细、高效的工作态度以及为国家为人民多做贡献的价值观	10				

4.3.6 拓展提高——3 台 S7-200 SMART PLC 之间的以太网通信

现有甲、乙、丙 3 台 S7-200 SMART PLC，将它们组成以太网，采用 S7 协议通信，将甲台 CPU 作为客户机（本地站），将另外两台（乙和丙）CPU 作为服务器（远程站）。将图 4-10 中的触摸屏换成某台服务器即可，再使用以太网交换机 CSM1277 和标准网线将它们连接起来。具体控制要求：甲机的 I0.0 和 I0.1 能控制乙机 Q0.0 输出的 ON/OFF 状态；乙机 I0.2 和 I0.3 能控制丙机 Q0.1 输出的 ON/OFF 状态；丙机的 I0.4 和 I0.5 能控制甲机 Q0.2 输出的 ON/OFF 状态。通过编写客户机通信程序，调用 GET 和 PUT 指令来读、写服务器的存储区。服务器无需编写 S7 通信程序，只需编写对读、写数据的处理程序。最后，通过实时监控数据传输情况，来验证 3 台 S7-200 SMART PLC 之间的以太网通信。

▶任务 4.4 光伏发电自动追光仿真平台设计

4.4.1 任务目标

1）能根据任务要求选择合适的 PLC 与触摸屏。
2）能正确编写 PLC、触摸屏程序并正确配置通信参数。
3）能设计光线投射方向检测电路。
4）能设计光伏发电自动追光仿真平台的电路及程序。

4.4.2 任务描述

光伏发电是利用半导体界面的光生伏特效应而将光能直接转变为电能的一种技术。随着现代工业的发展，全球能源危机和大气污染问题日益突出，传统的燃料能源正在一天天减少，对环境造成的危害日益突出，全世界都把目光投向了可再生能源。丰富的太阳辐射能是取之不尽、用之不竭的，无污染、廉价、人类能够自由利用，成为人们重视的焦点。根据 2022 年 1 月 20 日国家能源局官网报道，截至 2021 年年底，我国光伏发电并网装机容量达到 3.06 亿 kW，连续 7 年稳居全球首位。

当阳光垂直角度照射光伏电池板的时候，会有最大的功率输出。由于一天中太阳照射角度随时间的变化而变化，因此在实际应用中，为了能让光伏电池能输出更多的电能，很多工程都会安装自动追光装置，以保证设备的利用效率最大化。据统计，光伏电池的追光运行对比不追光运行，可以将光伏组件的工作效率提高 30%（平均可提高 10% ～ 25%）。

　　光伏发电自动追光仿真平台采用射灯安装在摆杆上，通过电动机带动摆杆转动，从而达到模拟太阳东升西落的过程。采用光电传感器完成光照角度的检测，并发送对应的信号至 PLC，由 PLC 控制安装在光伏组件底部的电动机转动，并带动光伏组件始终追光运行，使光伏电池有更多的电能输出。在光伏电池输出端上接入阻性负载，并接入电压表和电流表，观察光伏电池在追光和不追光两种工作模式下，输出的电能参数。

4.4.3　任务准备——自动追光原理

1. 光敏电阻

　　光敏电阻是用硫化镉或硒化镉等半导体材料制成的特殊电阻器，其工作原理是基于内光电效应。光照越强，阻值就越低，随着光照强度的升高，电阻值迅速降低，亮电阻值可小至 $1k\Omega$ 以下；在无光照时，呈高阻状态，暗电阻一般可达 $1.5M\Omega$。

　　常用的光敏电阻器是硫化镉光敏电阻器，它是由半导体材料制成的。光敏电阻器对光的敏感性（即光谱特性）与人眼对可见光（$0.4 \sim 0.76\mu m$）的响应很接近，只要人眼可感受的光，都会引起它的阻值变化。由于光敏电阻的特殊性能，光敏电阻器一般用于光的测量、光的控制和光电转换（将光的变化转换为电的变化）。

2. 光线投射方向检测电路

　　光线投射方向检测电路如图 4-14 所示。IC1a 和 IC1b 是电压比较器，电阻 R_3 和 R_4 给 IC1a 和 IC1b 电压比较器提供反相端固定电平，R_{G1}、R_{P1} 和 R_1 为 IC1a 电压比较器提供同相端电平，R_{G2}、R_{P2} 和 R_2 为 IC1b 电压比较器提供同相端电平。在无光照或暗光的情况下，光敏电阻 R_{G1} 的阻值较大，R_{G1}、R_{P1} 和 R_1 组成的分压电路提供给 IC1a 同相端电平低于反相端电平，IC1a 输出低电平，晶体管 VT1 截止，继电器 KA1 不导通，常开触点 KA1-1 和常闭触点 KA1-2 保持常态，信号 1 端无电平输出。同样在无光照或暗光的情况下，R_{G2}、R_{P2} 和 R_2 组成的分压电路提供给 IC1b 同相端电平低于反相端电平，晶体管 VT2 截止，继电器 KA2 不导通，常开触点 KA2-1 和常闭触点 KA2-2 保持常态，信号 2 端无电平输出。

　　将光敏电阻 R_{G1} 和 R_{G2} 安装在透光的深色有机玻璃罩中，光敏电阻 R_{G1} 和 R_{G2} 在罩中用不透光的隔板分开。当太阳光或灯光斜照射在光敏电阻 R_{G1} 一侧，光敏电阻 R_{G1} 受光照射，其阻值变小；光敏电阻 R_{G2} 没有受到光的照射，其阻值不变。R_{G1}、R_{P1} 和 R_1 组成的分压电路提供给 IC1a 同相端电平高于反相端电平，电压比较器 IC1a 输出高电平，晶体管 VT1 导通，继电器 KA1 线圈得电导通，常开触点 KA1-1 闭合，常闭触点 KA1-2 断开，信号 1 端输出高电平。当 PLC 接收到信号 1 端的高电平信号后，控制水平方向和俯仰方向运动机构的直流电动机旋转，带动光伏电池板朝着光敏电阻 R_{G1} 一侧偏转。同理，当太阳光或灯光斜照射在光敏电阻 R_{G2} 一侧时，信号 2 端输出高电平，PLC 就会控制水平方向和俯仰方向运动机构的直流电动机旋转，带动光伏电池板朝着光敏电阻 R_{G2} 一侧偏转。

　　在光伏电池板的偏转过程中，当太阳光或灯光处在光敏电阻 R_{G1} 和 R_{G2} 正上方（即光伏电池板与光线垂直），电压比较器 IC1a 和 IC1b 均输出高电平，晶体管 VT1 和 VT2 均导通，继电器 KA1 和 KA2 线圈均得电导通，信号 1 端和信号 2 端均无电平输出。此时，PLC 控制水平方向和俯仰方向运动机构的直流电动机停止旋转，使光伏电池板与投射光线保持垂直状态。

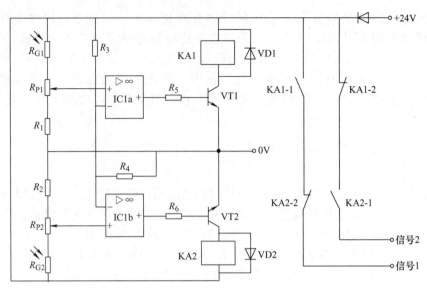

图 4-14　光线投射方向检测电路

3. 光伏电池输出检测电路

为了及时掌握自动追光和不追光两种工作模式下，光伏电池板在不同光照条件下的输出电压与电流，设计了图 4-15 所示的负载及检测电路。其中，负载电阻 R 应根据光伏电池板的额定输出电压与额定电流来选择。

4.4.4　任务实施

1. 光伏发电追光平台 PLC 控制电路设计

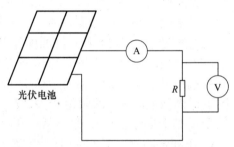

图 4-15　光伏电池输出的负载及检测电路

光伏发电自动追光仿真平台要实现光伏电池板东西向移动和南北向移动，需要 4 个光敏电阻，将它们放置在透光的深色有机玻璃罩中，中间用十字形不透光的隔板隔开，并且分别安装到两组光线投射方向检测电路中，分别用来检测东、西、南、北 4 个方向投射的光线。光线投射方向检测电路输出的 4 个开关量信号送到 PLC 处理，由 PLC 控制水平方向和俯仰方向运动机构中的直流电动机旋转，直到光伏电池板正对着投射光线为止。再考虑到追光起停按钮控制要求、电源指示和追光运行指示要求，选取 SR40 型 CPU，设计的 PLC 控制电路如图 4-16 所示。

2. 直流电动机控制电路设计

摆杆电动机、光伏电池板旋转驱动电动机均选用直流 24V 电动机，电动机控制电路如图 4-17 所示。摆杆电动机通过中间继电器 KA1 和 KA2 的常开触点完成 +24V 和 0V 的交换，进而实现直流电动机的正反转运行。当摆杆电动机旋转时，安装在摆杆上的投射灯由东向西方向移动或者由西向东方向移动。东西电动机通过继电器 KA3 和 KA4 的常开触点完成 +24V 和 0V 的交换，进而实现电动机的正反转运行。当东西电动机旋转时，安装在支架上的光伏电池板由东向西方向移动或者由西向东方向移动。南北电动机通过继电器 KA5 和 KA6 的常开触点完成 +24V 和 0V 的交换，进而实现电动机的正反转运行。当南北电动机旋转时，安装在支架上的光伏电池板由南向北方向移动或者由北向南方向移动。

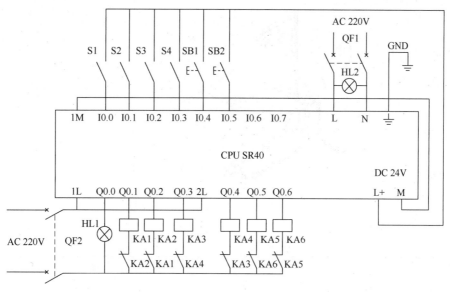

图 4-16　光伏发电追光平台 PLC 控制电路

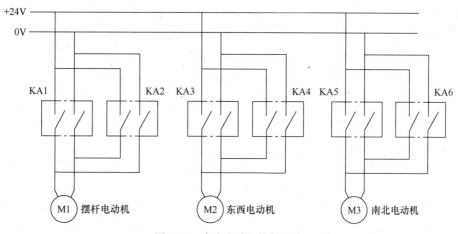

图 4-17　直流电动机控制电路

3. 追光仿真平台结构示意图分析

光伏发电自动追光仿真平台主要由光伏电池板、光电传感器组、射灯及射灯位置移动机构、摆杆、摆杆电动机、摆杆减速箱、摆杆支架、旋转电动机、底座支架等组成，如图 4-18 所示。4 块光伏电池组件并联组成光伏电池板，2 盏 300W 的投射灯安装在摆杆支架上，摆杆底端与减速箱输出端连接，减速箱输入端连接直流电动机的转轴。当摆杆电动机旋转时，通过减速箱驱动摆杆做圆周摆动。东西和南北方向运动机构由东西运动减速箱、南北运动减速箱、东西和南北电动机组成。东西运动和南北电动机旋转时，东西运动减速箱驱动光伏电池板做向东方向或向西方向的水平移动，南北运动减速箱驱动光伏电池板做向北方向或向南方向的俯仰移动。

4. I/O 地址分配

根据光伏发电自动追光仿真平台共有 6 个输入开关量和 7 个输出开关量，设计 PLC 控制系统 I/O 地址分配表，见表 4-16。

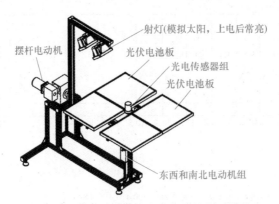

图 4-18　光伏发电追光仿真平台结构示意图

表 4-16　自动追光 PLC 控制系统 I/O 地址分配表

输入		输出	
地址	元件	地址	元件
I0.0	光电传感器东移信号 S1	Q0.0	追光状态指示指示灯
I0.1	光电传感器西移信号 S2	Q0.1	摆杆电动机正转继电器 KA1
I0.2	光电传感器南移信号 S3	Q0.2	摆杆电动机反转继电器 KA2
I0.3	光电传感器北移信号 S4	Q0.3	东西电动机正转继电器 KA3
I0.4	开始追光按钮 SB1	Q0.4	东西电动机反转继电器 KA4
I0.5	停止追光按钮 SB2	Q0.5	南北电动机正转继电器 KA5
		Q0.6	南北电动机反转继电器 KA6

5. PLC 控制程序设计

根据光伏发电自动追光的控制要求，结合图 4-16 所示的 PLC 控制电路图及 I/O 地址分配表，设计 PLC 控制程序的梯形图，如图 4-19 所示。

第 1 阶梯是手动控制摆杆电动机正转运行程序。在停止状态下，按下触摸屏上"摆杆电动机正转"按钮（使 M0.1 为 ON），Q0.1 输出为 ON，控制摆杆电动机正转运行，并带动射灯由东向西移动。在这里，直流电动机正转与反转控制要实现软件互锁，以避免 +24V 电源线与地线短路。

第 2 阶梯是手动控制摆杆电动机反转运行程序。在停止状态下，按下触摸屏上"摆杆电动机反转"按钮（使 M0.2 为 ON），Q0.2 输出为 ON，控制摆杆电动机反转运行，并带动射灯由西向东移动。同样，电动机正反转控制要实现软件互锁。

第 3 阶梯是切换开始追光和切除追光模式的程序块。当按下触摸屏上"追光起动"按钮（使 M0.3 为 ON）或者按下开始追光按钮 SB1（使 I0.4 为 ON），则 M0.0 为 ON 表示光伏电池板开始追光动作，同时 Q0.0 输出为 ON，点亮追光状态指示灯 HL1。当按下触摸屏上"追光停止"按钮（使 M0.4 为 ON）或者按下停止追光按钮 SB2（使 I0.5 为 ON），则 M0.0 为 OFF，表示追光动作停止，同时 Q0.0 输出为 OFF，控制追光指示灯熄灭。

第 4 阶梯是光伏电池板追光运行程序块。当追光模式开起后，M0.0 为 ON，PLC 根据接收光线投入方向检测电路发出的 4 个开关量信号（S1 ～ S4），分别控制输出点（Q0.3 ～ Q0.6）改变运行状态，从而实现直流电动机带动光伏电池板进行追光运动。

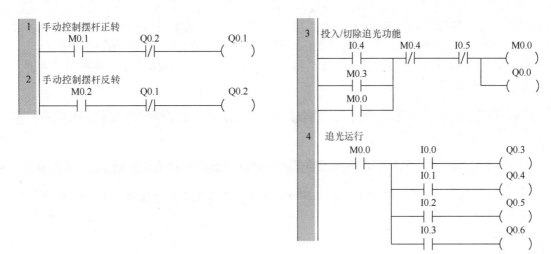

图 4-19　光伏发电追光控制梯形图

在计算机编程软件中，双击"项目树"的"系统块"，用系统块将 CPU 端口 0 的网络地址设置为 2（与 HMI 串行通信），将波特率设置为 9600bits/s。在以太网端口下方，勾选"IP 地址数据固定为下面的值，不能通过其他方式更改"复选框，将 PLC 的 IP 地址设为 192.168.2.1，子网掩码为 255.255.255.0。用以太网电缆将编辑好的图 4-19 所示程序和系统块下载到 S7–200 SMART CPU 中。

6. 触摸屏与 PLC 串行通信设计

触摸屏与西门子 S7–200 SMART CPU 进行串行通信时，需要使用触摸屏的串口和 CPU 的端口 0。触摸屏的串口有 COM1 和 COM2，其引脚定义如图 4-20 所示。可以使用西门子 RS–485 通信线（9 针公转 9 针公，产品编号为 6ES7901–0BF00–0AA0）将触摸屏的 COM2（RS–485）端口与 CPU 的端口 0 相连。RS–485 通信时触摸屏的第 7 针脚与 PLC 的第 8 针脚连接，触摸屏的第 8 针脚与 PLC 的第 3 针脚连接，采用西门子专用 PPI 协议进行串行通信。

接口	PIN	引脚定义
COM1	2	RS–232 RXD
	3	RS–232 TXD
	5	GND
COM2	7	RS–485+
	8	RS–485–

串口引脚定义

图 4-20　触摸屏串口引脚定义

HMI 是通信主站，S7–200 SMART PLC 在通信网络中作为从站。PPI 协议支持一个网络中的 127 个地址（地址编号为 0 ～ 126），编程计算机、HMI 和 PLC 的默认地址分别为 0、1、2。

由于触摸屏中已经集成了 PPI 协议，在此不需要对通信具体数据格式进行编写，只需要对触摸屏组态通信参数进行设置即可。在触摸屏的组态软件中，单击"视图"→"项目"→"通信"→"连接"编辑器，双击连接表的第一行，自动生成默认连接的名称为"连接 _1"，将通信驱动程序设置为"SIMATIC S7 200 Smart"。连接表的下面是连接属性视图，在"参数"选项卡中，设置"接口"为 IF1 B，波特率为 9600bit/s，访问点为"S7ONLINE"，地址为 1，类型为"Simatic"（"总线上的唯一主站"的左边打"√"）；网络配置文件为 PPI，主站数为 1，PLC 设备地址为 2，如图 4-21 所示。触摸屏详细通信参数设置见表 4-17 和表 4-18。

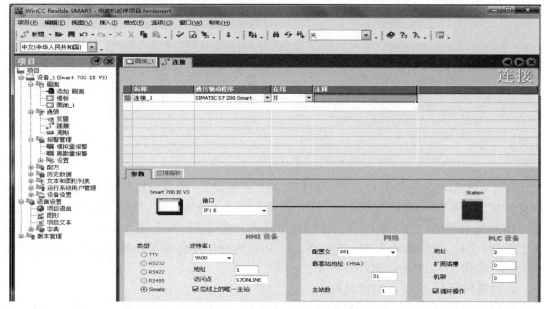

图 4-21　触摸屏与 PLC 串行通信参数设置

表 4-17　触摸屏通信参数设置（一）

设备属性名	设备属性值
设备名称	通用串口父设备 0
设备注释	通用串口父设备
初始工作状态	1—启动
最小采集周期 /ms	1000
串口端口号（1～255）	2（COM2）
通信波特率 /（bit/s）	9600
数据位的位数	8 位
停止位的位数	1 位
数据校验方式	2—偶校验

表 4-18　触摸屏通信参数设置（二）

设备属性名	设备属性值
采集优化	1—优化
设备名称	设备 0
设备注释	西门子— S7–200 PPI
初始工作状态	1—启动

（续）

设备属性名	设备属性值
最小采集周期 /ms	100
设备（PLC）地址	2
通信等待时间 /ms	500
快速采集次数	0
采集方式	0—分块采集

7. 触摸屏操作界面设计

在组态软件中，触摸屏中的"摆杆电动机正转"与"摆杆电动机反转"按钮通过改变 PLC 程序中 M0.1、M0.2 的闭合与断开状态，从而改变对应线圈 Q0.1、Q0.2 的输出状态。数值操作选择"按 1 松 0"模式，即当按钮被按下时对应线圈状态置 1，按钮被松开后对应线圈状态置 0；"追光启动"与"追光停止"按钮通过改变 PLC 程序中的 M0.3、M0.4 的闭合与断开状态，从而改变 M0.0 与 Q0.0 的输出状态。数值操作选择"按 1 松 0"模式。当追光功能启动后，PLC 根据光电传感器输入的不同信号进行相应的控制输出，从而达到追光的目的。光伏发电追光控制系统的触摸屏操作界面如图 4-22 所示。

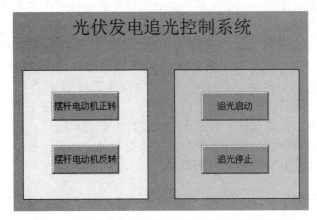

图 4-22　光伏发电追光控制系统的触摸屏操作界面

在组态软件中，单击工具栏传输图标 ，打开"选择设备进行传送"对话框，设置通信模式为"以太网"，设置"计算机名或 IP 地址"（此处为触摸屏的 IP 地址）为 192.168.2.5。该 IP 地址应和触摸屏控制面板的以太网设置 IP 地址相同。用以太网电缆连接 PC 和触摸屏的以太网接口，也可以通过交换机连接。单击"选择设备进行传送"对话框中的"传送"按钮，首先自动编译项目，如果没有编译错误和通信错误，该项目将被传送到触摸屏。

4.4.5　任务评价

在完成光伏发电自动追光仿真平台设计任务学习后，对学生的评价主要从主动学习、高效工作、认真实践的态度，团队协作、互帮互学的作风，光伏发电追光 PLC 控制系统设计，触摸屏与 PLC 的连接、触摸屏操作画面设计、触摸屏与 PLC 串行通信设计及过程中解决问题的能力，以及树立为国家为人民多做贡献的价值观等方面进行，并采用学生自评、小组互评、教师评价来综合评定每一位学生的学习成绩，评定指标详见表 4-19。

表 4-19　光伏发电自动追光仿真平台设计任务评价表

评价指标	评价要素	分值	学生自评（10%）	小组互评（20%）	教师评价（70%）	得分
硬件电路设计与连接	能设计光伏发电的追光检测电路；通过阅读触摸屏使用手册，根据控制任务要求，选择合适的触摸屏，并能进行检测电路与 PLC 以及触摸屏与计算机、PLC 之间的连接	20				
软件设计与调试	能根据控制要求设计光伏发电追光控制系统的触摸屏上的触控画面以及 PLC 控制程序，对 PLC 控制程序进行编辑、仿真调试，最后对触摸屏、PLC 进行联机调试，并能解决调试过程中的实际问题	60				
文档撰写	能根据任务要求撰写硬件选型报告，包括摘要、报告正文，图表等符合规范性要求	10				
职业素养	符合 7S（整理、整顿、清扫、清洁、素养、安全、节约）管理要求，树立认真、仔细、高效的工作态度以及为国家为人民多做贡献的价值观	10				

4.4.6　拓展提高——光伏发电分步追光系统设计

实际的太阳照射角度在一天中不断地随时间的变化而变化，而在光伏发电追光仿真平台中为了简化设计，摆杆电动机采用点动控制方式来模拟太阳照射角的变化，确实存在一定的不足。为此，提出光伏发电分步追光控制方案。具体控制要求是：每次按下"摆杆电动机正转"按钮，摆杆电动机正向旋转 2s 后停机，等待光伏电池板追光运行；当光伏电池板追踪到正对光源位置后，摆杆电动机继续正向旋转 2s 后停机，等待光伏电池板追光运行；如此运行 3 次后，控制系统才停止工作。同样，每次按下"摆杆电动机反转"按钮，也进行与正转相类似的动作，只是电动机旋转方向相反而已。同时，要求在触摸屏操作界面中增加两个按钮来控制摆杆上的射灯"点亮"和"熄灭"状态。请读者结合这些控制要求，设计出光伏发电分步追光控制系统。

复习思考题 4

1. 串行通信有哪些主要特点？ S7-200 SMART CPU 有哪些串行通信接口？

2. RS-485 串行通信接口为何成为工业应用中数据传输的首选标准？

3. PLC 通信网络中有哪些常用传输介质？

4. 西门子 S7-200 SMART PLC 常用通信协议有哪些？

5. S7-200 SMART CPU 自由口通信有什么用途？

6. S7-200 SMART CPU 自由口通信参数与指令有哪些？

7. S7-200 SMART CPU 自由口通信时的中断事件有哪些？

8. 什么是工业以太网？

9. 西门子工业自动化通信网络（SIMATIC NET）有什么特点？

10. S7-200 SMART PLC 以太网通信的 S7 协议及 GET/PUT 指令的主要作用是什么？

11. 与 PLC 通信时，如何设置触摸屏的参数？

12. 触摸屏控制 PLC 内部位变量时，共有几种方式（如按 1 松 0）？

13. 设计触摸屏的两个操作界面，其中，一个界面中有摆杆正反转运行按钮，另一个界面中有追光功能的启动与停止功能，并且这两个操作界面可以相互切换。

项目 5
顺序控制系统应用设计

由于 PLC 的控制功能主要通过设计程序来实现，而梯形图又是 PLC 程序的重要表达形式，因此梯形图的设计方法与设计质量将对 PLC 的应用产生重要影响。可以采用设计继电器电路图的方法来设计比较简单的数字量控制系统的梯形图，即在一些典型电路的基础上，根据被控对象对控制系统的具体要求，选择合适的指令，增加一些中间编程元件和触点，不断修改和完善梯形图。这种方法没有普遍的规律可以遵循，具有很大的试探性和随意性，最后的设计结果也不是唯一的，设计所用时间、设计质量与设计者的经验有很大关系，所以这种设计法被称为经验设计法，主要适用于较简单的梯形图设计。

在生产过程控制中，存在诸多按照规定的顺序依次完成各种操作的控制系统，称为顺序控制系统。顺序控制是一种按时间顺序或逻辑顺序进行控制的开环控制方式，其特点是按照预先规定的顺序进行检查、判断、控制。顺序控制系统是应用十分广泛的一种工业控制系统，在机电一体化领域，主要用于自动化机器操作和制造过程控制。当控制要求满足一定的先后次序，可以将系统的一个工作周期划分为若干个顺序相连的步，每个步对应一种操作状态，并分析清楚相邻步的转换条件，进而绘制出顺序功能图，再按一定的规则转化为梯形图的设计方法，称为顺序控制设计法。这种设计方法很容易被初学者接受，对于有经验的工程师，也会提高设计效率，并对程序的调试、修改和阅读也很方便，因而得到了广泛的应用。

▶任务 5.1　学习顺序功能图编程方法

5.1.1　任务目标

1）能根据任务要求选择合适的顺序功能图类型并进行绘制。
2）能使用起保停电路有关的指令设计顺序控制系统的梯形图。
3）能使用置位 / 复位指令设计顺序控制系统的梯形图。
4）能使用 SCR 指令设计顺序控制系统的梯形图。

5.1.2　任务描述

使用经验设计法来设计梯形图时，没有一套固定的方法和步骤可以遵循，具有很大的试探性和随意性。尤其用于复杂系统的梯形图设计时，需要应用大量的中间单元来完成记忆、联锁和互锁等功能，需要考虑的因素较多，这些因素往往又交织在一起，分析起来非常困难，并且很容易遗漏掉一些应该考虑的问题。用经验设计法设计的梯形图往往很难阅读，修改和调试也不方便，花了很长的时间进行编程与调试还得不到满意的结果。为了有效解决经验设计法在复杂系统梯形图设计方面的不足，提出的顺序控制设计法具有很强的规律性，是一种易学易用、十分先进的梯形图设计方法，尤其适合用来设计顺序控制系统的梯形图。

为了切实发挥顺序控制设计法在梯形图设计方面的作用，应当细致分析具体的工艺过程及控制要求，选择合适的顺序功能图结构，评估 PLC 控制程序采用顺序控制设计法的可行性，确保所设计的顺序功能图或梯形图能够从根本上保障生产质量及生产效率，获得最佳控制效果。在应用顺序控制设计法之前，学生必须熟悉顺序控制设计法的基本思想，掌握 S7-200 SMART PLC 顺序控制指令和顺序控制梯形图的设计方法。首先能根据系统的工艺过程，画出顺序功能图，然后根据顺序功能图画出梯形图，最后，能完成对设计的顺序功能图或梯形图进行编辑与调试工作。

5.1.3 任务准备——顺序控制设计法

1. 顺序控制系统

如果一个控制系统的工艺流程或过程可以分解成为若干个顺序相接而又相互独立的阶段，这些阶段必须严格按照一定的先后次序执行才能保证生产过程的正常、有序运行，那么这样的控制系统就称为顺序控制系统，或称步进控制系统。可以看出，顺序控制系统的特点是系统按照一定的顺序一步一步地进行的。

2. 顺序控制及应用

顺序控制是指按照生产工艺预先规定的顺序，各个执行机构自动、有秩序地进行操作。这种控制方法在工业生产和日常生活中应用十分广泛，例如搬运机械手的运动控制、包装生产线的控制、交通信号灯的控制等。

3. 顺序功能图

顺序功能图（Sequential Function Chart，SFC）又称为状态转移图或功能表图，是描述控制系统的控制过程、功能和特性的一种图形，也是设计顺序控制程序的工具。在 IEC 的 PLC 编程语言标准（IEC6 1131-3）中，SFC 是 5 种常用的标准语言之一，如 S7-300/400 和 S7-1500 的 S7-Graph 就是典型的 SFC 语言，三菱 Q 系列 PLC 可以在编程软件 GX Developer 中直接使用 SFC 编程。利用这种先进的编程方法，初学者也很容易编出复杂的顺控程序，大大提高了工作效率，也为控制系统的调试、试运行带来许多方便。顺序功能图是一种较新的编程方法，它将一个完整的控制过程分为若干阶段，各阶段具有不同的动作，阶段间有一定的转换条件，转换条件满足就实现阶段转移，上一阶段动作结束，下一阶段动作开始。它提供了一种组织程序的图形方法，主要用来设计开关量顺序控制系统的程序，对于某些不能直接使用 SFC 编程的 PLC（如 S7-200 SMART）来说，也很容易根据它来画出梯形图。

4. 顺序功能图的结构

顺序控制功能图主要由步、有向连线、转换、转换条件和动作（或命令）组成。

（1）步

顺序控制设计法将系统的一个工作周期划分成若干顺序相连的阶段，这些阶段称为步，用矩形框表示，方框中可以用数字表示该步的编号，也可以用代表该步的编程元件的地址作为步的编号（如 M0.1、S0.1），这样在根据顺序控制功能图设计梯形图时较为方便。

（2）初始步

与系统的初始状态相对应的"步"称为初始步，初始状态一般是系统等待起动命令的相对静止的状态。初始步用双线方框表示，每个顺序功能图至少应该有一个初始步。

（3）活动步

当系统正处于某一步所在的阶段时，该步处于活动状态，称该步为"活动步"。当步处于活动状态时，相应的动作被执行；当步处于不活动状态时，停止执行相应的非存储型动作。

（4）有向连线

有向连线是将每一步按照它们成为"活动步"的先后顺序连接起来的直线。自上而下、自左向右方向的有向连线无须标注方向箭头，其他方向的有向连线均需要标注方向箭头。为了便于理解，在可以省略箭头的有向连线上也可以添加箭头。

（5）转换与转换条件

转换用有线连线上与有向连线垂直的短划线（两步之间的垂直短线）来表示，它将相邻两步分隔开。使系统由当前步进入下一步的信号称为转换条件。转换条件可以是外部的输入信号，例如按钮、指令开关、限位开关的接通或断开等，也可以是 PLC 内部产生的信号，例如定时器、计数器常开触点的接通等，还可以是若干个信号的逻辑组合，并标注在表示转换的短线的旁边。

转换实现的条件：该转换所有的前级步都是活动步，且相应的转换条件得到满足。

转换实现后的结果：使该转换的后续步变为活动步，前级步全部变为不活动步。

（6）与步对应的动作或命令

当该步成为活动步时，PLC 向被控系统发出的命令，或者被控系统执行的操作，称为与步对应的动作或命令。与步对应的动作也用矩形框和框内的文字或符号来表示，并放置在步序框的右边与步序框用直线相连。

5. 顺序功能图的类型

顺序功能图有单序列、选择序列和并行序列 3 种类型，如图 5-1 所示。

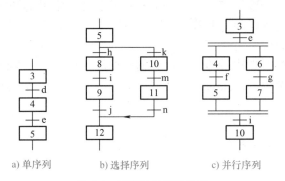

a) 单序列　　b) 选择序列　　c) 并行序列

图 5-1　顺序功能图的类型

（1）单序列

当由一系列相继激活的步组成，且每一步的后面仅有一个转换，每一个转换的后面只有一个步，这些步称为单序列。单序列的特点是没有分支与合并，如图 5-1a 所示。

（2）选择序列

当有两个及以上的步可以选择转移时，这些步称为选择序列。选择序列的开始称为分支，转换符号只能标在水平连线之下，如图 5-1b 所示。如果步 5 是活动步，并且转换条件 h 为 ON，则发生由步 5→步 8 的进展。如果步 5 是活动步，并且 k 为 ON，则发生由步 5→步 10 的进展。

选择序列的结束称为合并，几个选择序列合并到一个公共序列时，用需要重新组合的序列相同数量的转换符号和水平连线来表示，转换符号只允许标在水平连线之上。

如果步 9 是活动步，并且转换条件 j 为 ON，则发生由步 9→步 12 的进展。如果步 11 是活动步，并且 n 为 ON，则发生由步 11→步 12 的进展。对于多个分支的选择序列，一般只允许同时选择一个序列来激活。

（3）并行序列

当转换的实现导致几个序列同时被激活时，这些序列称为并行序列。并行序列用来表示系统同时工作的几个独立部分的工作情况，如图 5-1c 所示。并行序列的开始称为分支。当步 3 是活动步，并且转换条件 e 为 ON 时，步 4 和步 6 同时变为活动步，同时步 3 变为不活动步。为了强调转换的同步实现，水平连线用双线表示。步 4 和步 6 被同时激活后，每个序列中步的活动状态的进展将是独立的。在表示同步的水平双线之上，只允许有一个转换符号。

并行序列的结束称为合并，在表示同步的水平双线之下，只允许有一个转换符号。当直接连在双线上的所有前级步（步 5 和步 7）都处于活动状态，并且转换条件 i 为 ON 时，才会发生步 5 和步 7 → 步 10 的进展，即步 5 和步 7 同时变为不活动步，而步 10 变为活动步。

6. 顺序控制设计法的操作步骤

顺序控制设计法的操作步骤如下：

（1）步的划分

分析被控对象的工作过程和控制要求，将系统的工作过程划分为几个阶段，每个阶段称为一个"步"。可以根据 PLC 的输出状态来划分步。只要系统的输出状态发生变化，系统就会从原来的步进入新的步。每一步 PLC 的输出状态保持不变，但是相邻两步的输出状态总是不同。

（2）转换条件的确定

转换条件是使系统能够从当前步进入下一步的条件。常见的开关条件包括按钮、行程开关、定时器和计数器触点的动作等。

（3）绘制顺序功能图

根据以上分析，画出描述系统工作过程的顺序功能图，这是顺序控制设计法中最关键的一步。在顺序功能图中可以用别的语言嵌套编程，并且有机地融入步、转换、转换条件和动作等关键元素之中。

（4）绘制梯形图

根据顺序功能图，用某种编程方法设计梯形图。

5.1.4　任务实施

使用顺序控制设计法时，首先要根据系统的工艺过程，画出顺序功能图，然后再根据顺序功能图采用合适的编程方法画出梯形图。

1. 顺序功能图绘制

顺序功能图是一种图形化的功能性说明语言，专用于描述工业顺序控制程序，一些高档 PLC 提供了用于 SFC 编程的指令，但一些低档 PLC 并不支持 SFC 编程语言，但可以很方便地将 SFC 转化为梯形图。绘制顺序功能图首先要了解图形代表的意义：顺序功能图的三要素是步、转换条件与动作。初始步用双线框表示，一般步用矩形框表示，矩形框中用数字表示步的编号。转换条件用短划线表示，且在旁边可用文字或表达式标注。动作用矩形框和框内的文字或符号来表示。

下面以送料小车运行控制系统为例来介绍顺序功能图的绘制。送料小车是工业运料的重要设备之一，广泛应用于自动生产线、冶金、有色金属、煤矿、港口、码头等行业。送料小车的工作过程为：当小车停在原位（左限位开关 SQ1 被压下）时，按下起动按钮

SB1（I0.1），小车开始右行（Q0.0），右行到一定位置将右限位开关 SQ2（I0.3）压下，停止右行；装料电磁阀 YV1 得电开始装料（Q0.2），装料时间为 80s；装料完成后开始左行（Q0.1），当左行到一定位置将左限位开关 SQ1（I0.2）压下，小车停止左行开始卸料（Q0.3），卸料时间为 60s；卸料结束后，小车停在原位，完成一个工作周期。送料小车运行工作过程如图 5-2 所示。

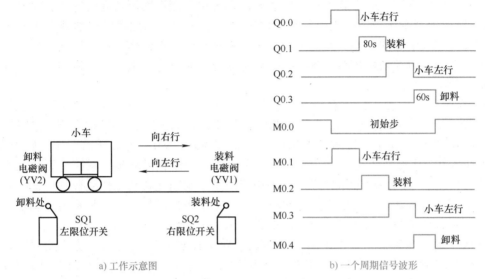

图 5-2　送料小车运行控制系统

根据送料小车右行、装料、左行、卸料 4 个工作状态，对应 PLC 控制输出过程映像寄存器 Q0.0 ～ Q0.3 的 ON/OFF 变化，显然可以将小车工作过程划分为 4 个步，分别用 M0.1 ～ M0.4 来表示。另外，还需要设置一个等待起动的初始步 M0.0，并用首次扫描脉冲 SM0.1 来激活初始步，再加上有向连线、转换条件、与步对应的动作，就构成了送料小车运动的顺序功能图，如图 5-3 所示。

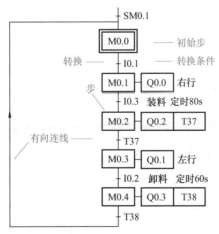

图 5-3　送料小车运动顺序功能图

2. 绘制顺序功能图的注意事项

绘制顺序功能图时应注意以下事项：

1）两个步绝对不能直接相连，必须用一个转换将它们分隔开。

2）两个转换也不能直接相连，必须用一个步将它们分隔开。这两条要求可以作为检查顺序功能图是否正确的判据之一。

3）顺序功能图中的初始步一般对应于系统等待起动的初始状态，这一步可能没有什么输出处于 ON 状态，因此有的初学者在画顺序功能图时很容易遗漏掉这一步。初始步是必不可少的，一方面因为该步与它的相邻步相比，从总体上说输出变量的状态各不相同；另一方面如果没有该步，不能表示初始状态，系统也不能返回等待起动的停止状态。

4）自动控制系统应能多次重复执行同一个工艺过程，因此在顺序功能图中一般应有由步和有向连线组成的闭环，即在完成一次工艺过程的全部操作之后，应从最后一步返回初始步，系统停留在初始状态。在连续循环工作方式时，应从最后一步返回下一工作周期开始运行的第一步。

5）在顺序功能图中，只有当某一步的前级步是活动步，该步才有可能变成活动步。如果用没有断电保持功能的编程元件来代表各步，进入 RUN 工作模式时，它们均处于 OFF 状态。必须用程序运行时接通第一个扫描周期的 SM0.1 的常开触点作为转换条件，将初始步 M0.0 预置为活动步，否则因为顺序功能图中没有活动步，系统将无法工作。如果系统有自动、手动两种工作方式，顺序功能图是用来描述自动工作过程的，这时还应在系统由手动工作方式进入自动工作方式时，用一个适当的信号将初始步置为活动步。

3. 使用起保停指令的顺序控制梯形图设计法

根据控制系统的工艺要求画出顺序功能图后，若 PLC 不支持顺序功能图程序，则必须将顺序功能图转换成 PLC 能执行的梯形图程序。将顺序功能图转换成梯形图的方法主要有两种，分别是采用起保停指令设计方法和采用置位 / 复位指令设计方法。

使用起保停指令设计顺序控制梯形图的步骤如下。

1）当前步激活条件。当前步激活条件是它的前级步为活动步，并且满足相应的转换条件。为此，将代表前级步的位存储器的常开触点和代表转换条件的触点相串联后，作为当前步的激活条件。

2）当前步自保方法。当前步激活后，前级步就变为不活动步，所以当前步必须用自身步的常开触点与激活条件相并联，以实现自保功能。

3）当前步停止方法。当后级步激活后，当前步就变为不活动步，所以必须将代表后级步的存储器位的常闭触点串入当前步的激励程序中。

4）与步对应动作的设计。如果每个步只对应一个动作，就将代表步的存储器位的常开触点去驱动该步对应的动作。如果有多个步对应同一个动作，则应将这些代表步的存储器位的常开触点并联后再去驱动同一个动作。这样就可以避免"双线圈"输出问题，否则，执行后面指令会将前面相同输出的指令功能代替了。

根据上述原则，将图 5-3 所示的送料小车运动控制的顺序功能图转换成梯形图，如图 5-4 所示。

4. 使用置位 / 复位指令的顺序控制梯形图设计法

置位指令与复位指令最主要的特点是有记忆和保持功能。在使用置位 / 复位指令的梯形图设计方法中，用某一转换所有前级步对应的位存储器的常开触点与转换条件对应的触点相串联后，作为使所有后续步对应的位存储器置位和使所有前级步对应的位存储器复位的条件。在任何情况下，各步的控制程序块都可以用这一原则来设计。这种设计方法特别有规律，梯形图与转换实现的基本规则之间有严格的对应关系，在设计复杂的顺序功能图的梯形图时既容易掌握，又不容易出错，是一种通用的顺序控制系统梯形图程序设计方法。

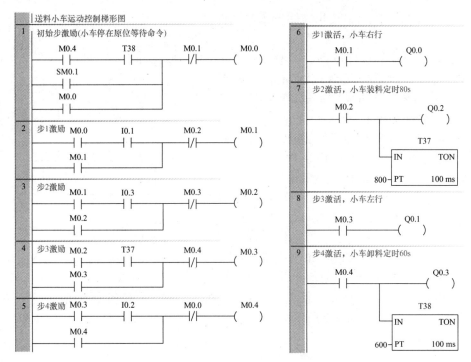

图 5-4　送料小车运动控制梯形图

根据这些原则，使用置位 / 复位指令设计梯形图的方法，将图 5-3 所示的送料小车运动控制的顺序功能图转换成梯形图，如图 5-5 所示。

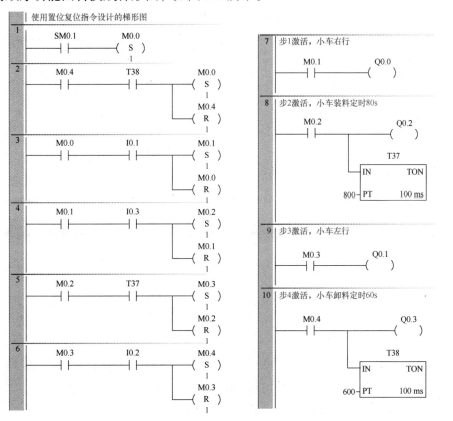

图 5-5　使用置位 / 复位指令设计法绘制的梯形图

5. 选择序列顺序功能图转化为梯形图的编程方法

对于有多个分支的选择序列，一般只允许同时选择一个分支来激活。图 5-6 就是有两个分支的选择序列的例子，下面采用置位 / 复位指令将该顺序功能图转换为梯形图。

在图 5-6 中，当 M0.0 为活动步时，有两种不同的分支可以选择。当转换条件 I0.0 为 ON 时，后续步 M0.1 变为活动步，M0.0 变为不活动步；而当转换条件 I0.1 为 ON 时，后续步 M0.3 变为活动步，M0.0 变为不活动步。在步 M0.5 之前有一个选择序列的合并。当 M0.2 为活动步，且 I0.4 为 ON 时，或者当 M0.4 为活动步，且 I0.5 为 ON 时，则 M0.5 变为活动步，前级步

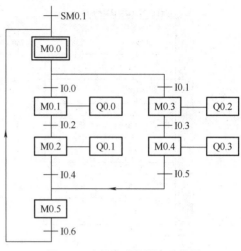

图 5-6　选择序列的顺序功能图

（M0.2 或 M0.4）变为不活动步。根据这些原则，使用置位 / 复位指令将图 5-6 所示的顺序功能图转换为梯形图，如图 5-7 所示。

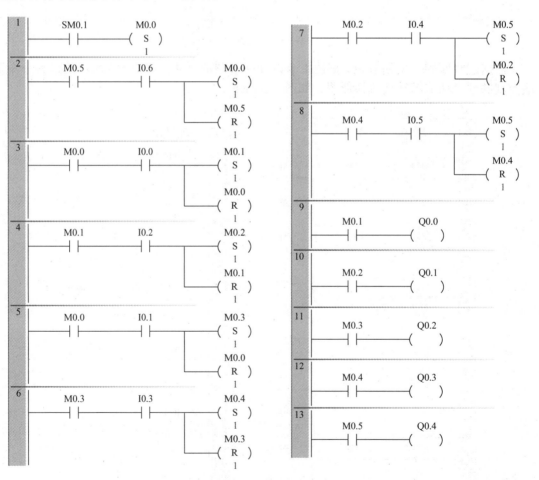

图 5-7　与选择序列顺序功能图对应的梯形图

6. 并行序列顺序功能图转化为梯形图的编程方法

对于并行序列，为了强调转换的同步实现，并行序列的分支与合并，均用水平双连线表示。图 5-8 是有两个分支的并行序列的例子，下面采用置位/复位指令将该顺序功能图转换为梯形图。

在图 5-8 中，在步 M0.0 之后有一个并行序列，它有两个分支。当 M0.0 为活动步，并且 I0.0 为 ON 时，步 M0.1 和步 M0.3 同时变为活动步，这时用 M0.0 和 I0.0 的常开触点串联后，使 M0.1 和 M0.3 同时置位，用复位指令使步 M0.0 变为不活动步，如图 5-9 所示。在转换条件 I0.2 之前有一个并行序列的合并。当所有前级步 M0.2 和 M0.3 都为活动步，并且 I0.2 为 ON 时，实现并行序列的合并。用 M0.2、M0.3

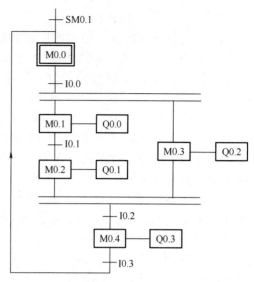

图 5-8　并行序列的顺序功能图

和 I0.2 的常开触点串联后使 M0.4 置位，同时用复位指令使 M0.2 和 M0.3 均变为不活动步。

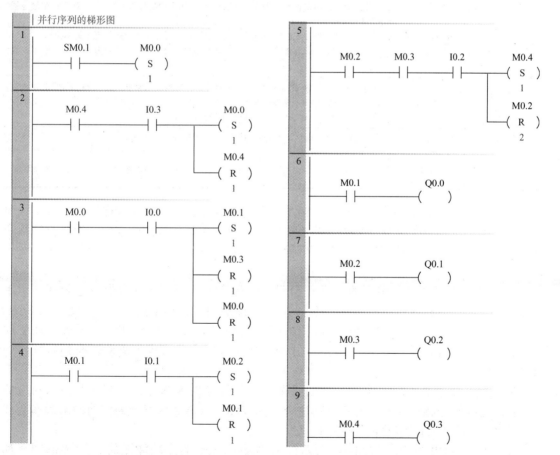

图 5-9　与并行序列顺序功能图对应的梯形图

7. 顺序控制继电器指令

顺序控制继电器就是根据顺序控制的特点和要求设计的。顺序控制继电器区是S7-200 SMART为顺序控制继电器的数据而建立的一个存储区,用 S 表示,在顺序控制过程中,用于组织步进过程的控制。顺序控制继电器区的数据可以是位,也可以是字节(8bit)、字(16bit)或者双字(32bit)。其表示形式如下:用位表示S0.0 ~ S31.7共有256bit,用字节表示SB0 ~ SB31共有32B,用字表示SW0 ~ SW30(递增2)共有16个字,用双字表示SD0 ~ SD28(递增4)共有8个双字。一个双字含4B,且这4B的地址必须连续。最低位字节在一个双字中应该是最高8位。比如,SD0 中的 SB0 应该是最高 8 位,SB1 应该是高 8 位,SB2 应该是低 8 位,SB3 应该是最低 8 位。

S7-200 SMART PLC 中的顺序控制继电器(Sequence Control Relay,SCR)专门用于编制顺序控制程序。顺序控制程序被顺序控制继电器指令划分为若干个 SCR 段,一个 SCR 段对应顺序功能图中的一个步。

顺序控制继电器指令包括装载(Load Sequence Control Relay,LSCR)指令、结束(Sequence Control Relay End,SCRE)指令和转换(Sequence Control Relay Transition,SCRT)指令。顺序控制继电器指令的梯形图及语句表见表 5-1。

表 5-1 顺序控制继电器(SCR)指令

梯形图	语句表	功能描述
S_bit SCR	LSCR S_bit	装载指令,用来表示一个 SCR 段的开始,指令中的操作数 S_bit 为顺序控制继电器 S 的位地址 当指令操作数 S_bit 为 ON 时,执行对应的 SCR 段中的程序,反之则不执行 例如,LSCR S0.0 指令定义一个 SCR 段的开始,仅当 S0.0 为 ON 时,允许该段工作
S_bit —(SCRT)	SCRT S_bit	转换指令,用来表示 SCR 段之间的转换,即步的活动状态的转换。当使能输入有效时,一方面对指令操作数 S_bit 置位,以便让下一个 SCR 段开始工作,另一方面同时对本 SCR 段的标志位复位,以便本段停止工作
—(SCRE)	CSCRE	有条件结束指令,当条件满足时,会终止执行本 SCR 段
⊢(SCRE)	SCRE	无条件结束指令,用于结束本程序段。一个顺序控制程序段必须使用该指令来结束

例如,顺序控制转换指令 " SCRT S0.1",该指令用来启动下一个程序段,实现本程序段与另一程序段之间的切换。指令中操作数 S0.1 是下一个程序段的标志位。当执行该指令时,对下一段的 S0.1 置位,以便让下一个程序段(由 LSCR S0.1 指令定义的段)工作。

8. 使用 SCR 指令的顺序控制梯形图设计法

利用顺序继电器指令编写的顺序控制程序中包含了若干个顺序控制继电器段(SCR段),一个 SCR 段有时也可称为一个步。在设计梯形图时,用 LSCR(梯形图中为 SCR)指令和 SCRE 指令表示 SCR 段的开始和结束。在 SCR 段中用 SM0.0 的常开触点来驱动只在该步中为 ON 的输出点 Q 的线圈,并用转换条件对应的触点来驱动转换到后续步的 SCRT 指令。

如果多个步中有相同的输出点 Q 的线圈,则在所有 SCR 段之后,将这些段所对应的 S 存储器位的常开触点并联后再去驱动这个相同线圈,以避免后续步的相同输出操作会代替前级步输出操作的"双线圈"输出问题。

下面使用 SCR 指令,将图 5-3 所示的送料小车运动顺序功能图转化为梯形图,如图 5-10 所示。

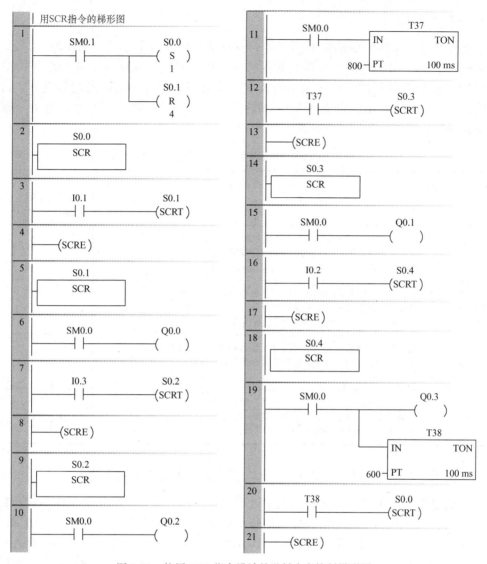

图 5-10　使用 SCR 指令设计的送料小车控制梯形图

首次扫描时，SM0.1 的常开触点接通一个扫描周期，将 S0.0 置位，将 S0.1 ～ S0.4 都复位，只执行 S0.0 对应 SCR 段。按下起动按钮 I0.1，指令"SCRT S0.1"对应线圈得电，使 S0.1 为 ON，操作系统使 S0.0 变为 OFF，系统从步 S0.0 转换到 S0.1，只执行 S0.1 对应的 SCR 段。在该段中，使用常 ON 触点 SM0.0 驱动 Q0.0 线圈，直到常开触点 I0.3 变为 ON 后，将转换到步 S0.2。在 S0.2 对应的步中，使用常 ON 触点 SM0.0 驱动 Q0.2 线圈并启动 T37 定时工作，直到 T37 定时时间（80s）到时，将转换到步 S0.3。在 S0.3 对应的步中，使用常 ON 触点 SM0.0 驱动 Q0.1 线圈，直到常开触点 I0.2 变为 ON 时，将转换到步 S0.4。在 S0.4 对应的步中，使用常 ON 触点 SM0.0 驱动 Q0.3 线圈并启动 T38 定时工作，直到 T38 定时时间（60s）到时，将转换到步 S0.0。

使用 SCR 指令时有以下限制：不能在不同的程序中使用相同的 S 位；不能在 SCR 段之间使用 JMP 及 LBL 指令，即不允许用跳转的方法跳入或跳出 SCR 段；不能在 SCR 段中使用 FOR、NEXT 和 END 指令。

5.1.5 任务评价

在完成学习顺序功能图编程方法任务后，对学生的评价主要从主动学习、高效工作、认真实践的态度，团队协作、互帮互学的作风，顺序控制系统的工艺过程分析、SFC 绘制、将 SFC 转化为梯形图、程序编辑与调试、解决调试过程的实际问题等能力，以及树立为国家为人民多做贡献的价值观等方面进行评价，并采用学生自评、小组互评、教师评价来综合评定每一位学生的学习成绩，评定指标详见表 5-2。

表 5-2　顺序功能图编程方法学习任务评价表

评价指标	评价要素	分值	学生自评（10%）	小组互评（20%）	教师评价（70%）	得分
顺序功能图的绘制	能阅读 PLC 系统使用手册，并根据控制任务要求，选择合适的顺序功能图结构，详细分析系统控制工艺过程，正确绘制单序列、选择序列和并行序列的顺序功能图	30				
能将顺序功能图转化成合适的梯形图	能应用起保停指令设计法、置位/复位指令设计法以及 SCR 指令设计法将顺序功能图转化为梯形图，进行程序编辑与调试工作，并能及时解决调试过程中的实际问题	50				
文档撰写	能根据任务要求撰写顺序控制功能图及对应梯形图的分析设计报告，包括摘要、报告正文，图表等符合规范性要求	10				
职业素养	符合 7S（整理、整顿、清扫、清洁、素养、安全、节约）管理要求，树立认真、仔细、高效的工作态度以及为国家为人民多做贡献的价值观	10				

5.1.6 拓展提高——具有多种工作方式的顺序控制系统设计

为了满足生产的需要，很多设备要求设置多种工作方式，例如手动工作方式和自动工作方式，后者又可包括连续、单周期、单步、自动回原点等几种工作方式，通过工作方式选择开关来切换，某个时刻只能选择一种工作方式。①手动工作方式：通过操作各自的按钮使各个负载单独接通或断开。②自动回原点：按下起动按钮时，机械设备自动向原点回归。③单步运行：按一次起动按钮，前进一个工步（或工序）。④单周期运行：在原点位置按下起动按钮，自动运行一个周期后再在原点停止；在中途按停止按钮时就马上停止运行，再次按下起动按钮，从断点处开始运行，完成之后回到原点自动停止。⑤连续运行：在原点位置按下起动按钮，自动运行一个周期后又开始下一个周期，如此反复连续地工作；按下停止按钮时，并不马上停止工作，完成最后一个周期的工作后，系统才返回并停留在初始步；再次按下起动按钮，重新开始连续工作。

对于这种具有多种工作方式的顺序控制系统，在梯形图结构上可以分为公用程序和手动子程序、回原点子程序与自动子程序。公用程序用于处理各种工作方式都要执行的任务以及不同的工作方式之间的相互切换。工作方式选择开关在手动位置时调用手动子程序，工作方式选择开关在回原点工作位置时调用回原点子程序。由于程序指令有一些共同之处，将单步、单周期、连续这 3 种工作方式的程序合并为自动子程序，但在具体程序设计时还应考虑用什么方法区分这 3 种工作方式，可以使用"连续标志"位和"转换允许"标志位来区分。请读者分析一下具有多种工作方式的顺序控制系统的梯形图特点。

▶ 任务 5.2　组合机床动力头 PLC 控制系统设计

5.2.1　任务目标

　　1）能设计组合机床动力头 PLC 控制的硬件系统。

　　2）能设计组合机床动力头 PLC 控制的外部接线图。

　　3）能设计组合机床动力头 PLC 控制程序。

　　4）能进行组合机床动力头 PLC 控制系统联机调试工作。

5.2.2　任务描述

　　组合机床是以通用部件为基础，配以按工件特定外形和加工工艺设计的专用部件和夹具，组成的高效、专用、自动化程度较高的机床。它能完成钻、扩、铰、镗、铣、攻螺纹等加工工序和工作台转位、定位、夹紧、输送等辅助动作。动力头是组合机床的通用部件，上面安装有各种旋转刀具，刀具的旋转是由主轴电动机驱动的，同时通过液压系统可使这些刀具按一定动作循环完成轴向进给运动，而液压系统采用 PLC 控制可确保进给运动的高可靠性，高质量完成零件加工任务。

　　学生要完成组合机床动力头 PLC 控制系统设计，必须熟悉组合机床动力头的结构与工作原理；掌握组合机床动力头系统的构成要素及连接方法；应用 S7-200 SMART PLC 完成组合机床动力头控制电路设计以及相应的应用程序设计和联机调试工作。要完成组合机床动力头 PLC 控制程序设计，一般要经历分析动力头的控制功能与控制要求、设计顺序功能图、编写梯形图程序以及程序调试过程。其中，程序调试可以采用软件仿真调试、项目下载到 CPU 中运行监控调试以及连接好机床动力头回路和控制电路之后的联机调试，直至组合机床动力头工作正常为止。

5.2.3　任务准备——组合机床动力头控制原理

1. 动力头的作用

　　动力头是数控组合机床中的动力部件，动力头性能的优异直接关系到组合机床的加工性能好坏。动力头实现了主运动和进给运动，并且有自动工件循环，是比较简单的一个变速传动机构。根据进给运动变速形式的不同，可以分为气压动力头、液压动力头和伺服动力头 3 大类型。

2. 动力头的控制原理

　　动力头集主运动、进给运动和控制系统于一体，是机、电、气、液多项技术综合应用的结果。动力头的旋转运动（主运动）采用电动机通过同步带直接驱动，进给运动采用液压油作为动力源，在液压系统控制下液压缸实现自由进退动作，带动动力头刀具的进给运动。

　　动力头进给运动液压系统原理如图 5-11 所示。该系统用限压式变量叶片泵供油，用电液换向阀换向，用行程阀实现快进速度和工进速度的切换，用电磁阀实现两种工进速度的切换，用调速阀使进给速度稳定。在机械和电气的配合下，能够实现"快进——工进—二工进—死挡铁停留—快退—原位停止"的自动循环。

　　（1）快进

　　进油路：滤油器→变量泵 1 →单向阀 2 →电液换向阀 3 的 P 口到 A 口→行程阀 10 →液压缸左腔。

　　回油路：液压缸右腔→电液换向阀 B 口到 T2 口→单向阀 6 →行程阀 10 →液压缸

左腔。

特点：这时形成差动连接回路。因为快进时，动力头的载荷较小，同时进油可以经阀直通液压缸左腔，系统中压力较低，所以变量泵输出流量大，动力头快速前进，实现快进。

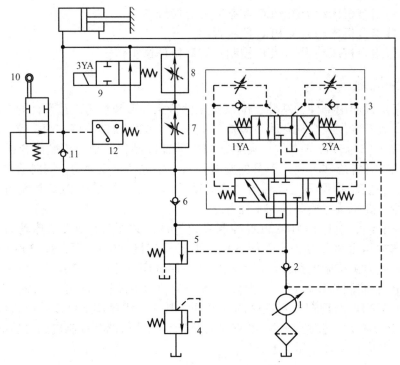

图 5-11　动力头进给运动液压系统原理

1—变量泵　2、6、11—单向阀　3—电液换向阀　4—背压阀　5—液控顺序阀　7、8—调速阀
9—电磁换向阀　10—行程阀　12—压力继电器

（2）一工进

进油路：滤油器→变量泵 1→单向阀 2→电液换向阀 3 的 P 口到 A 口→油路→调速阀 7→二位二通电磁换向阀 9→油路→液压缸左腔。

回油路：液压缸右腔→油路→电液换向阀 3 的 B 口到 T2 口→管路→液控顺序阀 5→背压阀 4→油箱。

特点：因为工作进给时油压升高，所以变量泵 1 的流量自动减小，动力头向前做第一次工作进给，进给量的大小可以用调速阀 7 调节。

（3）二工进

在第一次工作进给结束时，动力头上的挡铁压下行程开关，使电磁换向阀 9 的电磁铁 3YA 得电，阀右位接入工作，切断了该阀所在的油路，经调速阀 7 的油液必须经过调速阀 8 进入液压缸的左腔，其他油路不变。由于调速阀 8 的开口量小于阀 7，进给速度降低，进给量的大小可由调速阀 8 来调节。

（4）死挡铁停留

当动力滑台第二次工作进给终了碰上死挡铁后，液压缸停止不动，系统的压力进一步升高，达到压力继电器的调定值时，经过时间继电器的延时，再发出电信号，使动力头退回。在时间继电器延时动作前，动力头停留在死挡块限定的位置上。

（5）快退

进油路：滤油器→变量泵 1 →单向阀 2 →油路→换向阀的 P 口到 B 口→液压缸右腔。

回油路：液压缸左腔→单向阀 11 →电液换向阀 A 口到 T1 口→油箱。

特点：这时系统的压力较低，变量泵 1 的输出流量大，动力头快速退回。由于活塞杆的面积大约为活塞的一半，所以动力头快进、快退的速度大致相等。

（6）原位停止

当动力头退回到原始位置时，挡块压下行程开关，这时电磁铁 1YA、2YA、3YA 都失电，电液换向阀 3 处于中位，动力头停止运动，变量泵 1 输出油液的压力升高，使泵的流量自动减至最小。

上述 6 个步的转换是通过控制电磁换向阀的电磁铁 1YA、2YA、3YA 以及行程阀的行程来实现的，死挡铁停留时还会使压力传感器的常开触点闭合。各种动作与控制状态对应表见表 5-3。

表 5-3　动力头的动作与控制状态对应表

动作	1YA	2YA	3YA	压力传感器	行程阀
快进	得电				接通
一工进	得电				断开
二工进	得电		得电		断开
死挡铁停留	得电		得电	闭合	断开
快退		得电	得电		断开→接通
原位停止					接通

通过以上分析可以看出，为了实现动力头的自动工作循环，该液压系统应用了下列一些基本回路。

1）调速回路。采用了由限压式变量泵和调速阀组成的调速回路，调速阀放在进油路上，保证了稳定的低速运动，有较好的速度刚性和较大的调速范围。回油路上的背压阀，使动力头能承受负值负载。

2）快速运动回路。应用限压式变量泵在低压时输出的流量大的特点，并采用差动连接来实现快速前进，能量利用合理。

3）换向回路。应用电液换向阀实现换向，工作平稳、可靠，并由压力继电器与时间继电器发出的电信号控制换向信号。

4）快速运动与工作进给的换接回路。采用行程换向阀实现速度的换接，换接的性能较好。同时利用换向后，系统中的压力升高使液控顺序阀接通，系统由快速运动的差动连接转换为使回油排回油箱。

5）两种工作进给的换接回路。采用了两个调速阀串联的回路结构，方便两种速度的调节。

5.2.4　任务实施

1. 动力头的控制要求

采用 PLC 对组合机床动力头进行控制时，为了更好地体现电气控制自动化水平，将图 5-11 中的行程阀更换成电磁换向阀（对应的电磁铁线圈记为 4YA），增加 4 个位置的行程开关、1 个起动按钮 SB1 和 1 个暂停按钮 SB2，取消压力传感器和时间继电器，具体控制要求如下。

1）在原位时，压合 SQ1，4YA 得电，此时若按下起动按钮 SB1，则 1YA 得电，动力头快进。

2）快进到一定位置，压合 SQ2，4YA 失电，1YA 得电，动力头由快进变为一工进。

3）一工进到一定位置，压合 SQ3，3YA 得电，1YA 得电，电动力头变为二工进。

4）二工进到一定位置，压合 SQ4，碰上死挡铁后，液压缸停止不动，暂停时间为 10s。

5）10s 定时时间到，2YA 得电，3YA 得电，动力头快速退回。

6）当动力头返回初始位置后，压合 SQ1，4YA 得电，动力头停止运动，处于等待命令状态。

7）如果在工作过程中按下暂停按钮 SB2，则动力头马上暂停工作，再按一次暂停按钮 SB2，动力头从暂停位置开始继续完成工作。

组合机床动力头进给运动包括快进、一工进、二工进、死挡铁停留、快退、原位停止 6 个工作步，其进给运动示意图如图 5-12 所示。

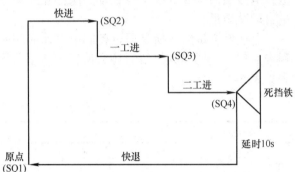

图 5-12　组合机床动力头进给运动示意图

2. 硬件电路设计

在动力头液压驱动系统的支持下，应用 PLC 对组合机床动力头的进给运动进行控制，需要使用 1 个起动按钮 SB1、1 个暂停按钮 SB2、4 个位置的行程开关 SQ1 ～ SQ4，以及 1 只三位五通电液换向阀（对应两个电磁铁线圈为 1YA 和 2YA）、2 只二位二通电磁换向阀（对应电磁铁线圈分别为 3YA 和 4YA）和暂停运行指示灯 HL。根据控制要求分析，本控制系统共有 6 个开关输入量和 5 个开关输出量，所以选择 S7–200 SMART CPU SR20（AC/DC/Relay，交流电源 / 直流输入 / 继电器输出）作为控制器，设计的 PLC 控制电路如图 5-13 所示。

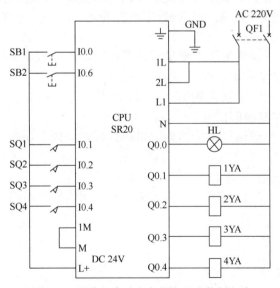

图 5-13　组合机床动力头进给 PLC 控制电路

3. I/O 地址分配

根据组合机床动力头进给运动的控制要求，结合图 5-13 所示的 PLC 控制电路，设计

PLC 控制的 I/O 地址分配表见表 5-4。

表 5-4 组合机床动力头进给 PLC 控制 I/O 地址分配表

输入		输出	
地址	元件	地址	元件
I0.0	起动按钮 SB1	Q0.0	暂停运动指示灯
I0.6	暂停按钮 SB2	Q0.1	电液换向阀电磁铁线圈 1YA
I0.1	原点位置限位开关 SQ1	Q0.2	电液换向阀电磁铁线圈 2YA
I0.2	快进终点位置限位开关 SQ2	Q0.3	节流电磁换向阀电磁铁线圈 3YA
I0.3	一工进终点限位开关 SQ3	Q0.4	电磁换向阀电磁铁线圈 4YA
I0.4	二工进终点限位开关 SQ4		

4. 顺序功能图绘制

组合机床动力头进给运动包括快进、一工进、二工进、死挡铁停留 10s、快退、原位停止 6 个工作步。首次扫描，激活初始步，动力头停在原位，使 M1.1 为 ON。在非暂停状态下（M1.1 为 ON），当按下起动按钮 SB1 时，激活快进步，1YA 得电，4YA 得电，动力头快进。当压合 SQ2 时，激活一工进步，1YA 得电，动力头一工进。当压合 SQ3 时，激活二工进步，1YA 得电，3YA 得电，动力头二工进。当压合 SQ4 时，激活死挡铁停留步，10s 定时器开始定时。定时 10s 时间到，激活快退步，2YA 得电，3YA 得电，动力头快退。当压合 SQ1 时，激活初始步，动力头停在原位。在运行过程中按下暂停按钮 SB2，M1.1 变为 OFF，系统立刻处于暂停状态；再按一次暂停按钮 SB2，M1.1 变为 ON，系统从暂停位置继续运行。设计动力头进给运动顺序功能图，如图 5-14 所示。

5. 梯形图程序设计

使用 SCR 指令，将图 5-14 所示的顺序功能图转化为梯形图，如图 5-15 所示。第 1 阶梯，用首次扫描信

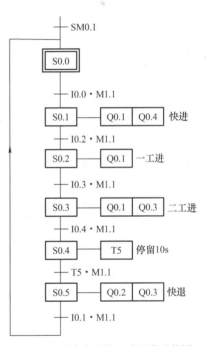

图 5-14 动力头进给运动顺序功能图

号 SM0.1 将初始步 S0.0 置位，将其余步 S0.1 ～ S0.5 均复位，将非暂停标志位 M1.1 置位。第 2 阶梯，将暂停按钮 SB2（I0.6）做成"乒乓开关"，每按一次 SB2，M1.1 状态切换一次。第 3 ～ 5 阶梯，对应 S0.0 步，在非暂停状态（M1.1 为 ON）下，按下起动按钮（I0.0 为 ON）时，转移到 S0.1 步。第 6 ～ 9 阶梯，对应 S0.1 步，动力头快进，在满足转移条件时，转移到 S0.2 步。第 10 ～ 12 阶梯，对应 S0.2 步，动力头一工进，在满足转移条件时，转移到 S0.3 步。第 13 ～ 15 阶梯，对应 S0.3 步，动力头二工进，在满足转移条件时，转移到 S0.4 步。第 16 ～ 19 阶梯，对应 S0.4 步，动力头遇死挡铁停留 10s，定时时间到就转移到 S0.5 步。第 20 ～ 23 阶梯，对应 S0.5 步，动力头快退，快退到原位就停止，并转移到 S0.0 步。第 24 阶梯，在暂停状态下，点亮暂停指示灯。第 25 阶梯，Q0.1 在 S0.1 ～ S0.3 这 3 步中均应工作，不能在这 3 步的每一个 SCR 段内分别设置一个 Q0.1 的线圈，必须用 S0.1 ～ S0.3 的常开触点组成的并联电路来驱动 Q0.1 的线圈，否则会有

"双线圈"输出问题。另外，还考虑了暂停工作状态。同理，第 26 阶梯，用 S0.3 和 S0.5 的常开触点组成的并联电路来驱动 Q0.3 的线圈。

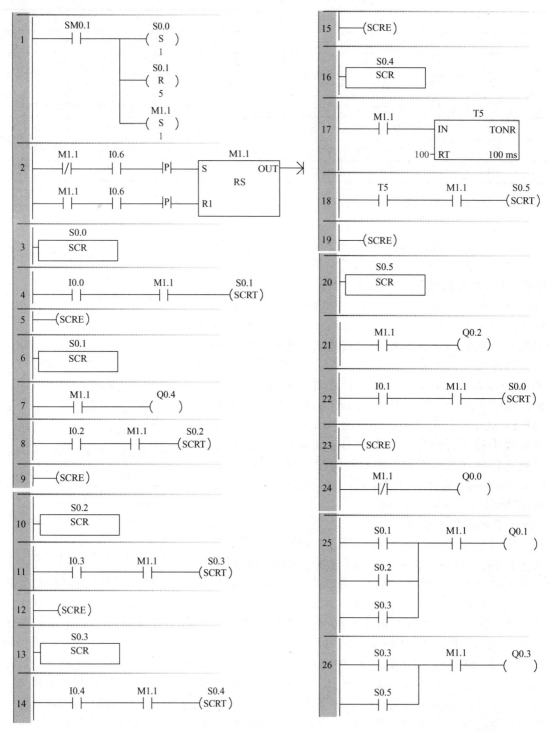

图 5-15　组合机床动力头进给运动梯形图

6. 程序仿真调试

在 STEP 7–Micro/WIN SMART 编程软件中完成图 5-15 所示的程序编辑，经编译且无误后，选择"文件"→"导出"→"POU"菜单命令，在弹出的对话框中输入导出的路径和文件名。启动 CIS_S7200　PLC 仿真软件，选择"文件"→"载入用户程序"菜单命令，选中前面保存的文件，再单击"打开"按钮，即可载入需要仿真的用户程序，进行程序控制功能的仿真调试。通过设置相关输入继电器状态，观察输出继电器和定时器的变化情况，如果发现工作不正常，则需重新修改程序并再次仿真，直至满足动力头控制要求为止。

7. 程序联机调试

在完成动力头液压系统连接和 PLC 控制电路连接之后，接通全部设备电源，将编辑好的程序块、数据块和系统块下载到 PLC 中，启动程序监控功能。首先，按下起动按钮 SB1，观察动力头是否按照"快进→一工进→二工进→死挡铁停留 10s →快退→回原位停止"运行。其次，在运行过程中，按下暂停按钮 SB2，观察动力头是否处于暂停状态，暂停指示灯是否点亮，再按一次暂停按钮，能否取消暂停功能。如果这些步骤均工作正常，则说明程序设计正确。否则，说明控制系统有问题，应查明故障原因，并进行相应修正直至动力头工作正常为止。

5.2.5　任务评价

在完成组合机床动力头进给 PLC 控制系统设计任务学习后，对学生的评价主要从主动学习、高效工作、认真实践的态度，团队协作、互帮互学的作风，组合机床动力头进给控制回路的连接、PLC 控制接口电路的设计、进给控制顺序功能图和梯形图程序的设计、编辑、调试掌握情况，以及树立为国家为人民多做贡献的价值观等进行，并采用学生自评、小组互评、教师评价来综合评定每一位学生的学习成绩，评定指标详见表 5-5。

表 5-5　组合机床动力头进给 PLC 控制系统设计任务评价表

评价指标	评价要素	分值	学生自评（10%）	小组互评（20%）	教师评价（70%）	得分
硬件电路设计与连接	能阅读 PLC 系统使用手册，并根据控制任务要求，选择合适的 CPU 模块与控制电器，设计组合机床动力头进给 PLC 控制电路并完成控制电路的连接工作	20				
液动回路的连接	能根据组合机床动力头进给控制要求，正确连接组合机床动力头进给的液动回路	10				
软件设计与调试	能根据动力头进给控制要求设计 SFC 和梯形图，对程序进行编辑、仿真与调试，最后对组合机床动力头进给控制系统进行联机调试，并能解决调试过程中的实际问题	50				
文档撰写	根据任务要求撰写 SFC 和梯形图设计报告，包括摘要、正文，图表等符合规范性要求	10				
职业素养	符合 7S（整理、整顿、清扫、清洁、素养、安全、节约）管理要求，树立认真、仔细、高效的工作态度以及为国家为人民多做贡献的价值观	10				

5.2.6　拓展提高——多种工作方式动力头控制系统设计

在组合机床动力头进给 PLC 控制系统设计任务中，为了简化设计任务，我们只考虑了单周期一种工作方式。但是，实际的动力头进给运动控制可能有手动、连续、单周期、单步、自动回原点等多种工作方式。为此，增加一个工作方式选择开关来切换工作方式，使动力头进给控制有单周期、单步和连续 3 种工作方式，某个时刻只能选择其中的一种工作方式运行，动力头的 6 个工作步和图 5-14 所示完全相同。请读者结合这些要求自行设计具有单周期、单步和连续 3 种工作方式的动力头进给控制系统，并完成 PLC 控制接口电路、顺序功能图和梯形图设计以及程序编辑与调试工作。

▶任务 5.3　智能抢答器 PLC 控制系统设计

5.3.1　任务目标

1）能设计智能抢答器 PLC 控制的硬件系统。
2）能设计智能抢答器 PLC 控制的外部接线图。
3）能设计智能抢答器 PLC 控制程序。
4）能进行智能抢答器 PLC 控制系统联机调试工作。

5.3.2　任务描述

随着现代社会的发展，竞赛场所对抢答器各个方面的需求都有所增加，尤其智能答题环节。在竞赛中往往会涉及公平、公正等问题，传统的表决方式已经不能满足当今赛场的需要，不利于比赛持续高效进行。近年来，出现的抢答器大多功能单一，人为干涉多，容易出现混乱，且缺少必要的智能步骤。针对这些问题，本任务开发设计智能抢答器，以西门子 PLC 为主控器件，以共阴极数码管显示参赛选手的抢答时间，以语音提示作为选手执行操作答题依据，同时通过程序控制选手抢答是否超时以及是否复位到初始状态。这类智能抢答器，能使比赛更加严格、有条不紊地进行，从而体现出竞赛的公平、公正、高效和智能的特点。

学生要完成智能抢答器 PLC 控制系统设计，必须熟悉智能抢答器的组成与工作原理；掌握相关外围元器件与 PLC 的连接方法；应用 S7–200 SMART CPU 完成智能抢答器控制的接口电路设计以及相应的应用程序设计和联机调试工作。要完成智能抢答器 PLC 控制程序设计，一般要经历分析抢答器的控制功能与控制要求、设计顺序功能图、编写梯形图程序以及程序调试过程。其中，程序调试可以采用软件仿真调试、项目下载到 CPU 中运行监控调试以及连接好抢答器 PLC 控制电路之后的联机调试，直至智能抢答器工作正常为止。

5.3.3　任务准备——智能抢答器控制原理

1. 智能抢答器

智能抢答器由以微处理器为核心的硬件电路和控制程序组成，以实现抢答过程的智能化管理并能准确判断出抢答者。在知识竞赛、文体娱乐活动（抢答竞赛活动）中，它能准确、公正、直观地判断出抢答者的座位号，更好地促进各个团体的竞争意识，让选手们体验到战场般的压力感，激发每位选手的潜能，提高团队之间的合作精神。针对传统抢答器只是大概判断出抢答成功或犯规选手台号，无法显示出每个选手的抢答时间等问题，改进设计智能抢答器，可以通过数据来说明裁决结果的准确性、公平性，在大大增加竞赛娱乐性的同时，也更加公平、公正。还可以增加无线连接模块，更加方便用户在竞赛现场的布置与使用。

2. 智能抢答器控制原理

智能抢答器的控制主要包括抢答器的起动、小组抢答处理、超时处理、抢答时间显示、系统复位等。主持人操作起动按钮和复位按钮，4 个抢答小组按下对应的按钮来抢答，如图 5-16 所示。参赛者事先做好准备，等主持人说完题目并按下起动按钮后，参赛者开始抢答，谁最先按下按钮，就由这个参赛者答题。当主持人说出一个题目并按下起动按钮后，抢答指示灯点亮，电铃 HA 发出 0.5s 短暂声，表示开始抢答，同时计时器从 0 开始计时工作。在规定时间内，某一组抢先按下抢答按钮，抢答有效，计时器停止计时，该组对应的抢答灯点亮（HL1～HL4），同时锁住抢答器，使其余组抢答无效，并通过七段数码管显示抢答时间。如果在规定的时间内，没有任何小组抢答，则锁住抢答器，超时指示灯点亮，电铃发出 2s 时长响声，数码管显示"F"。只有当主持人按下复位按钮后，所有指示灯均熄灭，数码管显示"0"，系统复位，才可以进入下一题目的抢答。

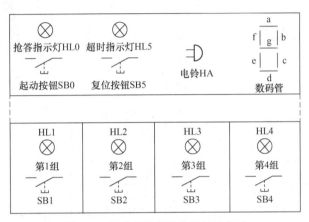

图 5-16　智能抢答器操作屏的示意图

5.3.4　任务实施

1. 控制要求分析

1）控制系统是由 1 个起动按钮、1 个复位按钮、4 个小组抢答按钮、1 只 LED 数码管、1 只电铃、1 盏抢答指示灯、1 盏超时指示灯和 4 盏小组抢答灯等组成。

2）有 4 个小组抢答按钮，每组又由 3 个抢答按钮并联（假定每个参赛小组由 3 名成员组成）。

3）主持人说完题目后再按下起动按钮 SB0，抢答指示灯 HL0 点亮，计时器开始计时，电铃 HA 发出 0.5s 短暂声，表示开始抢答。

4）若某组参赛者在抢答限定时间（8s）内最先按下抢答按钮，则抢答有效，计时器停止计时，该组对应的抢答灯点亮，同时锁住抢答器，使其余组抢答无效，并通过数码管显示从开始抢答到小组抢答成功的时间（单位为 s）。

5）参赛者抢答成功后，抢答小组必须在限定时间（30s）内回答完毕。一旦限定时间到，电铃发声 1s 后自动停止，同时超时指示灯以 1Hz 频率闪烁，提示主持人处理。

6）如果在抢答限定时间（8s）内，没有任何小组抢答，则锁住抢答器，超时指示灯 HL5 点亮，电铃发出 2s 时长响声停止，数码管显示"F"。

7）本轮抢答结束，主持人按下复位按钮，使抢答器回到初始状态，数码管显示"0"，可以开始下一个题目的抢答。

2. 硬件电路设计

要实现 4 路智能抢答器的 PLC 控制，需要 1 个起动按钮、1 个复位按钮和 4 个小组抢答按钮共 6 个输入开关量，同时需要驱动 1 只电铃、1 盏抢答指示灯、1 盏超时指示灯、

4盏小组抢答灯和1只七段数码管共14个输出开关量，所以选择S7–200 SMART CPU SR40作为系统的控制器，设计的智能抢答器PLC控制电路如图5-17所示。其中，QF为断路器，数码管为共阴极型产品，电铃、指示灯均选用DC 24V供电的产品。

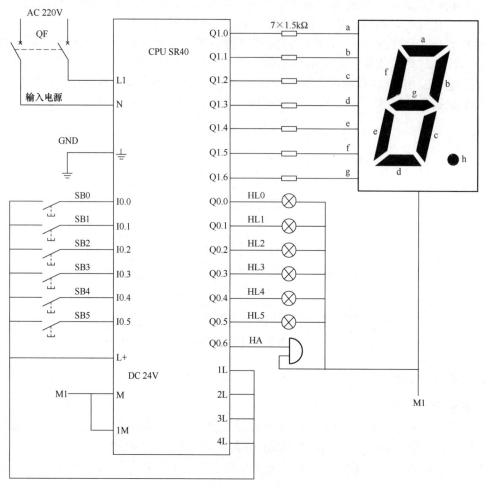

图 5-17　智能抢答器 PLC 控制电路

3. I/O 地址分配

智能抢答器PLC控制系统共有6个输入开关量、14个输出开关量，根据4路智能抢答器的控制要求，结合图5-17所示的电路，设计智能抢答器PLC控制系统I/O地址分配表见表5-6。

表 5-6　智能抢答器 PLC 控制系统 I/O 地址分配表

输入		输出			
地址	元件	地址	元件	地址	元件
I0.0	起动按钮 SB0	Q0.0	抢答指示灯 HL0	Q1.0	数码管 a 段
I0.1	第 1 组抢答按钮 SB1	Q0.1	第 1 组抢答灯 HL1	Q1.1	数码管 b 段
I0.2	第 2 组抢答按钮 SB2	Q0.2	第 2 组抢答灯 HL2	Q1.2	数码管 c 段
I0.3	第 3 组抢答按钮 SB3	Q0.3	第 3 组抢答灯 HL3	Q1.3	数码管 d 段
I0.4	第 4 组抢答按钮 SB4	Q0.4	第 4 组抢答灯 HL4	Q1.4	数码管 e 段
I0.5	复位按钮 SB5	Q0.5	超时指示灯 HL5	Q1.5	数码管 f 段
		Q0.6	电铃 HA	Q1.6	数码管 g 段

4. 顺序功能图绘制

根据智能抢答器的控制过程，主要包括 4 个小组在规定时间内抢答和限定时间内回答问题的处理以及在规定时间内没人抢答的处理，同时考虑各步的工作状态信息显示的要求，设计了选择序列的顺序功能图，如图 5-18 所示。其中，初始步 S0.0 用首次扫描信号 SM0.1 和系统抢答结束且主持人按下复位按钮 SB5（I0.5）来激活，数码管显示 "0"。主持人按下起动按钮 SB0（I0.0）激活步 S0.1，开始抢答与计时，抢答指示灯点亮（Q0.0），并给出计时时间显示和铃声提醒（响 0.5s 停止）。S0.2 ～ S0.5 为各小组在规定时间（8s）内抢答成功后激活，抢答成功组的抢答灯点亮，并在限定时间（30s）内完成答题。如果在规定时间（8s）内无人抢答，则激活步 S0.6，超时指示灯点亮、发出超时提示声（响 2s 停止）、数码管显示 "F"。限定答题时间到，激活步 S0.7，超时指示灯闪烁，同时给出提示声（响 1s 停止）。主持人按下复位按钮 SB5（I0.5）回到初始步 S0.0。

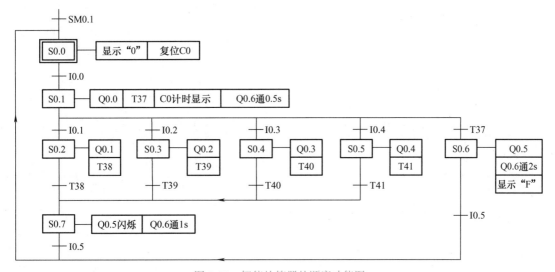

图 5-18　智能抢答器的顺序功能图

5. 控制程序设计

根据智能抢答器的控制要求，结合图 5-18 所示的顺序功能图，采用 SCR 指令设计梯形图，如图 5-19 所示。其中，C0 用于计时抢答时间，T45、T46、T47 为各种提示声的发声时长定时器，T37 为抢答限时定时器，T38 ～ T41 为各小组的答题限时定时器；MB1 为显示数值存储单元，用于保存各步要显示的数值；由于 C0 的当前值是 16 位整型数，必须用整型转化为字节型指令转化为字节型数据，才能保存在 MB1 中。

在图 5-19 中，第 1 ～ 5 阶梯为步 S0.0 的设置，主要对计时用的 C0 复位、把 0 送给显示存储单元 MB1、转至下一步设置。第 6 ～ 16 阶梯为步 S0.1 的设置，主要是点亮抢答指示灯（Q0.0）、起动抢答定时器（T37）、抢答时间累计（C0）并送给显示存储单元 MB1、提示声发出时长设定（T45）、转至下一步设置。第 17 ～ 20 阶梯为步 S0.2 的设置，主要是点亮第 1 组的抢答灯（Q0.1）、起动答题定时器（T38）、转至下一步设置。第 21 ～ 24 阶梯为步 S0.3 的设置，主要是点亮第 2 组的抢答灯（Q0.2）、起动答题定时器（T39）、转至下一步设置。第 25 ～ 28 阶梯为步 S0.4 的设置，主要是点亮第 3 组的抢答灯（Q0.3）、起动答题定时器（T40）、转至下一步设置。第 29 ～ 32 阶梯为步 S0.5 的设置，主要是点亮第 4 组的抢答灯（Q0.4）、起动答题定时器（T41）、转至下一步设置。第 33 ～ 37 阶梯为步 S0.6 的设置，主要是抢答超时提示声发出时长设置（T46）、把 16#0F

送给显示存储单元 MB1、转至下一步设置。第 38 ～ 41 阶梯为步 S0.7 的设置，主要是答题结束提示声发出时长设置（T47）、转至下一步设置。第 42 阶梯，将 S0.6 点亮的超时指示灯电路和 S0.7 驱动的闪烁超时指示灯电路并联后再驱动超时指示灯（Q0.5）。第 43 阶梯，将 S0.1 驱动的抢答提示声电路、S0.6 驱动的抢答超时提示声电路和 S0.7 驱动的答题结束提示声电路并联后再驱动电铃（Q0.6）。第 44 阶梯，将各个步要显示的数码值（MB1）转换成七段码（QB1）去驱动共阴极数码管显示对应的数字信息。

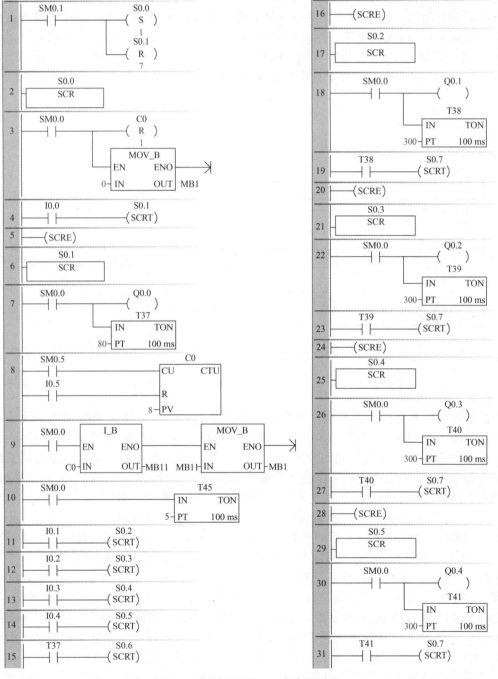

图 5-19　智能抢答器 PLC 控制梯形图

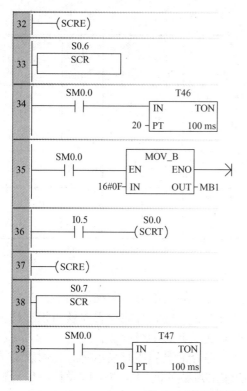
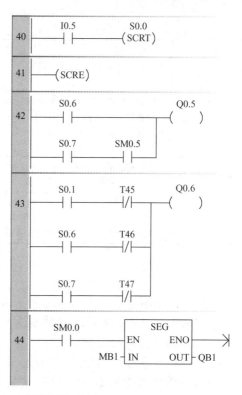

图 5-19 智能抢答器 PLC 控制梯形图（续）

6. 程序调试

首先按照图 5-17 所示的电路连接好，并接通电源。其次，在 STEP 7-Micro/WIN SMART 编程软件中完成图 5-19 所示的程序编辑，经编译且无误后，将程序块、数据块、系统块下载到 CPU 中。下载成功后，单击程序编辑界面上方" RUN"按钮，在弹出的对话框中单击"是"按钮，将 CPU 由 STOP 模式转换成 RUN 模式。CPU 进入运行后，启动程序状态监视功能，通过操作起动按钮、各组的抢答按钮、复位按钮，观察数码管、电铃和有关指示灯工作状态是否正常。如果工作不正确，应查明故障原因，并进行相应修正直至工作正常为止。

5.3.5 任务评价

在完成智能抢答器 PLC 控制系统设计任务学习后，对学生的评价主要从主动学习、高效工作、认真实践的态度，团队协作、互帮互学的作风，智能抢答器外围元件选择和控制电路设计、顺序功能图和梯形图程序的设计、编辑与调试及分析与解决调试过程中出现的实际问题的能力，以及树立为国家为人民多做贡献的价值观等方面进行，并采用学生自评、小组互评、教师评价来综合评定每一位学生的学习成绩，评定指标见表 5-7。

表 5-7 智能抢答器 PLC 控制系统设计任务评价表

评价指标	评价要素	分值	学生自评（10%）	小组互评（20%）	教师评价（70%）	得分
硬件电路设计与连接	能阅读 PLC 系统使用手册，并根据控制任务要求，选择合适的 CPU 模块与控制电器，设计 4 路智能抢答器 PLC 控制电路，并进行控制电路的连接工作	20				

（续）

评价指标	评价要素	分值	学生自评（10%）	小组互评（20%）	教师评价（70%）	得分
软件设计与调试	能根据智能抢答器控制要求设计 SFC 和梯形图程序，并对程序进行编辑、仿真调试，最后对 4 路智能抢答器的控制系统进行联机调试，并能解决调试过程中的实际问题	60				
文档撰写	能根据任务要求撰写硬件选型报告，包括摘要、报告正文，图表等符合规范性要求	10				
职业素养	符合 7S（整理、整顿、清扫、清洁、素养、安全、节约）管理要求，树立认真、仔细、高效的工作态度以及为国家为人民多做贡献的价值观	10				

5.3.6　拓展提高——多路智能抢答器 PLC 控制系统设计

随着社会的不断进步，人与人之间、人与社会之间的竞争力不断在加强，通过竞赛来选拔人才或者组织竞赛来激励人才将成为有效手段之一，这时智能抢答器就可以发挥强大的作用。在智能抢答器的实际应用中，有时要求 4 支以上的小组参赛，还有主持人可根据参赛小组的现场表现进行加分的操作键，每个小组得分情况的实时显示等。这时就需要使用更多的数码管或者使用 LCD，这就涉及 PLC 输出点数的问题。也可以设计一个译码电路，采用位选信号和段码数值相结合的方式进行多位数码管的动态显示。请读者根据这些控制要求，自行设计 PLC 的控制电路、设计与编写用户程序，并完成用户程序的仿真调试与联机调试工作。

▶任务 5.4　十字路口交通灯 PLC 控制系统设计

5.4.1　任务目标

1）能设计十字路口交通灯 PLC 控制的硬件系统。
2）能设计十字路口交通灯 PLC 控制的外部接线图。
3）能设计十字路口交通灯 PLC 控制程序。
4）能进行十字路口交通灯 PLC 控制系统联机调试工作。

5.4.2　任务描述

随着我国经济的飞速发展，城市人口越来越多，居民出行次数和机动车拥有量不断增加，城市道路拥挤、车流量不均衡、通行效率低、出行时间过长等问题日趋严重。严格按照国家标准《道路交通信号灯设置与安装规范》（GB 14886—2016）设置的交通信号灯，是用于给互相冲突的交通流分配有效的通行权，以提高道路交通安全和道路容量的一类交通灯。交通信号灯的工作环境相对比较恶劣，严寒酷暑、日晒雨淋，且要求 24h 不间断运行，对控制系统提出了很高的可靠性要求。因此，科学合理、运行可靠的交通信号灯控制系统，是实现城市交通的安全便捷、高效畅通和绿色环保的重要保证。

学生要完成十字路口交通灯 PLC 控制系统设计，必须熟悉交通灯控制系统的组成与工作原理；掌握交通灯控制系统相关外围元器件的选型以及与 PLC 的连接方法；应用 S7-200 SMART CPU 完成十字路口交通灯控制的接口电路设计以及相应的应用程序设计和联机调试工作。要完成十字路口交通灯 PLC 控制程序设计，一般要经历分析交通灯的控制功能与控制要求、设计顺序功能图、编写梯形图程序以及程序调试过程。其中，程序调试可以采用软件仿真调试、项目下载到 CPU 中运行监控调试以及连接好交通灯 PLC 控制电路之后的联机调试，直至十字路口交通灯 PLC 控制系统工作正常为止。

5.4.3　任务准备——十字路口交通灯控制原理

1. 交通信号灯

道路交通信号灯是用于给互相冲突的交通流分配有效的通行权，以提高道路交通安全和道路容量的一类交通灯。

交通信号灯一般由红灯（表示禁止通行）、绿灯（表示允许通行）、黄灯（表示警示）组成，依据其用途不同分为机动车信号灯、非机动车信号灯、人行横道信号灯、车道信号灯、方向指示信号灯、闪光警告信号灯、道路与铁路交叉道口信号灯等。

根据安装位置不同，交通信号灯又可分为两种，一种是用于指挥车辆的红、黄、绿三色信号灯，设置在十字路口显眼的地方，叫作车辆交通指挥灯；另一种是用于指挥行人横过马路的红、绿两色信号灯，设置在人行横道的两端，叫作人行横道灯。

2. 交通信号灯的控制分析

目前，安装在交叉路口的交通信号灯，有的采用固定周期控制，有的采用变周期控制，这取决于实际路口的交通情况。根据多个路口交通灯的控制联系，可以对交通灯实施点控制、线控制和面控制。所谓点控制，就是独立控制每一个交叉路口的交通信号灯。所谓线控制，就是将一条道路上几个交叉路口的信号灯联系起来、协调运转控制。所谓面控制，就是用计算机控制几条道路上的若干个交叉路口的信号灯，使之协调运转的集中控制方式。

根据每个路口交通信号灯的具体控制机制，可以分为定时控制、感应控制和自适应控制系统。定时控制是按照事先设定的配时方案进行控制，也称固定周期控制。一天只用一个配时方案的称为单段式定时控制；一天按不同时段的交通量采用几个配时方案的称为多段式定时控制。最基本的控制方式是单个交叉路口的定时控制。线控制、面控制全部采用定时控制方式的系统，分别称为静态线控系统与静态面控系统。感应控制是在交叉路口进口道上设置车辆检测器，将检测到的车流信息送给计算机处理后随时改变交通信号灯配时方案的一种控制方式。自适应控制系统是把交通系统作为一个不确定系统，通过连续测量车流量、停车次数、延误时间、排队长度等信息，逐渐了解和掌握控制对象的特征，把它们与希望的动态特性进行比较，并利用差值来改变系统的可调参数，从而保证不论环境如何变化，均可使控制效果达到最优的一种控制方式。

5.4.4　任务实施

1. 控制要求分析

十字路口东南西北 4 个面共有 16 个方向的通行路线，车辆通行路线示意图如图 5-20 所示。十字路口交通信号灯的控制要求：在同一时间内不允许有两条及以上路线交叉运行，信号红绿灯的变化规律是先直行（直行圆灯为绿灯），再左转（左转箭头为绿灯），直行前期禁止右转（右转箭头为红灯，避免与直行非机动车和行人冲突），直行后期允许右转（右转箭头熄灭）。东西向直行结束后，南北向依此规则亮灯。

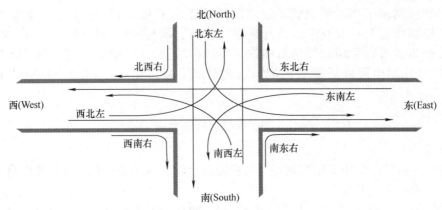

图 5-20　十字路口车辆通行路线示意图

　　红绿灯的间隔时间，不同路段有不一样的设定值，一般通过车流量测量之后再确定。在智能交通灯控制系统中，根据"相位"来设定红绿灯的间隔时间。这里的"相位"是指十字路口两个方向的直行和左转都完成后所用的时间和过程，主要根据各个路口的车流量及高峰流量来确定，再根据交通流量的规律来计算它们运行所需要的时间。除了车流量以外，路况、路口大小也会影响红绿灯的间隔时间。通常为了避免拥堵，大路口的红绿灯变化间隔时间会短一些。

　　某十字路口交通信号灯控制系统，有正常运动和停止运行两种工作状态，分别由起动按钮 SB1 和停止按钮 SB2 控制。在停止运行状态下，所有黄灯均以 1Hz 频率闪烁。在正常运行状态下，直行方向要控制红黄绿灯的亮灭，左转方向只控制左转绿灯和左转红灯的亮灭，右转方向只控制右转红灯的亮灭，具体控制要求见表 5-8。

表 5-8　十字路口交通信号灯正常运行状态下的控制要求

东西方向	直行	绿灯亮		绿灯闪	黄灯亮	红灯亮			
		35s		3s	2s	40s			
	左转	左转红灯			左转绿灯	左转红灯			
		40s			10s	30s			
	右转	右转红灯							
		20s							
南北方向	直行	红灯亮			红灯亮	绿灯亮	绿灯闪	黄灯亮	红灯亮
		40s			10s	15s	3s	2s	10s
	左转	左转红灯			左转红灯			左转绿灯	
		40s			30s			10s	
	右转			右转红灯					
				15s					

2. PLC 控制电路设计

　　十字路口交通灯 PLC 控制系统需要 1 只起动按钮 SB1 和 1 只停止按钮 SB2 来输入控制指令，东面和西面相同颜色直行圆灯并联控制、相同颜色左转箭头灯并联控制、相同颜色右转箭头灯并联控制。同理，南面和北面相同功能、相同颜色灯并联控制，这样，东西向和南北向各需要 8 个输出数字量来控制信号灯，同时留有适当的 I/O 余量，所以选择 S7–200 SMART CPU SR20（12 点直流输入和 8 点继电器输出）和数字量输出模块 EM QR16（16 点继电器输出）来组成控制系统，设计的 PLC 控制电路如图 5-21 所示。需要说明的是，在电路图中，两盏相同功能、并联驱动的信号灯只用一盏灯来表示。

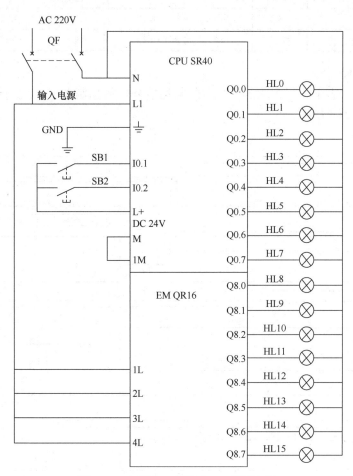

图 5-21　十字路口交通灯 PLC 控制电路

3. I/O 地址分配

根据十字路口交通灯的控制要求，将 16 点继电器输出模块 EM QR16 安装在 EM0 扩展槽上，系统共有起动按钮 SB1 和停止按钮 SB2 两个输入数字量，共有 16 个驱动交通灯的输出数字量，设计十字路口交通灯 PLC 控制系统的 I/O 地址分配表见表 5-9。

表 5-9　十字路口交通灯 PLC 控制系统 I/O 地址分配表

输入		输出			
地址	元件	地址	元件	地址	元件
I0.1	起动按钮 SB1	Q0.0	东西直行红灯 HL0	Q0.6	东西右转红灯 HL6
I0.2	停止按钮 SB2	Q0.1	东西直行黄灯 HL1	Q0.7	东西右转黄灯 HL7
		Q0.2	东西直行绿灯 HL2	Q8.0	南北直行红灯 HL8
		Q0.3	东西左转红灯 HL3	Q8.1	南北直行黄灯 HL9
		Q0.4	东西左转黄灯 HL4	Q8.2	南北直行绿灯 HL10
		Q0.5	东西左转绿灯 HL5	Q8.3	南北左转红灯 HL11

（续）

输入		输出			
地址	元件	地址	元件	地址	元件
		Q8.4	南北左转黄灯 HL12	Q8.6	南北右转红灯 HL14
		Q8.5	南北左转绿灯 HL13	Q8.7	南北右转黄灯 HL15

4. 顺序功能图绘制

在正常运行状态下，根据表 5-8 给出的交通信号灯的控制要求，绘制出一个周期内的时序图，如图 5-22 所示。

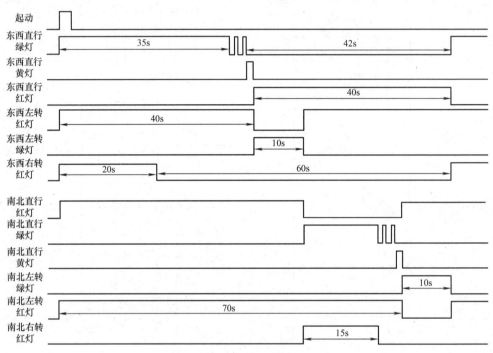

图 5-22　交通灯正常运行控制时序图

使用首次扫描脉冲 SM0.1 激活初始步 S0.0，全部信号灯均熄灭，同时设置运行标志 M0.0（运行状态为 ON，停止状态为 OFF）。在停止运行状态下，所有黄色信号灯均以 1Hz 的频率闪烁。在运行状态下，东西方向和南北方向的信号灯同时并行运行。根据图 5-22 中各种信号灯控制信号的变化，结合系统停止运行时的全部黄灯闪烁要求，共设计了 13 个步，并用间隔定时器作为其主要转换条件，绘制的顺序功能图既有选择序列（运行和停止两种运行方式选择），又有并行序列（东西方向交通信号灯和南北方向交通信号灯要同时运行），如图 5-23 所示。

5. 梯形图设计

利用系统提供的秒脉冲信号 SM0.5，实现直行绿灯以 1Hz 频率的闪烁功能和全部黄灯的闪烁功能。应用 SCR 指令，将图 5-23 所示的顺序功能图转换成梯形图，如图 5-24 所示。需要注意的是，选择序列和并行序列的开始，运行标志 M0.0 若为 ON 时，同时激活 S0.1 和 S0.7；运行标志 M0.0 若为 OFF 时，就激活 S1.4；并行序列的合并，在 S0.6 段中没有设置段转移指令（SCRT），仅在 S1.3 段中设置段转移指令，用置位指令激活步 S0.0，用复位指令使 S0.6 和 S1.3 变为不活动步。

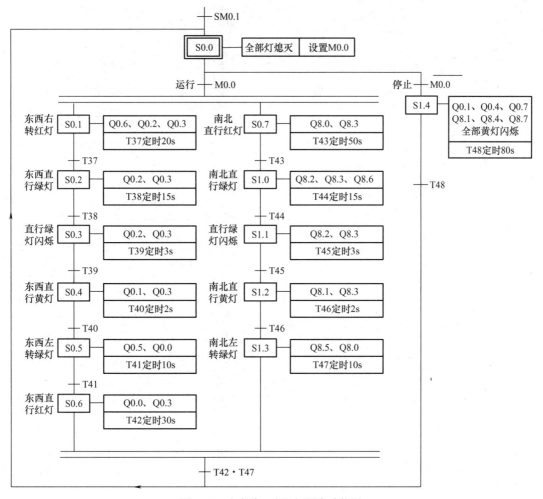

图 5-23　十字路口交通灯顺序功能图

6. 程序仿真

（1）程序编辑

双击 STEP 7–Micro/WIN SMART 编程软件图标，启动该编程软件。在 main 主程序编辑区，按阶梯分块逐条输入各指令后，保存，就得到图 5-24 所示的梯形图程序。双击项目树上的"系统块"，在出现的 CPU 模块中，选择"CPU SR20（AC/DC/Relay）"；在扩展模块 EM0 的条目中，选择"EM QR16（16DQ Relay）"。

（2）程序编译

在进行 PLC 程序仿真操作，需要对 PLC 程序进行编译操作。选择"编辑"→"编译"菜单命令或者单击程序编辑区上方的"编译"图标，即可对 PLC 程序进行编译操作，输出窗口显示全部编译信息，包括程序块、数据块、系统块的大小及发生的编译错误。在标识的错误处双击将自动跳转到出错位置，改正错误后重新进行编译，直至编译无误（输出窗口显示错误总计为 0）为止。

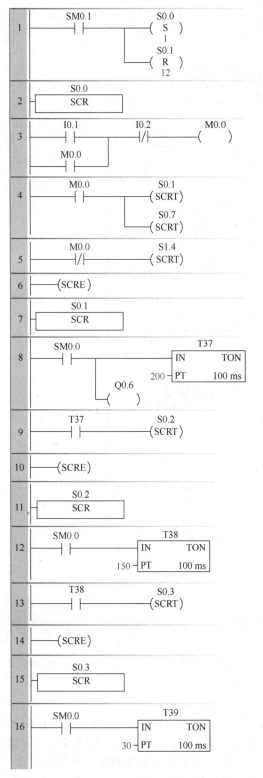
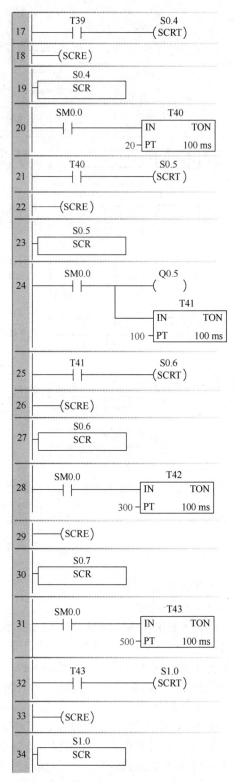

图 5-24　十字路口交通灯控制梯形图

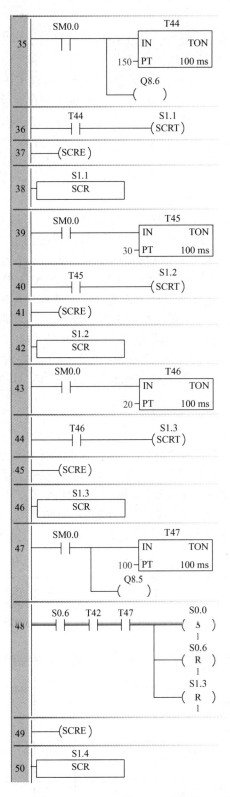

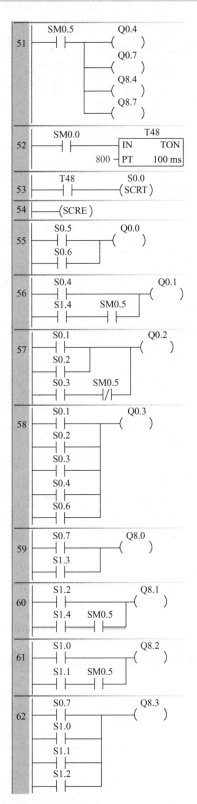

图 5-24　十字路口交通灯控制梯形图（续）

（3）程序文件导出与仿真

在 STEP 7–Micro/WIN SMART 编程软件中完成编译且无误后，选择"文件"→"导出"→"POU"菜单命令，在弹出的对话框中输入导出的路径和文件名。例如，选择保存在桌面上且命名为"十字路口交通灯 .awl"，再单击"保存"按钮。启动 CIS_S7 200 PLC 仿真软件，选择"文件"→"载入用户程序"菜单命令，选中前面保存在桌面上的"十字路口交通灯 .awl"文件，再单击"打开"按钮，即可载入用户程序。根据实际选用的 PLC 情况，更改 CPU 型号，单击运行按钮，对相关按钮和开关按要求进行手动设置，观察程序仿真运行结果。如果程序仿真结果不对，应修改程序，再次进行程序仿真，直至仿真正确为止。

7. 联机调试

在用户程序完成仿真调试后，还应进行联机调试，确保十字路口交通灯实际控制功能正确。先按照图 5-21 所示连接好 PLC 的控制电路，再把仿真好的用户程序和系统块下载到 CPU 模块中进行联机调试。在完成编程计算机和 CPU 模块的 IP 设置后，在编程软件中，单击工具栏上的"下载"按钮。成功建立了编程计算机与 S7–200 SMART CPU 的连接后，将会出现"下载"对话框，用户可以用复选框选择下载程序块、数据块和系统块或者是选择下载全部内容。选好下载内容选项和"下载成功后关闭对话框"选项后，单击"下载"按钮，开始下载。下载成功后，单击程序编辑界面上方"RUN"按钮，在弹出的对话框中单击"是"按钮，将 CPU 由 STOP 模式转换成 RUN 模式。CPU 进入运行后，通过操作起动按钮、停止按钮，观察交通灯是否工作正确。如果运行不正确，应查明故障原因，并进行相应修正直至交通灯工作正常为止。

5.4.5　任务评价

在完成十字路口交通灯 PLC 控制系统设计任务学习后，对学生的评价主要从主动学习、高效工作、认真实践的态度，团队协作、互帮互学的作风，十字路口交通灯控制电路的设计、十字路口交通灯顺序功能图、梯形图程序的设计、编辑、仿真调试、联机调试、解决调试过程的实际问题等能力，为国家为人民多做贡献的价值观等方面进行，并采用学生自评、小组互评、教师评价来综合评定每一位学生的学习成绩，评定指标详见表 5-10。

表 5-10　十字路口交通灯 PLC 控制系统设计任务评价表

评价指标	评价要素	分值	学生自评（10%）	小组互评（20%）	教师评价（70%）	得分
硬件电路设计与连接	能阅读 PLC 系统使用手册，并根据控制任务要求，选择合适的 CPU 模块与控制电器，设计十字路口交通灯 PLC 控制电路，并进行控制电路的连接工作	20				
软件设计与调试	能根据十字路口交通灯控制要求设计控制信号时序图、顺序功能图与梯形图，对程序进行编辑、仿真与联机调试，并能解决调试过程中出现的实际问题	60				
文档撰写	能根据任务要求撰写软件设计报告，包括摘要、报告正文，图表等符合规范性要求	10				
职业素养	符合 7S（整理、整顿、清扫、清洁、素养、安全、节约）管理要求，树立认真、仔细、高效的工作态度以及为国家为人民多做贡献的价值观	10				

5.4.6　拓展提高——前后协同交通灯控制系统设计

对每个交通路口独立地进行定时控制，是一种比较简单、实用的控制方式。但是，随着交通灯信号灯设置密度的加大和车流量的日益增多，这种单一路口独立的定时控制方式，不利于车流的高效通行。设置交通信号灯的最大的目的，在于对交通安全产生协调作用，更加科学合理地使用道路交通设施资源，促使车流量、人流量得到良好的控制。为此，将一条主干道路上若干个前后关联交叉路口的信号灯联系起来，进行同步协调运转控制，可以大大提高道路的通行效率。在前后协调交通灯的 PLC 控制系统中，需要使用前一路口的直行绿灯信号，再加上相邻路口之间车辆平均通行时间，作为后一路口的起动信号，就能实现前后路口交通灯的同步协调控制。请读者根据这些控制要求，自行设计 PLC 的控制电路、设计与编写用户程序，并完成用户程序的仿真调试与联机调试工作。

▶任务 5.5　分拣机械手 PLC 控制系统设计

5.5.1　任务目标

1）能设计分拣机械手的 PLC 控制电路。
2）能连接分拣机械手的气动回路与电气线路。
3）能设计分拣机械手的 PLC 控制程序。
4）能进行分拣机械手的联机调试工作。

5.5.2　任务描述

随着现代经济和社会的不断发展，电商、快递、生产线等行业的发展突飞猛进，对输送和分拣作业提出了更高的要求。要高效地处理大批的物流量，离不开自动分拣输送系统。分拣机械手就是应用自动化快速分拣技术的机械手，用以取代大量的人工分拣，不但降低了人力成本，同时还大幅度提高了分拣作业的效率与准确率，在堆垛、搬运、装配、检测、分拣、包装等领域得到广泛应用。有些分拣机械手要求长时间、高可靠运行，这对控制系统提出了很高的可靠性要求。当前比较典型的控制方案是在其驱动系统中采用气动驱动，选择 PLC 来完成系统控制功能的方案，最终实现机械手自动分拣工件的目标。

学生要完成分拣机械手 PLC 控制系统设计任务，必须熟悉气缸运动和磁性开关的工作原理；掌握气动系统的构成要素及连接方法；应用 S7-200 SMART PLC 完成分拣机械手的控制电路设计，以及相应的应用程序设计和仿真调试工作。在综合分析分拣机械手控制任务要求的基础上，还应考虑相关硬件的选购要求，提出系统的整体设计方案，上报技术主管部门领导审核与批准后实施。要完成分拣机械手控制程序设计工作，一般要经历程序设计前的准备工作、编写顺序功能图与梯形图、程序编辑与调试以及编写程序说明书 4 个步骤。最后，将调试好的程序下载到 PLC，在接通气动回路和电气回路的基础上完成系统联机调试工作。

5.5.3　任务准备——分拣机械手控制原理

1. 机器视觉

机器视觉系统就是利用机器代替人眼来做各种测量和判断的系统。视觉系统是指

通过机器视觉产品 [即图像摄取装置，有 CMOS（互补金属氧化物半导体）和 CCD（电荷耦合器件）两种] 将被摄取目标转换成图像信号，传送给专用的图像处理系统，根据像素分布和亮度、颜色等信息，转变成数字信号，送给 PLC 等处理后去控制现场的设备动作。图像处理和模式识别等技术的快速发展，大大推动了机器视觉的发展。

机器视觉系统的特点是提高生产的柔性和自动化程度。在一些不适合人工作业的危险工作环境或人工视觉难以满足要求的场合，常用机器视觉来替代人工视觉。同时，在大批量工业生产过程中，用人工视觉检查产品效率低且精度不高，用机器视觉检测方法可以大大提高生产效率和生产的自动化程度。而且机器视觉易于实现信息集成，是实现计算机集成制造的基础技术，可以在最快的生产线上对产品进行测量、引导、检测和识别，并能保质保量地完成生产任务。

2. 分拣机械手

机械手是一种能模仿人类手臂的某些动作功能，按固定程序抓取、搬运物件或操作工具的自动操作装置。搬运机械手就是将机械手安装在移动平台之上，使机械手自身拥有很大的操作空间和高度的运动冗余性，并同时具有移动和操作功能，因此在危险作业、制造业、服务业等行业具有广阔的应用前景。分拣机械手是一种代替人从事单调、重复的分拣劳动的自动化装置。视觉检测分拣生产线，是通过输送带传输产品到检测机器后，由感应器检测到产品到位后，再由夹具夹住产品放置在视觉检测平台上面进行自动检测。在进行物料颜色识别定位分拣时，需要视觉系统进行图像采集、数据分析等，从而对样品的颜色有效辨别和定位。视觉系统主要是使用视觉相机和中央处理器，利用视觉相机截取每一帧成像图形，得到所有工件位置姿态信息，通过图像深度算法完成常见工件的在线实时检测工作。

3. 分拣机械手控制原理

分拣机械手主要由固定台、气缸 1、气缸 2、气缸 3、气爪、位置磁性开关 SQ1 ~ SQ5、视觉检测设置等组成，其工作示意图如图 5-25 所示。

1）气缸 1 带动气爪做水平移动，它有左边、中间、右边 3 个位置停靠点，分别由位置磁性开关 SQ1 ~ SQ3 来检测。

2）气缸 2 带动气爪做垂直移动，它有上方和下方 2 个位置停靠点，分别由位置磁性开关 SQ4 和 SQ5 来检测。

3）气缸 3 带动气爪做夹紧或松开操作。

4）视觉检测设备用于检测工件是否存在缺陷。输送带将要分拣的工件传送到 A 点工作台上，等待视觉检测设备测量。如果工件没有缺陷，则机械手将该工件从 A 点工作台搬送到 B 点工作台，再由输送带处理；如果工件有缺陷，则机械手将该工件从 A 点工作台搬送到 C 点工作台，再由输送带处理。

5）机械手初始位置为：水平方向位于 A 点（SQ1 接通），垂直方向位于顶点（SQ4 接通）。

6）机械手有手动和自动两种运行模式，通过一个模式转换开关 SA 来切换运行模式。在手动模式下，通过按钮控制机械手在水平和垂直方向移动以及气爪松开 / 夹紧动作。在自动模式下，根据视觉设备检测结果，机械手从 A 点抓取工件分别搬至 B 点或 C 点，完成后自动回到初始位置。

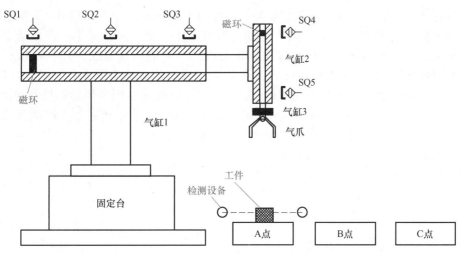

图 5-25　分拣机械手工作示意图

5.5.4　任务实施

1. 气动回路设计

根据分拣机械手的工作要求，全部动作由 3 个气缸分别驱动，每只气缸又由一只电磁阀来控制，水平方向和垂直方向电磁阀采用双电控（双线圈）三位五通电磁阀，机械手气爪的松开或夹紧采用单电控（单线圈）二位三通电磁阀，其气动回路如图 5-26 所示。电磁阀 1 控制机械手水平方向左右移动，当电磁阀线圈 YV1 得电时，机械手水平向右移动；当电磁阀线圈 YV2 得电时，机械手水平向左移动。电磁阀 2 控制机械手垂直方向上下移动，当电磁阀线圈 YV3 得电时，机械手垂直向下移动；当电磁阀线圈 YV4 得电时，机械手垂直向上移动。电磁阀 3 控制机械手气爪的松开或夹紧动作，当电磁阀线圈 YV5 得电时，延时 2s 后气爪完全松开，当电磁阀线圈 YV5 失电时，延时 3s 后气爪完全夹紧。

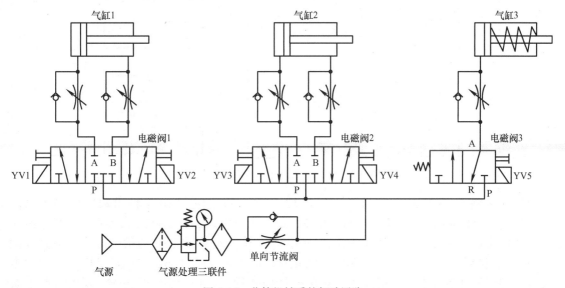

图 5-26　分拣机械手的气动回路

2. 硬件电路设计

用 PLC 对分拣机械手进行控制，在手动工作模式下，通过使用 1 个水平向左按钮、1

个水平向右按钮、1个垂直向下按钮、1个垂直向上按钮和1个气爪松开/夹紧按钮，来控制机械手向左、向右、向上、向下运动以及气爪的松开/夹紧操作。在自动工作模式下，需要切换模式转换开关，由视觉检测设备检测工件的质量情况，分别向PLC输入视觉信号1和视觉信号2；5个位置磁性开关分别用来检测机械手的5个停靠点位置，4只运行指示灯分别用来指示机械手的运行状态，5个电磁阀线圈用来控制3只电磁阀的工作状态，进而通过气动回路驱动机械手的相应运动。当机械手完成一个工件从A点搬至B点或者C点时，需要向视觉检测设备发送一个复位（完成）信号。根据这些控制要求，设计分拣机械手PLC控制系统框图，如图5-27所示。

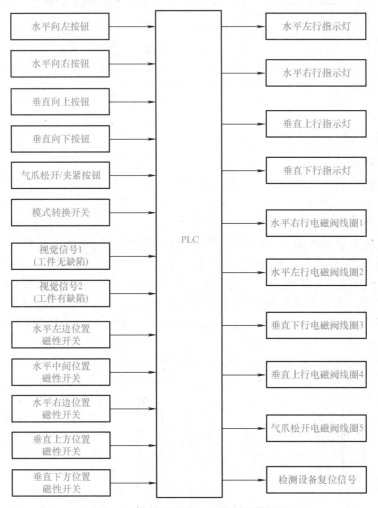

图 5-27 分拣机械手 PLC 控制系统框图

根据分拣机械手PLC控制系统共有13个输入数字量和10个输出数字量，所以选用S7-200 SMART CPU SR30（AC/DC/Relay，交流电源/18点直流输入/12点继电器输出）即可满足控制要求。所有指示灯均采用工作电压为AC 220V的指示灯，电磁阀线圈YV1～YV4的工作电压为AC 220V，电磁阀线圈YV5的工作电压为DC 24V，中间继电器KA的线圈工作电压为DC 24V，视觉检测设备的工作电压为DC 24V，视觉检测设备的复位信号为低电平有效。设计分拣机械手PLC控制电路，如图5-28所示。其中，断路器QF1和QF2分别用于控制PLC电源和输出继电器回路的电源，保护接地端与接地电极GND相连。

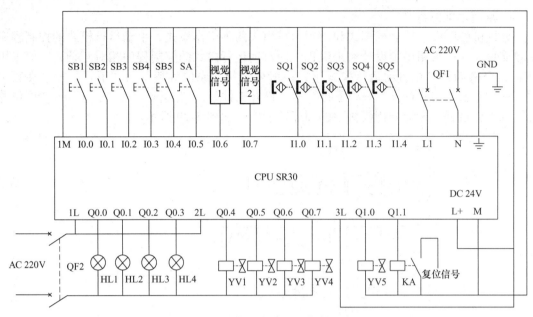

图 5-28 分拣机械手 PLC 控制电路图

3. I/O 地址分配

根据分拣机械手的控制要求，共有 13 个输入数字量和 10 个输出数字量需要通过程序控制，结合图 5-28 中的图形符号与文字符，设计分拣机械手 PLC 控制系统 I/O 地址分配表，见表 5-11。

表 5-11 分拣机械手 PLC 控制系统 I/O 地址分配表

输入		输出	
地址	元件	地址	元件
I0.0	水平向左按钮 SB1	Q0.0	水平左行指示灯 HL1
I0.1	水平向右按钮 SB2	Q0.1	水平右行指示灯 HL2
I0.2	垂直向上按钮 SB3	Q0.2	垂直上行指示灯 HL3
I0.3	垂直向下按钮 SB4	Q0.3	垂直下行指示灯 HL4
I0.4	气爪松开/夹紧按钮 SB5	Q0.4	水平右行电磁阀线圈 YV1
I0.5	模式转换开关 SA	Q0.5	水平左行电磁阀线圈 YV2
I0.6	视觉信号 1（工件无缺陷）	Q0.6	垂直下行电磁阀线圈 YV3
I0.7	视觉信号 2（工件有缺陷）	Q0.7	垂直上行电磁阀线圈 YV4
I1.0	水平左边位置磁性开关 SQ1	Q1.0	气爪松开电磁阀线圈 YV5
I1.1	水平中间位置磁性开关 SQ2	Q1.1	中间继电器 KA（检测设备复位信号）
I1.2	水平右边位置磁性开关 SQ3		
I1.3	垂直上方位置磁性开关 SQ4		
I1.4	垂直下方位置磁性开关 SQ5		

4. 顺序功能图绘制

分拣机械手有手动运行模式和自动运行模式两种工作模式,手动运行模式的控制程序比较简单,一般采用经验设计法来编程,而自动运行模式的控制程序相对复杂,一般采用SCR指令来编程。在自动运行模式下,一般要经历"原位等待"→"下行"→"夹紧工件"→"上行"→"右行"→"下行"→"松开工件"→"上行"→"左行"→"原位等待"的工作过程,设计分拣机械手的顺序功能图,如图5-29所示。

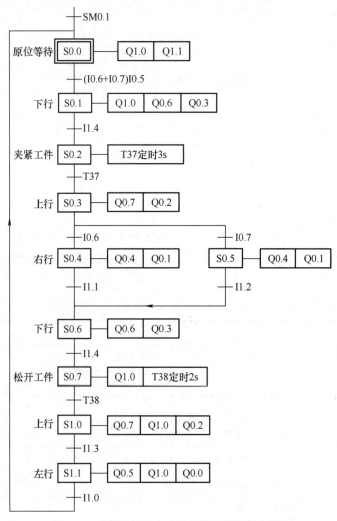

图5-29 分拣机械手自动运行模式的顺序功能图

5. 控制程序设计

(1) 手动运行模式程序

分拣机械手处于手动运行模式时,模式转换开关SA处于断开位置,I0.5为OFF,这时,操作一次气爪松开/夹紧按钮SB5(I0.4),气爪松开/夹紧状态(Q1.0)变化一次;水平向左按钮SB1(I0.0)、水平向右按钮SB2(I0.1)、垂直向上按钮SB3(I0.2)、垂直向下按钮SB4(I0.3),均采用点动控制方式,同时考虑极限位置保护,设计分拣机械手的手动模式运行程序,如图5-30所示。

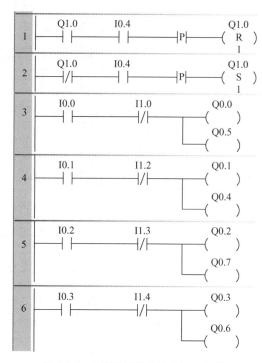

图 5-30　分拣机械手的手动运行程序

（2）自动运行模式程序

分拣机械手处于自动运行模式时，模式转换开关 SA 处于接通位置，I0.5 为 ON，结合图 5-29 所示的顺序功能图，采用 SCR 指令将顺序功能图转化为梯形图，再用 JMP 和 LBL 指令叠加手动模式的程序，设计分拣机械手的 PLC 控制程序共有 50 个阶梯，如图 5-31 所示。其中，第 1 阶梯，用首次扫描信号 SM0.1 激活步 S0.0，使其余步 S0.1 ～ S1.1 均变为不活步。第 2 ～ 5 阶梯为 S0.0 段，主要是松开气爪，给检测设备输出复位信号，模式转换开关处于自动位置（I0.5 为 ON）且视觉检测设备检测到工件（当 I0.6 为 ON 时，检测到无缺陷的工件；当 I0.7 为 ON 时，检测到有缺陷工件），则激活步 S0.1。第 6 ～ 35 阶梯为 S0.1 ～ S1.1 段进阶与转移处理。第 36 阶梯，当 I0.5 为 ON（自动模式）时，跳转到标号为 1 的指令，接着执行第 45 ～ 49 阶梯的指令，输出自动模式下的各种控制信号。在手动模式下，I0.5 为 OFF，激活步 S0.0 并保持该步，接着执行第 37 ～ 42 阶梯的手动处理指令，并在第 43 阶梯跳转到标号为 0 的指令，再返回首条指令执行。

6. 系统联机调试

按照图 5-26 连接好气动回路，再按照图 5-28 连接好控制电路，并接通全部设备的工作电源。在编程软件中，编辑图 5-31 所示的梯形图，并在系统块中设置好 S7–200 SMART CPU SR30。建立编程计算机与 S7–200 SMART CPU 的连接，将程序块、数据块、系统块下载到 CPU 中。下载成功后，单击程序编辑界面上方 "RUN" 按钮，在弹出的对话框中单击 "是" 按钮，将 CPU 由 STOP 模式转换成 RUN 模式。CPU 进入运行后，通过操作模式转换开关、水平左右运行按钮、垂直上下运行按钮、将无缺陷和有缺陷两种工件分别放置等，观察分拣机械手运行状态是否正确。如果机械手运行不正确，应查明故障原因，并进行相应修正直至机械手工作正常为止。

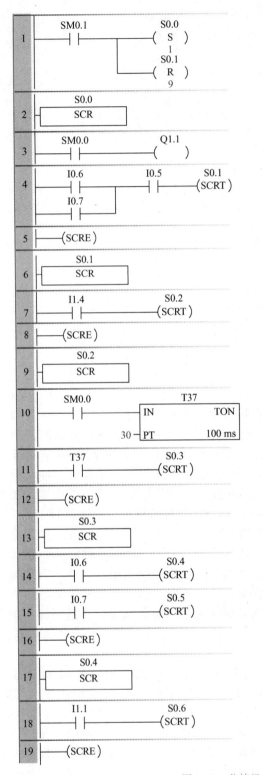
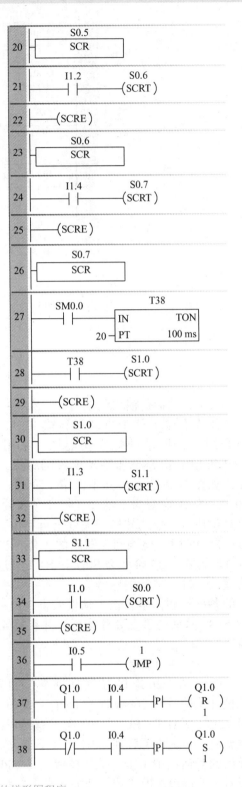

图 5-31　分拣机械手的梯形图程序

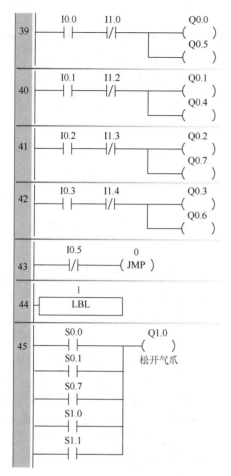
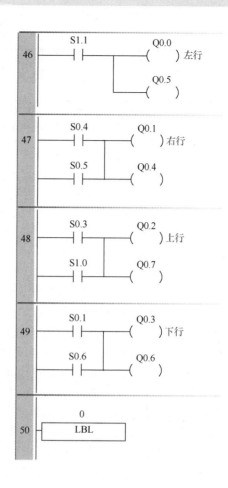

图 5-31　分拣机械手的梯形图程序（续）

5.5.5　任务评价

在完成分拣机械手 PLC 控制系统设计任务学习后，对学生的评价主要从主动学习、高效工作、认真实践的态度，团队协作、互帮互学的作风，分拣机械手气动回路的连接、PLC 控制电路的设计、顺序功能图绘制和梯形图程序设计、编辑与调试、系统联机调试及解决调试过程的实际问题等能力，以及树立为国家为人民多做贡献的价值观等方面进行，并采用学生自评、小组互评、教师评价来综合评定每一位学生的学习成绩，评定指标详见表 5-12。

表 5-12　分拣机械手 PLC 控制系统设计任务评价表

评价指标	评价要素	分值	学生自评（10%）	小组互评（20%）	教师评价（70%）	得分
硬件电路设计与连接	能阅读 PLC 系统使用手册，并根据控制任务的要求，选择合适的 CPU 模块与控制电器，能设计分拣机械手 PLC 控制电路以及完成控制电路的连接工作	20				
气动回路的连接	能根据分拣机械手的运动控制要求，正确连接气动回路	10				

（续）

评价指标	评价要素	分值	学生自评（10%）	小组互评（20%）	教师评价（70%）	得分
软件设计与调试	能根据分拣机械手的控制要求设计顺序功能图和梯形图程序，并对程序进行编辑与调试，最后对分拣机械手PLC控制系统进行联机调试，并能解决调试过程中的实际问题	50				
文档撰写	能根据任务要求撰写软件设计报告，包括摘要、报告正文，图表等符合规范性要求	10				
职业素养	符合7S（整理、整顿、清扫、清洁、素养、安全、节约）管理要求，树立认真、仔细、高效的工作态度以及为国家为人民多做贡献的价值观	10				

5.5.6 拓展提高——机械手与传送带协调控制系统设计

在分拣机械手的实际运行过程中，往往要和多条传送带一起配合运行，这就要求设计机械手与传送带协调控制系统。由于这种控制系统使用了流水线自动作业方式，不受气候、时间、人力等因素限制，可以连续运行，因而得到了广泛应用。在图5-25所示的分拣机械手例子中仅考虑了单个工件的分拣与搬运任务，没有考虑工件的来源和去向。如果要连续分拣一批工件，必须将图中A点、B点、C点3个工位换成3条传送带，并且传送带要和机械手协调运行。在手动模式下，3条传送带均点动控制运行。在自动模式下，当步S0.0激活时起动A点位置的传送带运行，当步S0.1激活时A点位置的传送带停止运行；对于无缺陷工件，当步S1.0激活时起动B点位置的传送带运行；对于有缺陷工件，当步S1.0激活时起动C点位置的传送带运行。请读者根据上述控制要求，设计机械手与传送带协调控制系统，包括设计PLC的控制电路、设计与编写用户程序，并完成用户程序的仿真调试与联机调试工作。

复习思考题5

1. 什么是顺序控制系统？
2. 在顺序功能图中，什么是步、初始步、活动步、运作和转换条件？
3. 步的划分原则是什么？
4. 画出图5-32所示波形对应的顺序功能图。

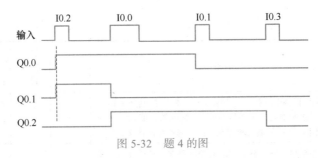

图 5-32　题4的图

5. 将图5-33所示的顺序功能图转化为梯形图。

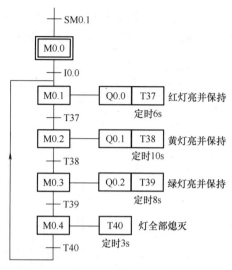

图 5-33 题 5 的图

6. 将图 5-34 所示的并行序列顺序功能图转化为梯形图。

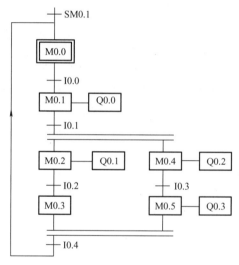

图 5-34 题 6 的图

7. 在组合机床动力头运动控制中，是如何实现暂停功能的？

8. 在智能抢答器项目中，若想增加关闭数码管显示功能，应如何修改控制电路和相应的程序？

9. 在十字路口交通灯控制中，以东向南左转通行为例，如何控制信号灯使其避免与其他通行方向的车辆交叉引起的冲突？

10. 应用 PLC 设计两种液体混合控制装置，如图 5-35 所示。在容器内安装有上限位、中限位和下限位 3 个液体传感器，传感器未被液体淹没时是 OFF 状态，被液体淹没后变为 ON 状态。电磁阀 YV1、YV2、YV3 均在线圈通电时打开，线圈断电时关闭。在初始状态时容器是空的，各阀门均关闭。按下起动按钮 SB1，打开 YV1 阀门，液体 A 流入容器，中限位传感器变为 ON 状态时，关闭 YV1 阀门，打开 YV2 阀门，液体 B 流入容器。当液面上升到上限位时，关闭 YV2 阀门，电动机 M 开始运行，搅拌液体，90s 后停止搅拌，打开 YV3 阀门，放出混合液体。当液面下降至下限位后再延时 9s，容器放空，关闭

YV3 阀门，打开 YV1 阀门，又开始下一个周期的操作。在运行当中任意时刻按下停止按钮 SB2，当前工作周期的操作结束后，才停止操作，返回并停留在初始状态。

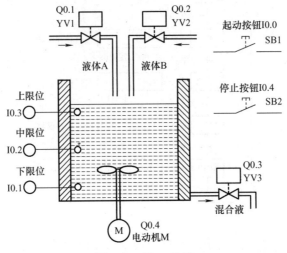

图 5-35　题 10 的图

附　录

附录 A　常用特殊寄存器 SM0 和 SM1 的位信息表

SM 位	描述
SM0.0	始终为 ON
SM0.1	仅在第一个扫描周期为 ON（PLC 没有断电，运行程序的第一个扫描周期为 ON，可用于程序初始化）
SM0.2	如果保持性数据丢失时，则该位在一个扫描周期为 ON
SM0.3	上电进入 RUN 模式时，该位在第一个扫描周期为 ON（注意它与 SM0.1 的区别，SM0.3 可用于系统上电初始化）
SM0.4	周期为 60s 的时钟脉冲：30s 为 ON、30s 为 OFF
SM0.5	周期为 1s 的时钟脉冲：0.5s 为 ON、0.5s 为 OFF
SM0.6	扫描周期脉冲：一个扫描周期为 ON，下一个扫描周期为 OFF
SM0.7	如果实时时钟设备的时间被重置或在上电时丢失（导致系统时间丢失），则该位在一个扫描周期为 ON
SM1.0	零标志：某些指令的运算结果为零，该位为 ON
SM1.1	错误（溢出）标志：某些指令的执行结果溢出或数值非法时，该位为 ON
SM1.2	负数标志：数学运算结果为负数时，该位为 ON
SM1.3	除数为 0 标志：尝试除以零时，该位为 ON
SM1.4	执行添表（ATT）指令但已超出表的范围时，该位为 ON
SM1.5	LIFO 或 FIFO 指令尝试从空表读取数据时，该位为 ON
SM1.6	试图将非 BCD 数值转换为二进制值时，该位为 ON
SM1.7	当 ASCII 数值（超出"0 ～ F"ASCII 字符范围）无法转换为十六进制值时，该位为 ON

附录 B　S7-220 SMART CPU 存储器范围表

寻址方式	CPU SR20，CPU ST20	CPU SR30，CPU ST30	CPU SR40，CPU ST40	CPU SR60，CPU ST60
I、Q、M、SM、S、L、T、C、V 位访问	I0.0 ～ I31.7　Q0.0 ～ Q31.7　M0.0 ～ M31.7　SM0.0 ～ SM1535.7　S0.0 ～ S31.7 L0.0 ～ L63.7　T0 ～ T255　C0 ～ C255			
	V0.0 ～ V8191.7	V0.0 ～ V12287.7	V0.0 ～ V16383.7	V0.0 ～ V20479.7

（续）

寻址方式	CPU SR20, CPU ST20	CPU SR30, CPU ST30	CPU SR40, CPU ST40	CPU SR60, CPU ST60
I、Q、M、SM、S、L AC、V 字节访问	IB0～IB31 QB0～QB31 MB0～MB31 SMB0～SMB1535 SB0～SB31 LB0～LB63 AC0～AC3			
	VB0～VB8191	VB0～VB12287	VB0～VB16383	VB0～VB20479
I、Q、M、SM、S、L T、C、AC、V AIW、AQW 字访问	IW0～IW30 QW0～QW30 MW0～MW30 SMW0～SMW1534 SW0～SW30 LW0～LW62 T0～T255 C0～C255 AC0～AC3			
	VW0～VW8190	VW0～VW12286	VW0～VW16382	VW0～VW20478
	AIW0～AIW110（AIW0、AIW2、…、AIW110共56个字节） AQW0～AQW110（AQW0、AQW2、…、AQW110共56个字节）			
I、Q、M、SM、S、L AC、HC、V 双字访问	ID0～ID28 QD0～QD28 MD0～MD28 SMD0～SMD1532 SD0～SD28 LD0～LD60 AC0～AC3 HC0～HC5			
	VD0～VD8188	VD0～VD12284	VD0～VD16380	VD0～VD20476
TON、TOF 指令的 定时器编号	1ms 分辨率的定时器：T32、T96 共 2 个			
	10ms 分辨率的定时器：T33～T36、T97～T100 共 8 个			
	100ms 分辨率的定时器：T37～T63、T101～T255 共 182 个			
TONR 指令的 定时器编号	1ms 分辨率的定时器：T0、T64 共 2 个			
	10ms 分辨率的定时器：T1～T4、T65～T68 共 8 个			
	100ms 分辨率的定时器：T5～T31、T69～T95 共 54 个			
高速计数器	HSC1 和 HSC3 只支持一种工作模式 0（无外部复位、但有内部方向控制加/减的单相计数器）			
	HSC0、HSC2、HSC4 和 HSC5 支持全部 8 种工作模式（模式编号常数：0、1、3、4、6、7、9 或 10）			

附录 C 指令中的有效常数范围表

类型	不带符号的整数范围		带符号的整数范围	
	十进制	十六进制	十进制	十六进制
字节型（B）	0～255	16#0～16#FF	−128～127	16#80～16#7F
字型（W）	0～65535	16#0～16#FFFF	−32768～32767	16#8000～16#7FFF
双字型（D）	0～4294967295	16#0～16#FFFFFFFF	−2147483648～2147483647	16#80000000～16#7FFFFFFF
实数型（D）	$1.175495 \times 10^{-38} \sim 3.402823 \times 10^{38}$（正数）		$-3.402823 \times 10^{38} \sim -1.175495 \times 10^{-38}$（负数）	
字符（V）	用英文中的单引号将 VB 中的单个字符、VW 中的 2 个字符和 VD 中的 4 个字符常量括起来			
字符串（VB）	用英文中的双引号将 VB 首地址中的 1～126 个字符常量括起来（VB 首地址中保存字符串的长度）			

附录 D　S7-220 SMART CPU 指令系统分类速查表

指令类型	指令（梯形图）	说明	指令类型	指令（梯形图）	说明
位逻辑指令	┤├	装载（电路开始的常开触点）	位逻辑指令	NOP	空操作（读取指令时间的极短延时）
	┤/├	取反后装载	转换指令	B_I　EN ENO　????-IN OUT-????	将字节值转换为整数值
	┤I├	立即装载		I_B　EN ENO　????-IN OUT-????	将字值转换为字节值，可转换 0 ～ 255 之间的值
	┤/I├	取反后立即装载		I_DI　EN ENO　????-IN OUT-????	将整数值转换为双整数值。把整数转换为双整数后才能转换为实数
	┤├	与常开触点串联		DI_I　EN ENO　????-IN OUT-????	将双整数值转换为整数值
	┤/├	与常闭触点串联		DI_R　EN ENO　????-IN OUT-????	将 32 位有符号整数转换为 32 位实数
	┤I├	与立即常开触点串联		BCD_I　EN ENO　????-IN OUT-????	将 BCD 码值转换为整数
	┤/I├	与立即常闭触点串联		I_BCD　EN ENO　????-IN OUT-????	将整数转换为 BCD 码值
	常开触点并联	常开触点并联		ROUND　EN ENO　????-IN OUT-????	将实数值按四舍五入取整后，再转换为双精度整数值
	常闭触点并联	常闭触点并联		TRUNC　EN ENO　????-IN OUT-????	将实数值的小数部分丢弃后，再转换为双精度整数值
	立即常开触点并联	立即常开触点并联		SEG　EN ENO　????-IN OUT-????	将输入字节的低 4 位转换为点亮 7 段 LED 数码管（共阴型）的代码
	立即常闭触点并联	立即常闭触点并联		ATH　EN ENO　????-IN OUT-????　????-LEN	将 ASCII 字符转换为十六进制数，最大可转换 255 个 ASCII 字符
	─┤NOT├─	触点取反（输出反相）		HTA　EN ENO　????-IN OUT-????　????-LEN	将十六进制数转换为 ASCII 字符，最大可转换 255 个十六进制数的位
	─┤P├─	上升沿检测		I_S　EN ENO　????-IN OUT-????　????-FMT	将整数字转换为长度为 8 个字符的 ASCII 字符串
	─┤N├─	下降沿检测		DI_S　EN ENO　????-IN OUT-????　????-FMT	将双整数转换为长度为 12 个字符的 ASCII 字符串
	─( )	输出			
	─(I)	立即输出			
	─(S)	置位			
	─(SI)	立即置位			
	─(R)	复位			
	─(RI)	立即复位			
	S1 OUT　SR　R	置位/复位（两个输入同时有效时，置位优先）			
	S OUT　RS　R1	复位/置位（两个输入同时有效时，复位优先）			

（续）

指令类型	指令（梯形图）	说明	指令类型	指令（梯形图）	说明
转换指令	R_S EN ENO ????-IN OUT-???? ????-FMT	将实数值转换为 ASCII 字符串	传送指令	BLKMOV_B EN ENO ????-IN OUT-???? ????-N	字节块传送，从源存储单元（起始地址 IN 和连续地址）传送到新存储单元（起始地址 OUT 和连续地址）
	S_I EN ENO ????-IN OUT-???? ????-INDX	将 ASCII 子字符串转换为整数值，从 INDX 值设定位置处开始转换		BLKMOV_W EN ENO ????-IN OUT-???? ????-N	字块传送，从源存储单元（起始地址 IN 和连续地址）传送到新存储单元（起始地址 OUT 和连续地址）
	S_DI EN ENO ????-IN OUT-???? ????-INDX	将 ASCII 子字符串转换为双整数值，从 INDX 值设定位置处开始转换		BLKMOV_D EN ENO ????-IN OUT-???? ????-N	双字块传送，从源存储单元（起始地址 IN 和连续地址）传送到新存储单元（起始地址 OUT 和连续地址）
	S_R EN ENO ????-IN OUT-???? ????-INDX	将 ASCII 子字符串转换为实数值，从 INDX 值设定位置处开始转换		SWAP EN ENO ????-IN	字节交换，用于交换 IN 指定字的高字节与低字节
	ITA EN ENO ????-IN OUT-???? ????-FMT	将整数值转换为 ASCII 字符		MOV_BIR EN ENO ????-IN OUT-????	从 IN 立即读取一个字节的物理输入，并写入 OUT，但不更新输入映像寄存器
	DTA EN ENO ????-IN OUT-???? ????-FMT	将双字转换为 ASCII 字符		MOV_BIW EN ENO ????-IN OUT-????	把 IN 中一个字节的数据立即输出到 OUT 以及相应的输出映像寄存器
	RTA EN ENO ????-IN OUT-???? ????-FMT	将实数值转换为 ASCII 字符	程序控制指令	FOR EN ENO ????-INDX ????-INIT ????-FINAL	执行 FOR 和 NEXT 指令之间的指令，需要分配循环计数地址 INDX、起始值 INIT 和结束值 FINAL
	DECO EN ENO ????-IN OUT-	将输入字中的最低有效位（为 1 的位）的位编号写入输出字节的最低 4 位		—(NEXT)	标记 FOR 循环程序段的结束
	ENCO EN ENO ????-IN OUT-	根据输入字节最低 4 位表示的位号，将输出字的对应位置 1，其他位均置 0		—(JMP)	在同一程序块中，跳转到编号相同的标号 LBL 指令处
传送指令	MOV_B EN ENO ????-IN OUT-????	字节传送，将数据值从源 IN（常数或存储单元）传送到 OUT 中		LBL	用于标记跳转目的地的位置（标号）
	MOV_W EN ENO ????-IN OUT-????	字传送，将数据值从源 IN（常数或存储单元）传送到 OUT 中		SCR	SCR 程序段的开始
	MOV_DW EN ENO ????-IN OUT-????	双字传送，将数据值从源 IN（常数或存储单元）传送到 OUT 中		—(SCRT)	SCR 程序段的转换
				—(SCRE)	SCR 程序段的结束
	MOV_R EN ENO ????-IN OUT-????	实数传送，将数据值从源 IN（常数或存储单元）传送到 OUT 中		—(END)	主程序有条件结束扫描周期

（续）

指令类型	指令（梯形图）	说明	指令类型	指令（梯形图）	说明
程序控制指令	—(STOP)	从 RUN 模式切换到 STOP 模式	循环指令	ROR_DW EN ENO ????-IN OUT-???? ????-N	双字循环右移位
	—(WDR)	看门狗定时器复位		SHRB EN ENO ????-DATA ????-S_BIT ????-N	将 DATA 位值移入移位寄存器，S_BIT 指定最低位地址，N 指定长度和移位方向
	GET_ERROR EN ENO ECODE-????	获取非致命代码，并传送到 ECODE 指定的字地址	字符串指令	STR_LEN EN ENO ????-IN OUT-????	求字符串长度（字符个数）
	SBR_0 EN	调用子程序		STR_CPY EN ENO ????-IN OUT-????	复制字符串
	—(RET)	子程序有条件返回		SSTR_CPY EN ENO ????-IN OUT-???? ????-INDX ????-N	在 IN 指定的字符串中，将从索引 INDX 开始的 N 个字符复制到 OUT 指定的新字符串中
移位指令	SHL_B EN ENO ????-IN OUT-???? ????-N	字节左移位，移出位自动补 0		STR_CAT EN ENO ????-IN OUT-????	将 IN 指定的字符串附加到 OUT 指定的字符串的后面
	SHL_W EN ENO ????-IN OUT-???? ????-N	字左移位，移出位自动补 0		STR_FIND EN ENO ????-IN1 OUT-???? ????-IN2	在字符串 IN1 中搜索第一次出现的字符串 IN2，并将找到字符串中的第一个字符在 IN1 中的位置值写入 OUT
	SHL_DW EN ENO ????-IN OUT-???? ????-N	双字左移位，移出位自动补 0			
	SHR_B EN ENO ????-IN OUT-???? ????-N	字节右移位，移出位自动补 0		CHR_FIND EN ENO ????-IN1 OUT-???? ????-IN2	在字符串 IN1 中搜索第一次出现的字符串 IN2 中的任意字符，并将找到的位置值写入 OUT
	SHR_W EN ENO ????-IN OUT-???? ????-N	字右移位，移出位自动补 0			
	SHR_DW EN ENO ????-IN OUT-???? ????-N	双字右移位，移出位自动补 0			
循环指令	ROL_B EN ENO ????-IN OUT-???? ????-N	字节循环左移位	表格指令	LIFO EN ENO ????-TBL DATA-????	后入先出，从 TBL 表格中移走最后放进的数据，并送入 DATA 地址中
	ROL_W EN ENO ????-IN OUT-???? ????-N	字循环左移位		FIFO EN ENO ????-TBL DATA-????	先入先出，从 TBL 表格中移走最先放进的数据，并送入 DATA 地址中
	ROL_DW EN ENO ????-IN OUT-???? ????-N	双字循环左移位		AD_T_TBL EN ENO ????-DATA ????-TBL	向表格 TBL 中添加 DATA 指定的字值
	ROR_B EN ENO ????-IN OUT-???? ????-N	字节循环右移位		FILL_N EN ENO ????-IN OUT-???? ????-N	用 IN 中的字值填充从地址 OUT 开始的 N 个连续字，N 取值范围是 1～255
	ROR_W EN ENO ????-IN OUT-???? ????-N	字循环右移位			

（续）

指令类型	指令（梯形图）	说明	指令类型	指令（梯形图）	说明
表格指令	TBL_FIND EN　ENO ????-TBL ????-PTN ????-INDX ????-CMD	从 INDX 指定位置开始，在表格 TBL 中搜索与 PTN 满足 CMD 定义关系的数据，并将 INDX 指向该匹配条目。CMD 取值 1～4，分别对应于 =、<>、< 和 >	通信指令	TSEND EN　ENO ????-TABLE	将数据发送到另一个设备
时钟指令	READ_RTC EN　ENO EM0_ID-T	从 CPU 读取当前时间和日期		TRECV EN　ENO ????-TABLE	检索通过现有通信连接接收到的数据
	SET_RTC EN　ENO ????-T	将新的时间和日期写入到 CPU		TDCON EN　ENO ????-TABLE	终止 UDP、TCP 或 ISO-on-TCP 的通信连接
通信指令	XMT EN　ENO ????-TBL ????-PORT	在自由端口模式下通过通信端口发送数据	比较指令	—┤ ==B ├—	比较两个无符号字节值是否相等
	RCV EN　ENO ????-TBL ????-PORT	通过指定端口（PORT）接收的消息存储在数据缓冲区（TBL）中		—┤ <>B ├—	比较两个无符号字节值是否不等
	GET_ADDR EN　ENO ????-ADDR ????-PORT	读取 PORT 指定 CPU 端口的站地址，并将该值放入 ADDR 中指定地址		—┤ >=B ├—	比较两个无符号字节值是否大于或等于
	SET_ADDR EN　ENO ????-ADDR ????-PORT	将端口站地址（PORT）设为在 ADDR 中指定的值		—┤ <=B ├—	比较两个无符号字节值是否小于或等于
	GIP_ADDR EN　ENO ADDR-???? MASK-???? GATE-????	将 CPU 的 IP 地址复制到 ADDR，将 CPU 的子网掩码复制到 MASK，并且将 CPU 的网关复制到 GATE		—┤ >B ├—	比较两个无符号字节值是否大于
				—┤ <B ├—	比较两个无符号字节值是否小于
	SIP_ADDR EN　ENO ????-ADDR ????-MASK ????-GATE	将 CPU 的 IP 地址设置为 ADDR 中的值，将子网掩码设置为 MASK 中的值，将网关设置为 GATE 中的值		—┤ ==I ├—	比较两个有符号整数是否相等
				—┤ <>I ├—	比较两个有符号整数是否不等
				—┤ >=I ├—	比较两个有符号整数是否大于或等于
	GET EN　ENO ????-TABLE	启动以太网端口上的通信操作，从远程设备获取数据		—┤ <=I ├—	比较两个有符号整数是否小于或等于
				—┤ >I ├—	比较两个有符号整数是否大于
	PUT EN　ENO ????-TABLE	启动以太网端口上的通信操作，将数据写入远程设备		—┤ <I ├—	比较两个有符号整数是否小于
				—┤ ==D ├—	比较两个有符号双整数是否相等
				—┤ <>D ├—	比较两个有符号双整数是否不等
	TCON EN　ENO ????-TABLE	发起从 CPU 到通信伙伴的 UDP、TCP 或 ISO-on-TCP 通信连接		—┤ >=D ├—	比较两个有符号双整数是否大于或等于
				—┤ <=D ├—	比较两个有符号双整数是否小于或等于

（续）

指令类型	指令（梯形图）	说明	指令类型	指令（梯形图）	说明
比较指令	—| >D |—	比较两个有符号双整数是否大于	定时器指令	IN TON ????-PT ??? ms	接通延时定时器（TON），用于单间隔定时
	—| <D |—	比较两个有符号双整数是否小于		IN TOF ????-PT ??? ms	断开延时定时器，用于在断开条件之后延长一定时间
	—| ==R |—	比较两个有符号实数是否相等		IN TONR ????-PT ??? ms	保持型接通延时定时器，用于累积一定数量的定时间隔
	—| <>R |—	比较两个有符号实数是否不等		BGN_ITIME EN ENO OUT-????	读取内置1ms计数器的当前值，并存储在OUT中（可用EU指令捕捉上升沿）
	—| >=R |—	比较两个有符号实数是否大于或等于		CAL_ITIME EN ENO ????-IN OUT-????	计算当前（EN端为ON）时间与IN中时间的时间差值，并将差值存储在OUT中
	—| <=R |—	比较两个有符号实数是否小于或等于	中断指令	ATCH EN ENO ????-INT ????-EVNT	将中断事件EVNT与中断例程编号INT相关联（中断连接）
	—| >R |—	比较两个有符号实数是否大于		DTCH EN ENO ????-EVNT	解除中断事件EVNT与所有中断例程的关联（中断分离）
	—| <R |—	比较两个有符号实数是否小于		CLR_EVNT EN ENO ????-EVNT	从中断队列中移除所有类型为EVNT的中断事件（清除中断事件）
	—| ==S |—	比较两个字符串是否相等		—(ENI)	中断允许
	—| <>S |—	比较两个字符串是否不等		—(DISI)	禁止中断
计数器指令	CU CTU R PV	每次CU端从OFF转换为ON时，就会从当前值开始加计数		—(RETI)	有条件返回（从中断程序的某个中间位置返回）
	CD CTD LD PV	每次CD端从OFF转换为ON时，就会从计数器的当前值开始减计数	逻辑运算指令	INV_B EN ENO ????-IN OUT-????	字节按位取反操作
	CU CTUD CD R PV	每次CU从OFF变为ON时，就会加计数；每次CD从OFF变为ON时，就会减计数		INV_W EN ENO ????-IN OUT-????	字按位取反
	HDEF EN ENO ????-HSC ????-MODE	定义高速计数器（HSC0～HSC5）的工作模式		INV_DW EN ENO ????-IN OUT-????	双字按位取反
	HSC EN ENO ????-N	激活高速计数器（HSC0～HSC5）工作		WAND_B EN ENO ????-IN1 OUT-???? ????-IN2	字节按位逻辑与
	PLS EN ENO ????-N	脉冲输出			

（续）

指令类型	指令（梯形图）	说明	指令类型	指令（梯形图）	说明
逻辑运算指令	WAND_W	字按位逻辑与	整数运算指令	DIV	将两个16位整数相除，产生一个32位结果，16位余数（最高字）和16位商（最低字）
	WAND_DW	双字按位逻辑与		DIV_I	将两个16位整数相除，产生一个16位结果（不保留余数）
	WOR_B	字节按位逻辑或		DIV_DI	将两个32位整数相除，产生一个32位结果（不保留余数）
	WOR_W	字按位逻辑或		INC_B	字节加1（无符号递增运算）
	WOR_DW	双字按位逻辑或		INC_W	字加1（有符号递增运算）
	WXOR_B	字节按位逻辑异或		INC_DW	双字加1（有符号递增运算）
	WXOR_W	字按位逻辑异或		DEC_B	字节减1（无符号递减运算）
	WXOR_DW	双字按位逻辑异或		DEC_W	字减1（有符号递减运算）
整数运算指令	ADD_I	两个16位整数相加		DEC_DW	双字减1（有符号递减运算）
	ADD_DI	两个32位整数相加	浮点运算指令	ADD_R	将两个32位实数相加，产生一个32位实数结果
	SUB_I	两个16位整数相减		SUB_R	将两个32位实数相减，产生一个32位实数结果
	SUB_DI	两个32位整数相减		MUL_R	将两个32位实数相乘，产生一个32位实数结果
	MUL	将两个16位整数相乘，产生一个32位乘积		DIV_R	将两个32位实数相除，产生一个32位实数结果
	MUL_I	将两个16位整数相乘，产生一个16位结果		SQRT	计算实数（IN）的二次方根
	MUL_DI	将两个32位整数相乘，产生一个32位结果			

（续）

指令类型	指令（梯形图）	说明	指令类型	指令（梯形图）	说明
浮点运算指令	SIN EN ENO ????-IN OUT-????	计算角度 IN 的正弦值，输入角度值以弧度为单位	浮点运算指令	LN EN ENO ????-IN OUT-????	对 IN 执行自然对数运算
	COS EN ENO ????-IN OUT-????	计算角度 IN 的余弦值，输入角度值以弧度为单位		EXP EN ENO ????-IN OUT-????	对 IN 执行以 e 为底的指数运算
	TAN EN ENO ????-IN OUT-????	计算角度 IN 的正切值，输入角度值以弧度为单位		PID EN ENO ????-TBL ????-LOOP	根据参数表首地址（TBL）和回路号（LOOP）执行 PID 回路计算

参考文献

[1]　王成福.可编程序控制器及其应用 [M].2 版.北京：机械工业出版社，2017.

[2]　廖常初.S7–200 SMART PLC 编程及应用 [M].3 版.北京：机械工业出版社，2019.

[3]　侍寿永，夏玉红.西门子 S7–200 SMART PLC 编程及应用教程 [M].2 版.北京：机械工业出版社，2021.

[4]　赵永刚，柴艳荣.液压与气动应用技术 [M].北京：机械工业出版社，2021.